Viviamo secondo l'orologio sbagliato, che ci impone il tempo come denaro. La nostra esperienza quotidiana, dominata dall'orologio aziendale, a cui molti di noi fanno di tutto per adattarsi, ci sta distruggendo. Non è un orologio costruito per le persone, ma per il profitto. Ecco perché le nostre vite, anche nel tempo libero, sono diventate una serie di momenti da comprare, vendere e trattare in modo sempre più efficiente. Jenny Odell ci mostra come il nostro doloroso rapporto con il tempo sia inestricabilmente connesso non solo alle persistenti iniquità sociali, ma anche alla crisi climatica, al terrore esistenziale e a un fatalismo letale.
"Salvare il tempo" è un libro che squarcia la realtà così come la conosciamo – il nostro sperimentare il tempo stesso, riducendolo a unità standardizzate – e la riorganizza. In questa sorprendente e sovversiva riformulazione del tempo, Odell ci accompagna in un viaggio attraverso altri habitat temporali, e ci offre nuovi modelli e ritmi di vita – ispirati alle culture preindustriali, al tempo ecologico e geologico – che fanno sembrare possibile un modo di vivere più umano e più ottimista. Se possiamo "salvare" il tempo e recuperare la sua natura fondamentalmente irriducibile e inventiva, immaginando una vita, un'identità e una fonte di significato al di fuori del mondo del lavoro e del profitto, potremmo capire che la traiettoria delle nostre vite – o la vita del pianeta – non ha una conclusione scontata. E potrebbe anche essere il tempo a salvare noi.

New York Times Bestseller.

Jenny Odell è un'artista multidisciplinare e scrittrice. Il suo primo libro "How to Do Nothing: Resisting the Attention Economy" è stato bestseller del *New York Times*. I suoi scritti sono apparsi su *The Atlantic*, *The New York Times*, e altre pubblicazioni. Vive a Oakland, in California.

"Un progetto ambizioso che affronta la gestione del tempo, l'auto-aiuto, il nichilismo climatico, la nostra paura di morire e la routine della vita aziendale, chiedendoci in sostanza di vedere il tempo stesso attraverso lenti diverse."

– The Washington Post

"Uno svelamento del nostro passato, un antidoto al nostro presente e un manifesto per il futuro. È rigoroso, compassionevole, profondo e incoraggiante. È uno dei libri più importanti che abbia mai letto in vita mia."

– Ed Yong, vincitore del Premio Pulitzer

"È nel divario tra presente e futuro, dove gli esiti non sono ancora determinati, che Jenny Odell si inserisce con il suo libro in grado di distruggere i paradigmi... Un'opera grandiosa, eclettica e di ampio respiro."

– The New York Times Book Review

"Vivo il lavoro di Jenny Odell come il più raro tipo di intervento: ti cambia immediatamente, e poi perdura. Lei è consapevole, come sempre, degli aspetti più cupi dell'esistenza contemporanea: la brutale strumentalizzazione del nostro tempo, del nostro pianeta, della nostra umanità. Eppure trova il modo di convertire il dolore in visione, di respingere l'inevitabilità e mostrarci invece il possibile, la bellezza, la risolutezza, il desiderio sublime... Questo libro è un dono inimitabile."

– Jia Tolentino

"Intensamente generoso... Ci invita a uscire dalle autostrade per esplorare le deviazioni panoramiche, le strade secondarie, le distese indomabili, le altre visioni di chi possiamo essere, ricordandoci che la lentezza può rendere più della velocità."

– Rebecca Solnit

"Un'esplorazione rivelatrice delle forze che ci tengono bloccati in una relazione superficiale, mercificata e conflittuale con il tempo. Ma è anche un portale verso un'alternativa molto più ricca. Leggerlo significa scivolare attraverso le sbarre della nostra moderna prigione temporale e sperimentare come ci si sentirebbe a essere liberi."

– Oliver Burkeman

Salvare il tempo

Altri libri della collana Real(ize):

Trick Mirror, Jia Tolentino

Esami di empatia, Leslie Jamison

Lo stato del mare, Tabitha Lasley

Scosse di assestamento, Nadia Owusu

Lascialo gridare, lascialo bruciare, Leslie Jamison

Stay True, Hua Hsu

JENNY ODELL

SALVARE IL TEMPO

ALLA SCOPERTA DI UNA VITA OLTRE L'OROLOGIO

TRADUZIONE DI RAFFAELLA MENICHINI

NR edizioni

Via Nicola Fabrizi 34, Pescara

L'edizione originale in lingua inglese di questo libro è intitolata:
"Saving Time"

Collana: Real(ize)
Prima edizione: gennaio 2024

Traduzione dall'inglese di Raffaella Menichini

Illustrazione e cover design: Malika Favre

ISBN: 978-88-31912-14-3

Alla mia famiglia,
in senso lato

Indice

Vorrei che l'idea del tempo scorresse via dalle mie cellule

e mi lasciasse in pace su questa spiaggia.

– Agnes Martin, *Writings*

Salvare il tempo

INTRODUZIONE

Un messaggio per il frattempo

Nella primavera 2019, a un certo punto notai che il mio appartamento aveva ricevuto dei visitatori inattesi. Erano probabilmente arrivati dalla finestra e non dalla porta, e per parecchio tempo non percepii la loro presenza. Mi resi conto che eravamo stati invasi solo quando mi accorsi delle fronde di un muschio che crescevano in un vaso di ceramica a forma di maialino che tenevo vicino alla finestra.

Le spore di muschio si erano piazzate intorno a un piccolo cactus che un'amica mi aveva regalato anni prima per il compleanno. Ho sempre detestato quell'angolo vicino alla finestra della cucina, umido e freddo, mai raggiunto dal sole. E probabilmente anche il cactus lo detestava, mentre il muschio l'aveva trovato ospitale. Cominciò a separarsi, differenziarsi, impossessandosi del terriccio con dei rizoidi filiformi e manifestando delle piccole foglie verdi. Poi ha emesso sporofiti lunghi e slanciati, pronti a continuare lo stesso processo portato avanti dai loro antenati al di fuori dell'appartamento. In cima al maialino cominciò presto a formarsi una foresta in miniatura discretamente rigogliosa.

Rispetto alle piante vascolari, i muschi hanno un rapporto con l'acqua e l'aria relativamente privo di mediazioni. Nel suo libro *Gathering Moss*, Robin Wall Kimmerer nota che le "foglie" dei muschi, pari alle dimensioni di una singola cellula, sono come gli alveoli del polmone umano, dal momento che hanno bisogno di idratazione e di entrare a contatto diretto con l'aria. Nell'Antartide, dove non ci sono alberi, gli scienziati hanno usato il muschio in un modo simile agli anelli dei tronchi d'albero. Ogni estate i muschi sono in grado di "lasciare una traccia" grazie al modo in cui le loro foglie assorbono le sostanze chimiche

che le circondano, crescendo dalla punta. Naturalmente, stando seduta in cucina, io non potevo individuare la traccia che quel muschio errante stava lasciando, ma quantomeno mi stava dicendo: *sono vivo*. E il giorno dopo: *sono ancora vivo*.

Ho riletto *Gathering Moss* durante i primi lockdown, all'inizio della pandemia. In quel periodo il tempo sembrava congelato, ma il muschio continuava a crescere, sia dentro che fuori dal mio appartamento, e la pandemia aveva contratto il mio campo di attenzione. Camminavo per Oakland come una complottista a passeggio, scrutando gli oggetti dagli angoli più strani. Al muschio piacevano gli interstizi, il che voleva dire che spesso ce n'era proprio nei punti in cui mai avrei pensato di andare a guardare: tra le spaccature del marciapiede fuori dal mio appartamento, tra l'asfalto della strada e il coperchio del tombino, tra il muro del supermercato e il marciapiede, tra i mattoni. Cominciai a vedere il muschio come una firma lasciata dall'acqua, sia per dove si trovava sia per il suo aspetto, perché cresceva ovunque l'acqua si fosse raccolta in passato, ma rispondeva anche alla pioggia in tempo reale, espandendosi e diventando più verde nel giro di pochi minuti dopo un leggero acquazzone.

Il muschio mi fece riflettere sia sulle unità temporali molto brevi – come un cambiamento di umidità minuto per minuto, o il momento in cui una spora era spuntata dal mio vaso – sia sui tempi assai lunghi dell'evoluzione, perché i muschi sono state tra le prime piante a vivere sulla terra. Eppure entrambe le estremità dello spettro temporale erano anche esempi di quanto fosse impossibile fissare l'attimo (un'aspirazione molto umana). Per esempio, da un lato trovavo pareri discordi sul momento in cui una spora comincia ufficialmente a germogliare. È quando comincia a gonfiarsi d'acqua fino a un determinato livello, oppure quando si forma il tubo germinale e le pareti cellulari si rompono? Dall'altro lato, i primi muschi si sono evoluti dalle alghe acquatiche a un certo punto di centinaia di milioni di anni fa, ma sarebbe assurdo cercare di identificare il "momento" esatto di questa evoluzione, o persino la speciazione dell'ospite sul davanzale della mia finestra.

Da questa indeterminatezza scaturivano facilmente altre domande. Sarebbe possibile isolare in modo sensato un muschio dal suo ambiente circostante? La spora di un muschio si può considerare viva? E come si possono considerare i muschi congelati, come quello che era stato riportato in vita nell'Antartide dopo millecinquecento anni? Anche se presi all'infuori di condizioni estreme, i muschi rendono più complessa l'idea di tempo uniforme, poiché possiedono la caratteristica, propria di alcune specie, di restare dormienti per oltre un decennio senz'acqua. Nelle giuste condizioni, ritorneranno a vivere. Fu proprio questa loro qualità a rendere i muschi particolarmente degni di attenzione durante la pandemia di COVID-19, come notò Kimmerer in un'intervista del 2020 a *The Believer*. Dopo aver visto che i suoi studenti erano interessati al radicamento e alla letargia dei muschi, Kimmerer ipotizzò che queste piante potessero offrire agli umani degli insegnamenti su come vivere quel momento storico.

Il muschio arrivò nel mio appartamento nel periodo in cui stavo cominciando a pensare a questo libro. E stava ancora crescendo quando l'ho finito. È vero che probabilmente non sarebbe sopravvissuto in quel punto preciso per cinquemila anni, come era successo a un banco di muschi sull'isola Elefante, in Antartide. Ma in quel lungo periodo di attesa aveva assorbito tre anni di luce solare, respirato tre anni d'aria, e visto tre anni di me al tavolo della cucina. Come un emissario da un luogo al di là dell'orologio, ha popolato la mia mente con domande circa la porosità e la reazione, il dentro e il fuori, la potenzialità e l'imminenza. Ma soprattutto, era stato una testimonianza del tempo: non quella sostanza monolitica e vuota che immaginiamo scivoli addosso a ciascuno di noi, ma qualcosa che parte e si ferma, sgorga, si raccoglie nelle fessure e si plasma nelle montagne. Un qualcosa che attende le condizioni giuste, e possiede sempre la capacità di essere il principio di qualcosa di nuovo.

Immagina di trovarti in una libreria. C'è una sezione di libri dedicati alla gestione del tempo, che danno consigli su come adattarsi a un senso generale di scarsità del tempo stesso e a un mondo in costante accelerazione: o tenendo il conto e misurando in modo più efficace tutti i pezzetti di tempo, oppure comprando tempo da altre persone. In un'altra sezione, puoi trovare libri di storia culturale su come siamo arrivati a considerare il tempo nel modo in cui lo facciamo oggi, e inchieste filosofiche sul concetto stesso di tempo. A quale sezione ti rivolgeresti se fossi affannosamente alla ricerca di tempo e ti sentissi sfinito? Parrebbe logico andare a cercare nella prima sezione, che si concentra di più sulla vita quotidiana e la realtà pratica. Paradossalmente, sembra non esserci mai abbastanza tempo per contemplare la natura stessa del tempo. E invece quel che vorrei suggerire è che alcune delle risposte che cerchiamo nella prima sezione si trovano nella seconda. Questo succede perché, se non esploriamo le radici sociali e materiali dell'idea che "il tempo è denaro", rischiamo di rafforzare un linguaggio che è già in sé parte del problema.

Prendiamo per esempio la differenza tra l'equilibrio lavoro-vita privata e la nozione di tempo libero delineata dal filosofo cattolico tedesco Josef Pieper nel suo libro del 1948 *Otium e culto*. Scrive Pieper che nel lavoro il tempo è orizzontale, un modello di fatica sempre crescente e punteggiata di piccoli intervalli che servono solo a ristorarci in vista di altro lavoro. Secondo Pieper, questi piccoli intervalli non sono tempo libero. Il vero tempo libero consiste invece in un asse "verticale" del tempo, che nel suo complesso taglia a metà o nega l'intera dimensione del tempo di una giornata lavorativa, "disponendosi ad angolo retto rispetto al lavoro". Se poi questi momenti ci permettono di riposare per il lavoro, è una questione secondaria. "L'ozio non esiste in funzione del lavoro", scrive Pieper, "a prescindere da quanta forza possa dare a un uomo per lavorare. Il senso dell'ozio non è l'essere rigenerante, un toccasana, che sia mentale o fisico. E nonostante conferisca nuove forze mentalmente, fisicamente e anche spiritualmente, non è questo il suo senso". La distinzione di Pieper mi ha colpito a livello intuitivo, come probabilmente accade a chiunque sospetti che la produttività non sia la misura ultima del significato o del valore del tempo. Il fatto di immaginare un "senso" diverso significa anche immaginare una vita, un'identità, e una fonte di significato al di fuori del mondo del lavoro e del profitto.

Penso che la ragione per cui molti vedono il tempo come denaro non sia perché vogliono vederlo in questo modo, ma perché devono.

Questa visione moderna del tempo non può essere estrapolata dalle relazioni salariali, cioè la necessità di vendere il tempo che, per quanto sembri oggi comune e indiscutibile, ha in realtà una sua specificità storica quanto un qualsiasi altro metodo di valutazione del lavoro e dell'esistenza. A loro volta, le relazioni salariali riflettono quegli stessi schemi di potere e subalternità che toccano ogni altro aspetto delle nostre vite: chi compra il tempo di chi? Quanto vale il tempo di qualcuno? Chi è che si presume debba adattare i propri orari a quelli di altri, e quali sono i soggetti il cui tempo è considerato sacrificabile? Non si tratta di domande individuali, bensì culturali, storiche, e non ci sono molti modi per liberare il proprio tempo o quello altrui senza prenderle in considerazione.

Una delle lezioni del popolare libro del 2004 intitolato *Elogio della lentezza* è che sia il datore di lavoro che il dipendente possono trarre vantaggio da un equilibrio tra vita privata e lavoro, perché "gli studi dimostrano che, quando le persone sentono di poter controllare il proprio tempo sono più rilassate, creative e produttive". Pur essendo certa che tutti noi vorremmo goderci qualche ora in più delle nostre giornate, qui bisogna considerare il processo logico. Finché la lentezza viene invocata al solo scopo di far funzionare più velocemente la macchina del capitalismo, si rischia di fare solo un ritocco estetico, un altro piccolo intervallo nel piano orizzontale del tempo di lavoro. Mi viene in mente un episodio de *I Simpson* in cui Marge trova lavoro in una centrale nucleare e si accorge che il morale tra gli impiegati è basso. Parlando con Mr. Burns, gli indica un impiegato in lacrime, una ubriaca che si versa da bere, e un terzo che lucida un fucile dicendo: "Sono l'angelo della morte. Il momento della purificazione è arrivato". Tentando di essere d'aiuto, Marge propone scherzosamente di istituire il "giorno dei cappelli buffi" e sparare un po' di Tom Jones dagli altoparlanti. Poi vediamo di nuovo gli stessi tre impiegati: quello in lacrime (con in testa un sombrero), quella ubriaca (con le corna d'alce), e il terzo (con un cappellino con un'elica) che, stavolta, arma il fucile mentre esce fuoricampo, e in sottofondo risuona "What's New Pussycat?". "Funziona!", esclama Mr. Burns (con indosso un elmo da vichingo con le corna).

Così come immagino che tutti noi vogliamo qualcosa di più di un cappello buffo, dubito che il burnout abbia mai avuto molto a che vedere con la mancanza di un numero sufficiente di ore nel corso della giornata. Quel che a prima vista appare come il desiderio di avere più ore al giorno potrebbe rivelarsi come un desiderio di autonomia, senso e motivazione. Anche quando le circostanze esterne o alcune forze oppressive interne ci costringono a vivere completamente sull'asse orizzontale di Pieper – lavoro e riposo-per-ancor-più-lavoro – resta sempre possibile conservare un anelito alla dimensione verticale, il luogo in cui le parti di noi stessi e delle nostre vite non sono in vendita.

Nemmeno l'orologio, per quanto determini i nostri giorni e le nostre vite, ha mai del tutto conquistato la nostra psiche. Tutti noi conosciamo molte diverse varietà di tempo, sotto la griglia dell'orario: la qualità elastica dell'attesa e del desiderio, il modo in cui il presente può all'improvviso apparire venato di memorie dell'infanzia, il processo lento ma sicuro di una gravidanza, o il tempo necessario a guarire dalle ferite, fisiche o emotive che siano. Essendo animali di questo pianeta, viviamo all'interno di giornate che si allungano e si accorciano. All'interno di un clima, in cui alcuni fiori e profumi tornano a farci visita a distanza di un anno, almeno per ora. A volte il tempo non è denaro, piuttosto è queste altre cose.

E infatti è proprio la consapevolezza di questi piani temporali sovrapposti che ci dovrebbe far venire il dubbio che stiamo vivendo secondo un orologio sbagliato. Nella dimensione orizzontale non c'è nulla che possa soddisfare quella forma più spirituale di burnout: sperimentare contemporaneamente la mancanza di tempo e una crescente consapevolezza di quanto il clima sia ormai uscito dai cardini. Persino per una persona privilegiata che vive protetta dagli effetti dei cambiamenti climatici, saltare da una finestra di Slack ai titoli su un pianeta che sarà presto inabitabile produce, come minimo, un senso di dissonanza e, come effetto peggiore, una specie di nausea spirituale e di nichilismo. C'è un triste paradosso nell'idea che alla fine dei tempi continueremo a correre contro il tempo, come evidenziato da un titolo del sito satirico *Reductress*: "Una donna aspetta le prove che il mondo ci sarà ancora nel 2050, prima di cominciare a lavorare per raggiungere i propri obiettivi".

Tale assurdità nasce, almeno in parte, da quanto irrimediabilmente disconnesse queste due scale temporali possono apparire. Dal nostro punto di osservazione, sembra che i processi del pianeta avvengano in un luogo in qualche modo periferico rispetto all'orologio e al calendario, al di fuori del tempo sociale, culturale ed economico. Per cui, come nota la ricercatrice Michelle Bastian, "l'orologio può dirmi se sono in ritardo al lavoro, [ma] non può dirmi se è troppo tardi per mitigare i cambiamenti climatici fuori controllo". Eppure queste due dimensioni dell'esperienza, così apparentemente disconnesse – la mancanza di tempo individuale e l'angoscia per il clima – condividono una serie di radici profonde, e hanno in comune assai più che la semplice paura. Sono stati il commercio e il colonialismo europei a generare il nostro attuale sistema di misurazione e controllo del tempo e, di conseguenza, la valorizzazione del tempo come "roba" intercambiabile che può essere accumulata, scambiata e spostata. Come approfondirò nel capitolo 1, le origini dell'orologio, del calendario e dei fogli elettronici sono inscindibili dalla storia dell'estrazione, sia essa di risorse dalla terra che di tempo lavorativo dalle persone.

In altre parole, una persona che oggi si trova in difficoltà nel conciliare la mancanza di tempo e l'angoscia per il clima sta affrontando in entrambi i casi l'esito di un punto di vista sul mondo ben specifico, quello che ha imposto la misurazione dei tempi di lavoro e la distruzione ecologica ai fini del profitto. Nel corpo umano, un dolore cronico può essere il risultato di uno squilibrio che si trova in un posto diverso da dove lo avvertiamo. Anche se magari massaggiamo un punto indolenzito e per qualche giorno ci sentiamo meglio, se la causa è uno stress ripetuto generalmente l'unica vera cura è cambiare ciò che facciamo. Allo stesso modo, la mancanza di tempo e l'angoscia per il clima, che percepiamo come forme distinte di dolore, originano da uno stesso insieme di relazioni all'interno di un "corpo" più grande, che dopo secoli di mentalità estrattiva si è deformato in una postura insostenibile. Per questo, la capacità di collegare la propria personale esperienza del tempo con un orologio climatico al collasso non è solo un puro esercizio mentale, ma una necessità per tutti coloro che ne sono coinvolti. L'unico modo per affrontare il dolore è cambiare radicalmente ciò che facciamo. Anche la terra ha bisogno di qualcosa di più che di buffi cappellini.

Parte di questo cambiamento sostanziale ha a che fare con il modo in cui parliamo del tempo, e come pensiamo al tempo. Se è vero che l'orologio non determina la totalità della nostra esperienza psicologica, la visione quantitativa del tempo che è emersa dall'industrialismo e dal colonialismo rimane la lingua franca per parlare del tempo in gran parte del mondo. Questo crea delle difficoltà quando cerchiamo di parlare un linguaggio diverso, ma dimostra anche quanto questo sforzo possa essere significativo. Ho assistito a un esempio di questa difficoltà durante un seminario online intitolato "Abbiamo tempo per prenderci cura di noi stessi durante un'emergenza climatica?" – un titolo che implica una quantità non piccola di confusione e vergogna. Minna Salami, autrice di *Sensuous Knowledge: A Black Feminist Approach for Everyone*, è stata alla fine in grado di rispondere alla domanda del titolo solo rifiutandone la premessa. Ovviamente la cura di sé è necessaria, ma il modo in cui la domanda era stata posta è parte del problema, perché implica l'idea che il tempo culturale del quotidiano e il tempo ecologico non siano in relazione l'uno con l'altro. Se considerassimo la cura di sé solo come "rubare dei brevi momenti in cui possiamo dare la priorità a noi stessi", immaginando che la cura di sé e la giustizia climatica si mettano in competizione per le nostre ore e giorni in un gioco a somma zero, peggioreremmo il problema, perché staremmo parlando quella vecchia lingua franca. Salami sostiene che non può essere una questione di uno o dell'altro. Al contrario, imparare a parlare un linguaggio differente in relazione al tempo farebbe confluire nello stesso sforzo la giustizia climatica e la cura di sé.

Nell'antica Grecia c'erano due parole diverse per indicare il tempo, *chronos* e *kairos*. *Chronos*, che compare come componente di parole quali *cronologia*, è la dimensione del tempo lineare, una costante, faticosa marcia di eventi verso il futuro. *Kairos* significa qualcosa di più simile a "crisi", ma è anche collegato a quel che molti di noi considerano come il momento opportuno, o il "cogliere l'attimo". In quel seminario sul clima, Salami ha descritto il *kairos* come tempo qualitativo più che quantitativo perché nel *kairos* tutti i momenti sono diversi e "le cose giuste accadono al momento giusto". A causa delle suggestioni che solleva in termini di azione e possibilità, anch'io ho trovato che la distinzione tra *chronos* e *kairos* sia fondamentale nel momento in cui pensiamo al futuro.

A prima vista potrebbe sembrare che lo stabile *chronos* sia la dimensione della tranquillità e l'instabile *kairos* il luogo dell'ansia. Ma quale tranquillità può darci il *chronos* visto che, per usare le parole della rivista antilavorista degli anni Novanta *Processed World* (tornerò su questa rivista nel capitolo 6), stiamo "marciando all'unisono verso l'abisso?". Nel *chronos* non trovo conforto ma paura e nichilismo, una forma di tempo che grava su di me e sugli altri, costantemente. Le mie azioni qui non contano. Il mondo peggiora con la stessa inevitabilità con cui i miei capelli si ingrigiscono, e il futuro è qualcosa da superare. Al contrario, nel *kairos* trovo linfa vitale, un barlume dell'audacia necessaria a immaginare qualcosa di diverso. Dopotutto, la speranza e il desiderio possono esistere solo nello scarto tra l'oggi e un domani indeterminato. Più che il *chronos*, è il *kairos* che può ammettere l'imprevedibilità dell'azione, nel senso in cui la descrive Hannah Arendt: "Il minimo atto nelle circostanze più limitate porta in sé il seme della medesima illimitatezza, perché un atto, e a volte una parola, sono sufficienti a cambiare qualsiasi costellazione". In questo senso, la questione del tempo è anche imprescindibile dalla questione del libero arbitrio.

Questo libro è nato dalla mia sensazione che una parte significativa del nichilismo climatico e di altre dolorose esperienze del tempo derivano dall'incapacità di riconoscere o individuare la sostanziale incertezza che sussiste al cuore di ogni singolo istante, laddove si trova anche il nostro libero arbitrio. Nel contesto del clima, questo non vuol dire pensare che si possa disfare il danno che abbiamo già provocato. Ma c'è un esito scontato che si conferma sempre vero: in qualsiasi situazione, se pensiamo che la battaglia sia perduta, allora è perduta davvero. La differenza tra la percezione del *chronos* e del *kairos* può partire dalla dimensione concettuale, ma non finisce lì: influisce direttamente su ciò che sembra possibile in qualsiasi momento delle nostre vite.

Influisce anche sul fatto che vediamo il mondo e i suoi abitanti come viventi o morti viventi. Questa è forse la conseguenza più estrema dell'idea che l'Uomo (europeo) è l'unico motore e sovvertitore di un mondo naturale che vive secondo leggi prevedibili e meccanicistiche. Quando emerse per la prima volta, questa distinzione relegò le popolazioni colonizzate a una sorta di stasi permanente all'interno del *chronos*, come se fossero una categoria ugualmente priva di libero arbitrio al pari delle terre e delle altre forme di vita che lì si trovavano. Questo concetto non solo giustificò lo sfruttamento coloniale di quelle "risorse", ma mise anche in moto sia la crisi climatica che le ingiustizie razziali di oggi. (Re)imparare a vedere azioni e decisioni al di fuori di una dimensione così limitata – ammettendo che tutto ciò e tutti coloro che sono stati precedentemente lasciati fuori dalla scena sono egualmente reali, tutti insieme nel *kairos* – vuol dire considerare il tempo non come qualcosa che *capita* agli oggetti del mondo, ma come qualcosa che viene *co-creata insieme* agli attori del mondo. Questa è, a mio parere, una questione sia di giustizia che di praticità, perché vedo la crisi climatica come l'espressione di esseri (umani e non) che non hanno bisogno tanto di essere "salvati" quanto di essere ascoltati.

Inizialmente, sono partita col cercare di trovare un concetto di tempo che non fosse doloroso – qualcosa di diverso dal tempo come denaro, dall'angoscia per il clima, o dalla paura della morte. Era più un interrogativo personale che accademico. Nella mia ricerca, ho trovato qualcosa che non mi aspettavo: mentre un tipo di percezione del tempo può farti sentire morto prima che il tuo momento sia arrivato, un altro tipo di percezione può farti sentire innegabilmente vivo. Durante la pandemia di COVID-19, ho assistito a diversi processi di muta: tramite una webcam, alcuni pulli di falco, ancora quasi completamente grigi e soffici, vedevano crescere le singole piume proprio sulla punta delle ali, come delle dita; o su una collina di Oakland dove ho trovato una pelle di serpente, dopo che il suo proprietario era scomparso tra i rovi; sulla scrivania del mio appartamento, dove l'estremità dello stelo di una pianta si sfogliava per lasciare a una nuova parte di essa lo spazio di estendersi verso la finestra. Pensai che questi processi di muta avessero qualcosa di difficoltoso e sfidante. E anch'io potevo reclamare quelle stesse qualità, perché anch'io avevo degli aneliti da seguire, una volontà da esprimere e dei confini da superare. Il domani stava emergendo grezzo dalla buccia dell'oggi, e in esso io sarei stata differente. Lo saremmo stati tutti.

Nel 2021, l'azienda di scarpe di Barcellona Tropicfeel chiese al travel influencer britannico Jack Morris di "dire sì" e buttarsi in un'avventura last minute in un posto non definito dell'Indonesia. Il risultato è un video di otto minuti intitolato: "Dì di sì all'arrampicata su un vulcano in attività!". Morris scelse di guardare l'alba dal vulcano Ijen, nella parte est dell'isola di Giava, documentando un'avventura che era anche una pubblicità per un'azienda la cui campagna del 2018 su Kickstarter aveva prodotto la "scarpa più sovvenzionata di sempre".

Vediamo Morris che, attraverso filtri colorati di tono nostalgico e puntini gialli che imitano vecchi film in Super 8, lascia Bali e prende una barca e un'auto fino a un resort nell'est di Giava. Mentre il sole cala, lui attraversa una risaia terrazzata a passo sicuro, al rallentatore. Il giorno dopo, per poter vedere l'alba dallo Ijen, si alza presto e va in una sgangherata e affollata caffetteria del campo base. Sono le due di notte. Dopo che una donna con il capo coperto da un velo gli ha mostrato in un inglese stentato un forno a legna per il pane, la camera si sposta su un uomo steso su una panca imbottita. È avvolto in una sciarpa e in una felpa, ha gli occhi chiusi.

"Che fa il tuo amico, dorme?", chiede Morris.

"Sì, dorme", risponde la donna.

Dopo un'ora e mezza passata a scalare al buio e poi ad aspettare, Morris fa un altro po' di camminate al rallentatore in cima al vulcano. Il tutto è ripreso da una camera montata su un drone, che espone il vasto paesaggio roccioso lasciando fuori quasi del tutto l'assistente di Morris e la folla di turisti. Sulle montagne c'è solo Morris, con le scarpe da ginnastica dalle suole bianche lucenti (modello Monsoon, nere, 121 dollari) che spiccano sugli strati di rocce antiche. Per esaltare l'effetto dell'alba, questa parte del video ha come sottofondo una musica che posso descrivere solo come epica e vagamente non-occidentale.

Quando il sole è alto in cielo, Morris comincia la discesa dalla montagna, e si imbatte in un gruppo di minatori di zolfo giavanesi. Stanno cavando le rocce gialle dai tubi che sono stati infilati nei giacimenti del vulcano, rompendole con dei martelli e trasportandone enormi carichi in ceste di vimini attaccate a dei pali posti sulle spalle. Chiacchierando con i minatori, Morris viene a sapere delle centinaia di chili in zolfo che portano fuori ogni giorno – il più possibile, perché sono pagati al chilo. Un altro effetto da Super 8 guizza su un uomo che si sta caricando le ceste sulle spalle, e Morris esclama: "Pazzesco, questi uomini sono fortissimi". E mentre sullo sfondo il suo assistente armeggia con una telecamera, Morris osserva che i minatori appaiono molto orgogliosi del loro lavoro, e termina con un "massimo rispetto".

Quella che Morris ha visto è una delle ultime miniere di zolfo in cui l'estrazione viene fatta a mano. È una delle ultime anche perché i gas solforosi emessi in questo tipo di siti sono incredibilmente tossici, in grado di erodere i denti col passare del tempo. Con le spalle deformate, i danni respiratori e poche o nulle protezioni, questi minatori fanno un calcolo crudo: dato che il viaggio in ospedale è troppo lungo per essere praticabile, decidono di non curare i danni fisici in cui possono incorrere, e di lavorare finché semplicemente non potranno più farlo. "Dicono che lavorare qui possa accorciarti la vita", ha dichiarato un minatore alla BBC, e aveva ragione: secondo un reportage giornalistico, l'aspettativa di vita dei minatori di zolfo è di appena cinquant'anni. Anche se molti di loro fanno questo lavoro nella speranza che i salari relativamente più alti permetteranno ai loro figli di andare a scuola e rompere il ciclo della povertà, questa aspettativa di vita così corta implica che a volte i figli devono prendere il loro posto al lavoro. Nel frattempo, il lavoro rende i loro volti "giovani e vecchi allo stesso tempo, logorati al punto da mostrare un'età totalmente indecifrabile".

All'interno di questo strano incontro tra il travel influencer, la caffetteria, la montagna, i minatori e il sole risiede un intreccio denso di diverse ottiche sul tempo. A Ijen si estraggono varie cose: un'immagine mercificabile della Natura, un'esperienza di svago, un mucchio di pietre solforose. Una di queste cose è il tempo di lavoro. Che i minatori siano pagati a pezzo o all'ora, per loro il tempo è salario, un mezzo di sostentamento, e la cosa di maggior valore che abbiano da vendere. Forse l'uomo che cercava di dormire nella caffetteria era un minatore perché, come le centinaia di turisti che ogni fine settimana dell'alta stagione si arrampicano sul vulcano, anche i minatori devono salire dal campo base prima dell'alba. Lo fanno per necessità, per evitare il calore e il vento che potrebbe soffiargli contro i fumi tossici. Mentre il tempo di lavoro è spersonificato e uniforme per il compratore, che ne può comprare sempre di più, per la persona che lavora non è così: possiede solo una vita e solo un corpo.

Come osserva la storica dell'economia Caitlin Rosenthal, gli strumenti che noi oggi chiamiamo fogli elettronici era usati nelle piantagioni coloniali in America e nelle Indie occidentali per misurare e ottimizzare la produttività, e riguardavano lavori simili a quello nelle cave di zolfo: meccanici, massacranti, ripetitivi. Le ore di lavoro registrate in questi libri contabili erano intercambiabili quanto i chili di tabacco o di canna da zucchero da spedire. Così come accade a Ijen, dove lo zolfo e lo zucchero sono connessi l'un l'altro. La maggior parte dello zolfo trascinato via dai minatori viene lavorato e inviato direttamente nelle fabbriche del posto, dove viene usato per decolorare e raffinare il succo della canna in granelli di zucchero sbianchiti, un prodotto profondamente intrecciato con la storia del colonialismo e della ricchezza europea. In fin dei conti, quel che definisce la roccia-prodotto e lo zucchero-prodotto è anche la definizione del tempo di lavoro-prodotto: da un certo punto di vista, sono tutti standardizzati, fluttuanti, divisibili all'infinito. Da un altro punto di vista, sono indelebilmente connessi al totale esaurimento sia umano che ecologico.

Nel frattempo, la donna della caffetteria, che resta sveglia di notte per mandare avanti un'attività dedicata ai turisti, adatta il proprio senso del tempo per venire incontro agli orari di coloro che arrivano per consumare l'immagine di un'alba. Questo fenomeno, in cui una persona adatta i propri ritmi temporali a quelli di qualcosa o di qualcun altro, prende il nome di *entrainment* (armonizzazione) e si verifica spesso su un piano non lineare delle relazioni, che riflette le gerarchie di genere, etnia, classe e competenza. La quantificazione del valore del tempo di una persona non si misura solo dal salario ma da chi fa quale tipo di lavoro e chi debba adattarsi alle tempistiche di altri, sia che si tratti di accelerare, rallentare o entrambe le cose. È importante tenere a mente questo aspetto, ancor più adesso che ci troviamo di fronte alle esortazioni a "rallentare", perché per una persona che rallenta ce n'è un'altra che deve accelerare.

La "lentezza" è un ideale che si incastra spesso con lo svago e, nonostante tecnicamente stia lavorando, Morris nel suo video rappresenta lo svago. I travel influencer sono un elemento essenziale dell'economia dell'esperienza, che a sua volta è solo una parte di un rapporto complesso tra il tempo di svago e il consumismo. Quando negli anni Novanta, B. Joseph Pine II e James H. Gilmore coniarono il termine *economia dell'esperienza*, stavano pensando a esempi semplici come il Rainforest Café (una catena di ristoranti a tema giungla con coccodrilli meccanici, macchine spara nebbia e tempeste simulate). Da allora, Instagram ha trasformato ogni angolo di mondo in un menu di sfondi e di esperienze. Adesso possiamo fare shopping di vita in un centro commerciale virtuale dove i post sulla cura della persona e le oasi di vacanza ci giungono nella forma di pubblicità per la cura della persona o l'oasi di vacanza. *Tocca qui per aggiungere questo alla tua vita.* Sul sito della Tropicfeel si trovano scarpe, zaini e una felpa simile a quella che Morris indossa nel video. In questo caso, "compra il look" e "compra l'esperienza" sono anche più vicini del solito.

Nell'economia dell'esperienza, la natura (e qualsiasi altra cosa) appare priva di libero arbitrio, uno sfondo da consumare. Ma il vulcano Ijen non si inquadra agevolmente in questo schema. È vivo. La sua storia comincia circa 50 milioni di anni prima della visita di Morris, quando la placca oceanica indo-australiana entrò prima in collisione e poi rimase sommersa sotto la placca eurasiatica. Man mano che la placca oceanica si scioglieva, la lava emergeva verso la superficie della placca eurasiatica attraverso una serie di vulcani che formarono le isole dell'arcipelago Sonda, di cui Giava è parte. Si formò un gigantesco stratovulcano, noto con il nome di Old Ijen, che eruttò e crollò lasciandosi dietro un'enorme caldera (una depressione) i cui contorni sono visibili su Google Earth. Dentro l'antica caldera sono spuntati degli stratovulcani più piccoli, tra cui l'Ijen di oggi. Anch'esso ha eruttato ed è crollato, creando una depressione che si è riempita di acqua meteorica. Quando l'Ijen eruttò nel 1817, la profondità della caldera raddoppiò, il lago che sarebbe diventato presto così instagrammabile divenne ancora più grande, e su sei metri di cenere si eressero delle foreste morte. Intanto, lo zolfo che prima era parte del fondo marino in subduzione fuoriuscì – e tuttora fuoriesce – dagli sfiati del cratere finendo nelle tubature dei minatori. Di notte, il gas di zolfo in uscita reagisce con l'aria e brucia con una fiamma blu.

Nel 1989, Bill McKibben scrisse: "Penso che siamo arrivati alla fine della natura". E poi chiarì: "Con questo non intendo dire la fine del mondo. La pioggia continuerà a scendere, e il sole continuerà a brillare. Quando dico 'natura' intendo un certo ordine di idee umane sul mondo e sul nostro posto all'interno di esso". Un vulcano attivo ci dà un'opportunità buona quanto le altre per prendere in considerazione il "nostro posto" e cosa significa vedere la "natura" non come un oggetto ma come un soggetto, qualcosa (qualcuno) che agisce nel tempo. La lava si muove, e non a causa nostra.

All'inizio della pandemia di COVID-19, quando la struttura della mia vita si ritrovò cristallizzata, cominciai a notare dei cambiamenti che prima mi sfuggivano: una collina che ingialliva pian piano; l'acqua che porta le rocce a valle; un ramo di ippocastano che germoglia, fiorisce e muore. Ogni giorno un picchio dalla pancia rossa segnava il tempo aggiungendo una trama densa di buchi sullo stesso albero, e il ramo dell'albero divenne come un calendario. La poetessa mojave Natalie Diaz si chiede: "Come posso tradurre – non a parole ma in convincimento – l'idea che un fiume è un corpo, vivo quanto te o me, che non ci può essere vita senza di esso?". E se queste azioni non fossero il tic-chettìo irrazionale di un universo meccanico, ma invece le azioni di un *qualcuno*? In quel momento, stavo imparando che il fatto di considerare il mondo inerte o agente – cioè se qualcosa come l'Ijen sia una pila di roba o un soggetto meritevole di rispetto – è l'esito di una distinzione antichissima tra chi ottiene di occupare il tempo e chi (o cosa) non lo fa.

La seconda volta che guardai il video della Tropicfeel, usai Shazam per cercare quella musica vagamente non-occidentale che faceva da accompagnamento all'alba. Venne fuori che è un brano di Daniel Deuschle intitolato "Rite of Passage", ed era anche al quinto posto tra i suggerimenti per la sezione Viaggi di Musicbed, un sito di musiche soggette a licenza. Nella bio di Deuschle si legge: "Cresciuto in Zimbabwe, Daniel Deuschle è un cantante, compositore e produttore... Mette insieme mondi diversi nel suo modo di infondere sonorità africane in melodie crescenti e progressioni che colpiscono al cuore". Non sto dicendo che Morris (o chiunque abbia montato il video) abbia scelto consapevolmente la canzone per il suo "sound africano", o neanche che l'abbia ascoltata così attentamente. Stavano solo facendo il proprio lavoro per la Tropicfeel utilizzando un linguaggio dominante e utilizzando dei cliché accettabili. Eppure, "Rite of Passage" suggerisce una certa attitudine all'esotizzazione del luogo, che entra in conflitto con la sua realtà. Dopo che Morris ha lodato i minatori, all'apparenza incerto su come tirarsi fuori dalla loro tragedia, c'è un momento di disagio in cui il video si sposta dai fotogrammi dei lavoratori a delle vedute lente delle colline. I minatori vanno in dissolvenza sul paesaggio, senza tempo e senza spiegazioni, come fossero zolfo essi stessi.

Ma anche Morris deve essere vendibile. Quando Instagram stava muovendo i primi passi, lui puliva tappeti a Manchester per il minimo salariale, e riuscì a mettere insieme abbastanza soldi per partire zaino in spalla ripostando contenuti di marchi di nicchia su una serie di account. L'account personale su cui postava le foto di viaggio era stato il suo "progetto di svago". Entro il 2019 era diventato il suo lavoro, con un account da 2,7 milioni di follower. Usciva con un'altra travel influencer. La loro popolarità si nutriva in gran parte della loro immagine di coppia spensierata e dedita alla bella vita. Ma nel 2021, un anno dopo aver costruito una casa su misura a Bali, i due si separarono. Sapendo tutto questo, Morris appare triste, o quantomeno privo di energie, mentre si fa filmare nella sua visita al vulcano. "Per oltre un anno ho avuto un blocco mentale creativo e non avevo davvero motivazioni per prendere la telecamera", scrisse su Instagram, partendo per un viaggio in solitaria in Egitto. "Creare non mi soddisfaceva più come prima... probabilmente perché mi affannavo a cercare l'inquadratura perfetta senza mai alla fine scoprire la bellezza che avevo di fronte".

Un'immagine brandizzata può portare all'oggettificazione di se stessi, e lui sperava che in Egitto le cose sarebbero andate diversamente: "Voglio davvero rallentare e assorbire tutto ciò che vedo e faccio. Sperimentare cose nuove, imparare, apprezzare e poi fare le foto". Sembrava quasi che Morris avesse perso un po' di quello "spirito acquisitivo" che Susan Sontag associò un tempo alla fotografia turistica. Stava invece cercando un incontro.

Il video contrito di Morris mi fece ripensare a quando io stessa ero salita su un vulcano per vedere l'alba e perché non ero voluta andarci. Era il 2014 e la mia famiglia – che proviene da un'altra catena di isole vulcaniche, le Filippine – era alle Hawaii, all'apparenza per un matrimonio ma anche per depennare una lista di attività turistiche. Una cosa che va molto di moda a Maui è svegliarsi presto per vedere l'alba dalla cima del vulcano. Anche se sapevo che sarebbe stato bello, avvertivo che la gita sarebbe equivalsa a poco più di una cartolina. "Dobbiamo proprio farlo?", sussurrai a mia mamma mentre ci preparavamo a uscire nel cuore della notte. Dai finestrini dell'auto era tutto buio. Non avevo idea di dove ci trovassimo. Arrivati nel parcheggio in cima all'Halaeakala ("Casa del sole"), si era già radunata una folla irrequieta, avvolta impropriamente in asciugamani e coperte che svolazzavano nel vento freddo e pungente.

Alle sei del mattino circa, il sole cominciò a levarsi sopra uno strato di nuvole uniformi e spumeggianti che circondavano il vulcano. Di fronte a me si verificò un'eco più fioca di quell'alba, mentre i luminosi rettangoli arancioni degli schermi delle fotocamere si sollevavano e sgomitavano per posizionarsi, con i selfie stick usati per fotografare al di sopra delle teste delle altre persone. Con mia madre dividevamo la stessa coperta, e cercavamo di tenerla chiusa contro il vento. Avvertii una folata gelida quando mia madre, quasi con imbarazzo, sollevò il braccio per scattare una foto.

Il futuro è sempre oltre l'orizzonte, ed essere vivi significa essere in transito. Per qualche minuto, un'alba raccoglie tutta questa indicibile sensazione dolceamara in un solo punto ardente. La gente (compresa mia madre) può essere perdonata se desidera aggrapparvisi attraverso una foto. Fuori dalla camera, però, le albe fuggono via. Ci dimostrano che il tempo sta passando e che la terra gira, una o due volte al giorno nella maggior parte delle latitudini quando la luce cambia abbastanza in fretta da permetterci di percepire il passaggio. Osservare questo vuol dire capire che, seppure il sole si leva ogni giorno, la stessa singola alba non ricapiterà mai più. Ciascuna di esse ci dà un'immagine di rinnovamento, ritorno, creazione, e ci dà un "nuovo giorno". E ripara fugacemente quella frattura occidentale tra tempo e spazio – specialmente sull'Halaeakala, da dove alcuni dicono di aver visto la curvatura della terra.

Se però avessi cercato di fotografare l'alba, non avrei potuto catturare ciò che mi è rimasto maggiormente impresso nella memoria. Più che l'emergere della sfera accecante, è stata la sensazione del piccolo, caldo corpo di mia madre dentro la coperta, ho sentito quanto fossimo inverosimili, fragili, come se potessimo venire spazzate via in qualsiasi momento. Halaeakala è uno dei due vulcani che hanno formato l'intera isola di Maui, una serie di eventi cairologici avvenuti millenni fa che adesso ci stavano donando un po' di *chronos* per stare in piedi nel mezzo del vasto oceano. Oltre 200 chilometri a sud-ovest di dov'eravamo, la montagna sottomarina di Kama'ehuakanaloa si stava ancora formando, creazione ultima della zona calda delle Hawaii, la cresta vulcanica sopra la quale stava passando la placca pacifica (Kama'ehuakanaloa era un tempo nota come la montagna sommersa di Lo'ihi, nome attribuitole negli anni Cinquanta per la sua forma, perché Lo'ihi significa "lungo" in hawaiiano. Da allora, operatori culturali e accademici hanno recuperato delle storie tradizionali hawaiiane su Kama'ehu, il figlio dai capelli rossi della dea del mare Kanaloa, che avrebbero potuto essere riferite a un vulcano sommerso. Per esempio, *O ka manu ai aku laahia / Keiki ehu, kama ehu a Kanaloa / Loa ka imina a ke aloha* è una frase estratta che venne tradotta in "Il primordiale aroma acre [del vulcano] / preannuncia un figlio *ehu* di Kanaloa / L'attesa per accogliere questa nuova isola è lunga". Nel 2021, l'Hawaii Board on Geographic Names aggiornò ufficialmente il nome). Non sono hawaiiana e non ho nessuna pretesa su quel luogo, in realtà su nessun luogo. Ma qualcosa in quella doppia vicinanza a mia madre e a quest'altro corpo più grande mi ha ricordato che non ero stata io a gettarmi nel tempo e non sarei stata io ad accogliere la mia stessa fine. Una volta "sbrigata" la questione dell'alba e dopo la discesa di tutti dalla montagna, la terra avrebbe continuato a girare, l'Halaeakala a erodersi e Kama'ehuakanaloa a sollevarsi. Di tutti i concetti di tempo che descriverò in questo libro, questo è quello che voglio davvero "salvare": quella smania e quel cambiamento che scorrono in tutte le cose, rendendole nuove, spaccando la crosta del presente come le estremità liquefatte di un torrente di lava.

Questo libro non offre un metodo pratico per guadagnare tempo nel senso più immediato – non perché io non creda che sia una questione valida, ma perché la mia è una formazione basata sulle arti, il linguaggio, i modi di vedere. Ciò che troverai qui sono degli strumenti concettuali per riflettere su cosa il "tuo tempo" abbia a che fare con il tempo in cui vivi. Invece di disperarci per la discordanza sempre più ampia tra i diversi orologi, tra quello personale e quello apparentemente astratto, tra quello quotidiano e quello apocalittico, per un attimo vorrei indugiare su quella discordanza. Ho cominciato a pensare a questo libro prima della pandemia, per poi ritrovarmi a osservare come quegli anni stessero rendendo irriconoscibile il tempo per tantissime persone, stravolgendone i contorni sociali ed economici. Se mai qualcosa di buono è uscito da quell'esperienza, forse è un'espansione del dubbio. Proprio come una lacuna della conoscenza, il dubbio può rappresentare l'uscita d'emergenza che porta in un altro luogo.

Per quanto possano essere varie, le prospettive sul tempo che offro in questo libro non possono essere efficaci in una condizione di isolamento. Viviamo anche nella realtà pratica, e una delle sfide del pensare a una qualsiasi valutazione del tempo diversa dal denaro, è che questa riflessione deve avvenire nel mondo così come appare oggi. Di conseguenza, guardare al *kairos* mentre si vive in gran parte nel *chronos* pone in quella difficile zona grigia tra il libero arbitrio personale e i limiti strutturali, un'area a lungo esplorata dai sociologi ma che viene anche semplicemente sperimentata da chiunque si stia facendo largo nella vita all'interno di un mondo sociale. Alcune tra le più utili articolazioni di questo rapporto che mi è capitato di trovare provengono dal libro di Jessica Nordell, *The End of Bias: A Beginning*. Nordell scrive che i pregiudizi individuali e quelli istituzionali sono inscindibili perché sono le persone che costruiscono "i processi, le strutture e la cultura organizzativa" in cui si attuano le nostre decisioni. Allo stesso tempo, siamo influenzati dalla cultura in cui viviamo. Nordell descrive lo sforzo di correggere i pregiudizi senza modificare strutture quali politiche, leggi e algoritmi, come un "salire al contrario su una scala mobile". Nel caso dei pregiudizi razziali o di genere, il potenziale e la responsabilità di una maggiore giustizia sono rintracciabili sia dentro che fuori l'individuo.

Analogamente, il progetto personale e collettivo di considerare il tempo in modo differente deve andare di pari passo con dei cambiamenti strutturali che potrebbero aiutare a spalancare spazio e tempo laddove ora ci sono solo degli spiragli. È per tale ragione che considero questo libro solo una porzione di una conversazione. La mia speranza più profonda è che si possa combinare con il lavoro degli attivisti e di chi scrive più specificamente di politica – come Annie Lowrey, che ha scritto di argomenti come il salario minimo universale e la "tassa del tempo" imposta ai poveri; oppure Robert E. Goodin, Lina Eriksson, James Mahmud Rice e Antti Parpo, le cui dettagliate analisi delle politiche di diversi paesi informano le loro raccomandazioni conclusive in *Discretionary Time: A New Measure of Freedom* (nella sezione finale del libro, Goodin e gli altri autori sottolineano l'importanza della flessibilità lavoro-tempo, di regole egualitarie nel divorzio, di una cultura dell'eguaglianza, e di trasferimenti e sussidi pubblici. Tornerò sul loro concetto di tempo discrezionale nel capitolo 2). Come apparirà chiaro nel capitolo 5, dedicato al nichilismo climatico, voglio anche essere precisa nell'attribuzione delle responsabilità a carico dell'industria dei carburanti fossili per il rapido avanzamento dell'orologio climatico. Fatico a immaginare che la mia attenzione ai tempi di fioritura del mio ecosistema locale possa in alcun modo influire sul desiderio di continuare a esistere di un'azienda come la ExxonMobil. Infatti, considero questo libro anche come una conversazione con attivisti del clima e persone che scrivono di politiche climatiche come Naomi Klein e Kate Aronoff.

Oltre a ciò, esiste un motivo ancor più basilare per cui questo libro ha bisogno di altre persone. Per parlare del tempo con un linguaggio nuovo, per ricavare uno spazio diverso da quello dominante, c'è bisogno di almeno un'altra persona. Questo confronto può evocare un mondo magari meno caratterizzato da un crudele gioco a somma zero. Scrittori come Mia Birdsong mi hanno insegnato il ruolo della transizione culturale, qualcosa che esiste sul piano quotidiano delle interazioni personali e della politica, con la "p" minuscola. In *How We Show Up*, Birdsong scrive che il sogno americano sfrutta le nostre paure, creando una scarsità reale e immaginaria. L'autrice fa appello a "modelli accessibili e conosciuti di quel che appare come felicità, desiderio di realizzazione, relazioni e amore" che si differenziano da quanto ci è stato normalmente insegnato.

Si potrebbe anche considerare questo lavoro come emancipatorio e utopistico, o si potrebbe pensare che colmi le lacune lasciate dall'erosione dei servizi sotto il neoliberalismo. In realtà, entrambe le cose possono essere vere. Un esempio ci viene dalla crescita del mutuo soccorso all'inizio della pandemia di COVID-19. Tutti quei documenti Google e fogli elettronici erano, da un lato, una risposta alle orribili lacune della rete di sicurezza sociale e, dall'altro, un esperimento concreto e in divenire di idee di valore, responsabilità, collettività e merito che esulavano dal pensiero dominante. Certo, sarebbe stato bello se non ci fosse stato così tanto bisogno di mutuo soccorso. Ma è successo, e oltre ad aver davvero aiutato le persone, ha mantenuto in vita e persino fatto avanzare queste idee in una cultura più vasta. Vorrei che questo libro contribuisse a questo tipo di transizione verso quel che sembra possibile. Offro queste immagini, concetti e luoghi come provocazioni in direzione di qualcos'altro. Per questo motivo, spero che aprano un dialogo con te tanto quanto tu potrai metterli a confronto con altri.

A volte l'ispirazione migliore è quel che ti fa tanta paura da non riuscire quasi a pronunciarlo. Per me, è il nichilismo. Nel mio primo libro, cito il pittore David Hockey in quel che voleva realizzare con uno dei molti collage non ortogonali e di ispirazione cubista: li chiamava "un assalto panoramico alla prospettiva rinascimentale unidirezionale". Se potessi prendere in prestito quella frase, questo libro sarebbe il mio assalto panoramico al nichilismo. L'ho scritto sforzandomi di essere d'aiuto ma, verso la fine, ho avuto la sensazione che stavo scrivendo per salvarmi la vita. Quel che segue, essendo il massimo gesto di speranza di cui sono stata capace, vuol rappresentare un rifugio futuro per tutti i lettori che si sentono disperati quanto me.

Nelle conclusioni di *Una rivoluzione ci salverà: perché il capitalismo non è sostenibile*, Naomi Klein scrive con onestà delle proprie paure riguardo al futuro e fa cenno al *kairos* nel suo essere in relazione con l'azione. Individua le "rinascite" e i "momenti di effervescenza" in cui "le società vengono divorate dal desiderio di un cambiamento trasformativo". Spesso questi momenti arrivano di sorpresa, persino per chi li propugna: la sorpresa che "siamo molto più di quel che ci è stato detto fossimo. Che desideriamo molto di più e in quell'anelito abbiamo molta più compagnia di quanto potessimo mai immaginare". Klein aggiunge che "nessuno sa quando inizierà un altro momento di tale effervescenza".

Ho riletto queste parole nel 2020, nelle settimane che sono seguite all'assassinio di George Floyd, settimane piene di quel senso di rinascita. Per me, quel periodo è stato un'immagine indimenticabile del rapporto tra *kairos*, azione e sorpresa. Il tempo assunse nuove morfologie, e l'autore Herman Gray mise a confronto il "tempo lento del Covid con il tempo caldo delle strade". In un podcast del 2021, Birdsong ipotizzò che la pandemia aveva provocato un certo grado di transizione culturale con il semplice fatto di aver evidenziato quanto le persone fossero in connessione reciproca con soggetti a cui non avevano mai pensato, come gli agricoltori e gli infermieri. Aveva cambiato il modo in cui appariva il mondo e le persone che lo abitano, ed era stato in questo cambiamento che si erano verificate la morte di Floyd e le rivolte. Indicò che lì, in quel preciso momento, "c'era un senso di connessione più forte, tra persone che non avevano mai sentito prima alcun legame con i neri che venivano uccisi". Era un richiamo a quel che Rebecca Solnit ripete più volte in *Un paradiso all'inferno*: "le idee contano".

In mezzo a tutte le esortazioni per un "ritorno alla normalità", questo libro è stato scritto nel *kairos* per il *kairos* – per una finestra che sta scomparendo, in cui il tempo è maturo. Possiamo scegliere in qualsiasi momento chi e cosa percepiamo esistere nel tempo, così come possiamo scegliere di credere che il tempo sia il luogo dell'imprevedibilità e del potenziale invece che dell'inevitabilità e dell'impotenza. In questo senso, cambiare il modo in cui pensiamo al tempo è qualcosa di più che un mezzo per far fronte alla disperazione personale mentre si attende la catastrofe. Può anche essere un invito ad agire in un mondo il cui stato attuale non può più essere dato per scontato, così come non possono restare anonimi, sfruttati e abbandonati i suoi attori. Sono convinta che una riflessione reale sulla natura del tempo, slegata dall'incarnazione capitalistica quotidiana, ci dimostrerà che né le nostre vite né la vita del pianeta hanno una conclusione scontata. In questo senso, l'idea che possiamo "salvare" il tempo – recuperando la sua natura fondamentalmente irriducibile e creativa – può anche significare che è il tempo a salvare noi.

UNO

Di chi è il tempo? Di chi è il denaro?

PORTO DI OAKLAND

"Per me, il tempo è legato alla durata della vita e all'invecchiamento degli individui nel contesto della storia del nostro mondo, dell'universo, dell'eternità."
DOMINIQUE, insegnante intervistata in *Timewatch* di Barbara Adam

"Gli atomi di tempo sono gli elementi del profitto."
Padrone di una fabbrica britannica dell'Ottocento, citato nel *Capitale* di Karl Marx

Siamo sbucati nel porto di Oakland dal tunnel della Settima Strada in direzione ovest, all'interno di una berlina danneggiata dal sole che avevo fin dal liceo. In un qualche momento di parecchio tempo fa, l'orologio dell'auto si era spento ma dal telefono vedo che sono le sette del mattino, otto minuti dopo l'alba.

Davanti a noi c'è una spianata di cemento punteggiata di palme e pezzi di oggetti: camion senza container; container senza camion; telai, ruote, scatole, pallet. Tutto ammucchiato, in certi casi accatastato, suddiviso in modi che non riusciamo subito a capire. Un paesaggio di lavoro. Man mano che i binari del treno della Bay Area Rapid Transit e la loro rete metallica di recinzione scompaiono sottoterra, per passare poco dopo sotto la baia di San Francisco, lasciano il posto a un altro tipo di treno, con container sovrapposti in combinazioni casuali di colore: bianco e grigio, rosa acceso e blu scuro, rosso brillante e rosso scuro, polveroso. Ci sono rari indizi di presenza umana: un tavolo da picnic dipinto di rosso, un bagno chimico, un chiosco di alimentari vuoto, e uno striscione pubblicitario di un chiropratico.

Ci immettiamo nel Middle Harbor Shoreline Park, che è diviso dalla SSA Marine con una rete traforata. Subito sul lato opposto, i mucchi sono alti come sei container, e danno l'impressione di una città senza fine fatta di metallo ondulato. Più in là si vedono delle figure simili a dei dinosauri: gru a cavaliere verde-blu e gru di bordo bianche, alcune alte come sedici piani. Sotto c'è una nave enorme, arrivata da Shenzhen. Ma, per ora, le attrezzature sono ferme. I lavoratori sono appena arrivati.

Nel luglio 1998, l'Istituto italiano di fisica nucleare (INFN) decise di far timbrare il cartellino in laboratorio ai suoi ricercatori. Non potevano immaginare la reazione che avrebbero scatenato, non solo nell'istituto ma anche nel resto del mondo. Centinaia di scienziati appoggiarono le proteste dei fisici dell'INFN, affermando che la decisione era inutilmente burocratica, offensiva e non al passo con il modo di lavorare dei ricercatori. "La buona scienza non può essere misurata con l'orologio", scrisse l'ex direttore dell'American Institute of Physics. Un professore di fisica della Rochester University suggerì che "l'industria tessile degli Stati Uniti avrebbe potuto dare consulenze all'INFN su come aumentare la produttività". E il vicedirettore del Lawrence Berkeley National Laboratory scrisse con tagliente sarcasmo: "Forse la prossima volta vi incateneranno alle scrivanie e alle sedie, così dopo che siete entrati non potrete uscire o, meglio ancora, installeranno dei monitor nel cervello per assicurarsi che mentre siete al lavoro pensiate alla fisica e non ad altre cose".

Nella raccolta di lettere scritte in risposta alle nuove direttive, ce ne sono solo alcune che esprimono una certa ambivalenza riguardo alla protesta dei fisici. Il disaccordo più aperto arriva da Tommy Anderberg, una persona che commenta raramente e che non ha alcuna pubblica affiliazione professionale. Si identifica invece come un contribuente arrabbiato per tutte queste lamentele dei dipendenti pubblici:

> I vostri datori di lavoro, in questo caso chiunque paghi le tasse in Italia (le vere tasse, soldi che vengono da guadagni realizzati nel settore privato, non quel pezzo di finta contabilità applicata alla vostra busta paga finanziata dai contribuenti), hanno tutto il

diritto di esigere che voi vi troviate sul posto di lavoro negli orari stipulati dal vostro contratto.

Se non vi piacciano le condizioni, potete licenziarvi.

Anzi, ho un ottimo consiglio da darvi nel caso vogliate una vera libertà. Fate come me: avviate un'impresa vostra. Allora potrete decidere da soli e lavorare quando, dove e nel modo che più vi aggrada.

Di fondo, questo disaccordo tra gli scienziati lavoratori da una parte e l'INFN e Tommy Anderberg dall'altra, non riguarda solo cosa sia il lavoro e come debba essere misurato. Riguarda anche quel che il datore di lavoro compra quando ti retribuisce in denaro. Per Anderberg, è un pacchetto che comprende non solo il lavoro ma anche i minuti di vita, la presenza fisica, e l'umiliazione.

Come dimostrano le battute caustiche sulla fabbrica e l'essere "incatenati alla scrivania" (un'immagine ricorrente in diverse lettere), il concetto di timbrare il cartellino proviene da un modello di lavoro industriale. Forse una delle illustrazioni migliori di questo modello è l'inizio del film di Charlie Chaplin del 1936 *Tempi moderni*. La primissima immagine del film è quella di un orologio: austero, rettangolare, che riempie l'intero schermo dietro i titoli di testa. Poi l'inquadratura di un gregge di pecore va in dissolvenza su un gruppo di operai che escono dalla metropolitana e si dirigono al lavoro nella "Electro Steel Corp.", dove coesistono due tipi diversi di tempo.

Il primo è rilassato: il presidente dell'azienda siede da solo in un ufficio tranquillo, giocando svogliatamente con un puzzle e dando un'occhiata distratta a un giornale. Dopo che una segretaria gli porta dell'acqua e delle pasticche, accende le schermate delle telecamere a circuito chiuso che riprendono diversi settori della fabbrica. Vediamo la sua faccia comparire su uno schermo di fronte a un lavoratore incaricato di sorvegliare i ritmi della fabbrica: "Settore cinque!", urla. "Accelerate il passo, quattro uno".

Il personaggio di Chaplin, l'Operaio, è ora soggetto alla seconda temporalità, quella del tempo punitivo e accelerato. Lavora freneticamente alla catena di montaggio per stringere dei dadi nei pezzi di un macchinario, e resta indietro quando deve grattarsi o viene distratto da un'ape che gli ronza intorno alla faccia. Quando il caposquadra gli dice di prendersi una pausa, lui si allontana camminando a scatti, incapace di fermare i movimenti del suo lavoro. Nel bagno, la colonna sonora frenetica cambia brevemente in un ritmo sognante e l'Operaio si calma un pochino, cominciando ad assaporare una sigaretta. Ma all'improvviso, sul muro del bagno compare la faccia del presidente: "Ehi! Basta perdere tempo! Torna al lavoro!".

Nel frattempo, l'azienda sperimenta uno strumento appena inventato per risparmiare tempo. Viene fornito con una pubblicità audio: "La Billows Feeding Machine, un pratico oggetto che nutre i vostri uomini automaticamente mentre lavorano. Non fermatevi a mangiare! Superate la concorrenza. La Billows Feeding Machine eliminerà la pausa pranzo". Durante la pausa, l'Operaio viene scelto dalla direzione come cavia e legato a quella che è sostanzialmente una morsa di dimensioni umane dietro a dei vassoi rotanti con su del cibo. La cosa sfugge di mano quando la macchina s'inceppa e il vassoio con la pannocchia comincia ad andare troppo veloce, sbattendo la pannocchia rotante sulla faccia dell'Operaio, più e più volte.

Credo che la pannocchia impazzita sia uno dei momenti di cinema più divertenti che abbia mai visto. Da un lato, la scena ironizza sul desiderio del capitalista di lesinare e risparmiare il tempo di lavoro che ha pagato, spremendo dal lavoratore più lavoro nello stesso lasso di tempo (se solo gli umani potessero mangiare il mais più velocemente, la pannocchia impazzita non sarebbe poi un problema). Dall'altro lato, ironizza sull'essere umano assimilato a un ritmo precostituito: oltre a dover tenere il ritmo della catena di montaggio e minimizzare le pause per il bagno, deve anche adeguarsi alla velocità di erogazione della macchina del cibo. Deve diventare una macchina che mangia.

In questo mondo, il tempo è solo una fonte di alimentazione, come può essere l'acqua, l'elettricità, o una pannocchia. Una pubblicità del 1916 della International Time Recording Company di New York sul *Factory Magazine* si rivolgeva al direttore della fabbrica facendo esplicitamente questo collegamento: "Il tempo ti costa denaro. Lo compri proprio come compreresti una materia prima". Per poter spremere il massimo del valore da questa materia prima, il datore di lavoro ricorre a metodi di sorveglianza e controllo. Su un numero dell'*Industrial Management* del 1917, un'altra azienda che vendeva sistemi di monitoraggio degli orari, la Calculagraph, la mette in questi termini: "Tu li paghi IN CONTANTI! E loro quanto TEMPO ti pagano?".

Quest'ultima domanda ha senso solo dal punto di vista del padrone, il quale conta non solo il tempo che passa, ma anche quello trascorso

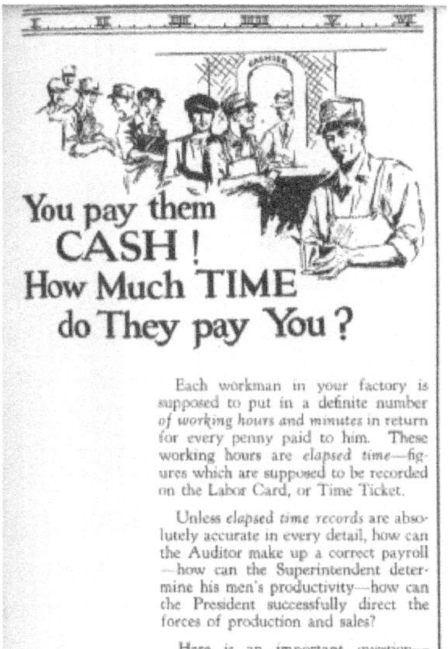

specificamente a produrre valore a proprio favore. L'Operaio rappresenta bene questa distinzione quando diligentemente timbra il cartellino per andare al bagno e lo timbra di nuovo dopo che il capo ha interrotto la sua pausa. E questa non è un'esagerazione. Nella storia del lavoro si può andare a finire nei minimi dettagli: tra le centomila parole che compongono il regolamento della fabbrica settecentesca Crowley Iron Works, troviamo trattenute salariali per cose come "andare alla taverna, in birreria, alla caffetteria, fare colazione, cenare, giocare, dormire, fumare, cantare, leggere le notizie, litigare, discutere, contestare, o qualsiasi cosa estranea ai miei affari, qualsiasi modo di perder tempo... [*sic*]". In altre parole, una pubblicità della Calculagraph avrebbe potuto domandare in modo ancor più preciso: "E loro quanto TEMPO DI LAVORO ti pagano?".

Questa esperienza del tempo può apparire antiquata, relegata a lavori specifici propri dell'èra industriale. Ma nei luoghi di lavoro a basso salario il tempo rientra ancora in una dimensione di intensità e di controllo, resa oggi ancor più forte da selezioni algoritmiche e da lavorazioni ancor più veloci. Nel suo libro del 2019, *On the Clock: What Low-Wage Work Did to Me and How It Drives America Insane*, Emily Guendelsberger descrive questa realtà:

> Quando lavoravo nei magazzini di Amazon fuori Louisville, in Kentucky, camminavo fino a venticinque chilometri al giorno per far fronte al ritmo predisposto per la raccolta degli ordini. Uno scanner dotato di GPS registrava i miei movimenti e mi teneva costantemente aggiornata su quanti secondi mi rimanessero per completare la mansione.
>
> Quando lavoravo in un call center nella Carolina del Nord occidentale, mi spiegarono che andare al bagno troppo spesso equivaleva a rubare dall'azienda, e i minuti che passavo in bagno venivano riportati in una relazione quotidiana da consegnare al mio supervisore.
>
> Quando lavoravo da McDonald's nel centro di San Francisco, i nostri turni erano pianificati al punto da creare una coda costante e infinita di clienti. Per tutto il turno, quasi tutti i turni, lavoravamo tutti alla velocità frenetica di quelle cameriere sopraffatte della mia gioventù.

Un secolo dopo le raccomandazioni della Calculagraph ai padroni di "accertarsi, sapere con precisione i tempi esatti di ciascuna mansione per ciascun uomo, fino all'ultimo minuto", la pistola scanner di Guendelsberger quando lavorava per Amazon assolve a questo compito coscienziosamente e fino all'ultimo secondo. Descrivendo il design meticolosamente oppressivo del magazzino di Amazon, Guendelsberger cita Frederick Winslow Taylor, l'ingegnere meccanico che, all'inizio del ventesimo secolo, diffuse la mania di scomporre le mansioni industriali in segmenti scanditi in minuti: "La mia pistola scanner è l'incarnazione della visione [di Taylor] – un cronometro personale e uno spietato robo-manager riuniti in un unico oggetto... Chissà se Taylor inorridirebbe vedendo realizzati i suoi timori circa l'abuso che si sarebbe potuto fare delle sue idee? O invece gli farebbe avere un orgasmo?".

Intanto si sta diffondendo una specie di robo-manager fuori dal posto di lavoro. Con sempre più persone impegnate a lavorare da casa durante la pandemia di COVID-19, i sistemi di misurazione installati sui computer dei lavoratori, come Time Doctor, Teramind e Hubstaff, hanno visto un incremento notevole. Alcuni di questi sistemi si basano sulla segnalazione volontaria, ma altri controllano i lavoratori attraverso uno strumento hardware o software in grado di effettuare la registrazione della tastiera, screenshot, registrazioni video continue, e l'OCR (*optical character recognition*, riconoscimento ottico dei caratteri), che permette al datore di cercare specifiche parole all'interno delle chat e delle email dei dipendenti. Il sito Insightful (già Workpuls) invita a "trarre il massimo dal tempo dei tuoi dipendenti", e offre sistemi di monitoraggio dei lavoratori. "Il tempo è denaro. Scopri cosa fanno esattamente i tuoi dipendenti ogni minuto del giorno, grazie al monitoraggio onniveggente degli impiegati e ad analisi comportamentali complete". In un articolo sul lavoro in remoto apparso su *Vox*, un collaboratore di un'agenzia di traduzioni in Australia si lamentava del fatto che "il mio manager sa ogni maledetta cosa che faccio... A malapena riesco ad alzarmi e sgranchirmi, al contrario di quando sono in ufficio". Questa spiacevole consapevolezza della presenza del management fa sì che la sorveglianza del posto di lavoro funga allo stesso tempo da stimolo e da meccanismo disciplinare.

Una recensione dei sistemi di monitoraggio del lavoro fatta nel 2020 per *PCMag* sosteneva che le caratteristiche di questi sistemi incentivano la produttività più che sorvegliare. Ma la stessa recensione notava che questi sistemi innescano degli allarmi automatici e "con le trasgressioni del dipendente compilano dei rapporti che possono essere usati in futuro per intentare cause disciplinari contro i lavoratori stessi". Forse questa confusione è generata dal fatto che la produttività e la sorveglianza sono due facce della stessa medaglia. "Anche solo sapendo dell'esistenza del software di monitoraggio sul computer, i dipendenti saranno più concentrati", scrive Insightful, "e voi potete star certi che la loro attenzione è rivolta dove dovrebbe". Il software dal nome calzante StaffCop (poliziotto dello staff, *ndt*) mostra al datore di lavoro un foglio elettronico dei minuti lavorati, in cui i minuti sono suddivisi in cinque categorie: Premium, Produttivo, Neutrale, Improduttivo e Contrattempo. Anche se una parte del sistema di sorveglianza ha come scopo di prevenire le fughe di dati, l'intera struttura sembra implicitamente progettata per rendere "Premium" la maggior parte del tempo pagato. Sul sito di StaffCop, per esempio, vediamo nello stesso slogan "ottimizzazione della produttività" e "rilevazione di minacce interne".

Quando nel 2020 Microsoft lanciò la raccolta dei dati di produttività a livello individuale per Office 365 (dopo aver lanciato la Raccolta di produttività nell'autunno 2020, Microsoft si trovò a far fronte a una notevole opposizione da parte di critici preoccupati per la privacy degli utenti. La versione successiva della Raccolta di produttività non comprendeva più la possibilità di associare i dati con i nomi degli utenti finali), il critico e scrittore Cory Doctorow definì subito la mossa come "la schifosa curva di adozione della tecnologia", in cui le tecnologie oppressive avanzano sul "dislivello del privilegio": "I richiedenti asilo, i carcerati e i lavoratori delle fabbriche sfruttatrici d'oltreoceano si beccano la prima versione. I suoi aspetti più duri vengono mitigati, e una volta che (la tecnologia) è stata un po' normalizzata, la infliggiamo agli studenti, ai malati mentali e agli operai". Doctorow scrive che la sorveglianza sul lavoro da remoto è già stata usata sui dipendenti dei call center che lavorano da casa, in gran parte donne nere povere. Durante la pandemia, questo tipo di sorveglianza si è ulteriormente ampliata agli studenti universitari che partecipavano alle lezioni a distanza e, infine, ai colletti bianchi che lavoravano da casa.

È possibile che lavori in un posto che ti concede più fiducia e libertà rispetto a quel che sto descrivendo qui. Ma anche se così fosse, questa forma di computo del tempo così standardizzata e spesso punitiva è importante anche per te, per diversi motivi. Primo, perché caratterizza l'esperienza attuale del tempo "con i minuti contati" per molti lavoratori, compresi coloro che supportano le vite quotidiane degli altri. Ma, più in generale, perché rappresenta gli aspetti di standardizzazione, intensificazione e rigore che influiscono su come molti di noi considerano la produttività e persino lo stesso "oggetto" tempo.

Una febe nera si posa sul recinto e ci guarda dall'alto, scuotendo la coda. Dietro di lei, sui container sono stampati nomi in diversi caratteri: Matson, APC, Maersk, CCA CGM, Hamburg Süd, Wan Hai, Cosco, Seaco, Cronos. Tranne alcuni, grandi esattamente la metà, i container sono tutti delle stesse dimensioni e forma, quelle che negli anni Settanta divennero lo standard perché rendevano più facile e veloce il trasporto tra il mare e la terra. Con la loro omogeneità e opacità rendono uniforme e leggibile un miscuglio incredibile – cose come ali di pollo congelate, cera, pesche, lana, asciugamani di microfibra, leggings, semi di zucca e forchette di plastica. Ancora oggi i container sono costruiti secondo i requisiti stabiliti dall'Organizzazione internazionale per la standardizzazione.

Il tempo come denaro (nel senso più letterale) rappresenta ciò che Allen C. Bluedorn chiama tempo fungibile, qualcosa di uniforme e infinitamente divisibile, al pari della moneta. Misurare il tempo fungibile è come immaginare dei container standardizzati che si possono riempire di tempo. Del resto, esistono forti incentivi a riempire queste unità di tempo con quanto più lavoro possibile. Contrariamente a quanto avviene per la durata della vita o persino per i processi del corpo umano, qui le ore devono risultare indistinguibili le une dalle altre, decontestualizzate, spersonalizzate e infinitamente divisibili. Questo punto di vista considera, nella sua forma più disumanizzante, gli individui come intercambiabili, come magazzini separati di questo oggetto tempo da utilizzare: per dirla alla Marx, l'individuo qui "non è altro che tempo di lavoro personificato".

Siamo così abituati all'idea del tempo fungibile inteso come denaro che è facile darla per scontata. Ma mette insieme due cose che non sono tanto naturali quanto abbiamo finito per credere: 1) la misurazione di quantità astratte ed equivalenti di tempo come ore e minuti, e

2) un'idea di produttività che seziona il lavoro in intervalli uguali. Qualsiasi sistema di calcolo del tempo e qualsiasi misurazione del valore riflettono i bisogni delle rispettive società. Per esempio, nel nostro sistema di unità di tempo standardizzato, di griglie e fusi orari, è possibile individuare ancora i segni del crogiolo cristiano, capitalista e imperialista in cui esso si è formato. Come scrive lo storico David Landes, per capire l'invenzione dei moderni orologi meccanici occorre prima chiedersi chi ne aveva avuto bisogno.

Il mondo antico era pieno di apparati artificiali atti a rilevare il tempo nel corso di una giornata: le meridiane, che usavano lo spostamento del sole; le clessidre, che usavano il flusso dell'acqua; e gli orologi di fuoco, che usavano la bruciatura dell'incenso. Eppure, nel corso di gran parte della storia dell'uomo, non c'era stato bisogno di dividere il tempo in unità numeriche uguali, e ancor meno di conoscere l'ora in ogni momento. Per esempio, quando nel sedicesimo secolo un gesuita italiano portò gli orologi meccanici in Cina – paese che aveva un'antica tradizione di orologi astronomici azionati ad acqua, ma non organizzava la vita o il lavoro secondo nulla di più numericamente specifico se non le date del calendario – non furono bene accolti. Persino nel diciottesimo secolo, un testo di consultazione cinese definiva gli orologi occidentali come "intricate stranezze, destinate al piacere dei sensi", oggetti che "non soddisfa(ceva)no alcuna necessità fondamentale".

Non è chiarissima la vera storia di come siano nate le ore uguali, misurabili e numerabili. Secondo Landes, una svolta decisiva ci fu con lo sviluppo delle ore canoniche cristiane, in particolare sotto la Regola di San Benedetto, nel sesto secolo. La Regola, che si estese poi agli altri ordini, individuava sette momenti del giorno in cui i monaci benedettini avrebbero dovuto pregare, più un ottavo nel cuore della notte. Inoltre la Regola, stabilendo che "l'indolenza è nemica dell'anima", descriveva le punizioni per i monaci che non si fossero sufficientemente affrettati dopo il segnale del lavoro o della preghiera (nella sezione "La puntualità nell'Ufficio divino e in refettorio", si cita come punizione l'essere relegati "in quella parte che l'abate avrà destinato per questi negligenti, perché siano veduti da lui e da tutti", mangiare da soli ed essere privati di una porzione di vino). Cinque secoli dopo, i monaci cistercensi, per i quali l'impresa spirituale è anche impresa economica, avrebbero intensificato questa disciplina del tempo. Attraverso le campane e le campanelle suonate in tutto il monastero, la "sensibilità temporale" dei monaci metteva l'accento su puntualità, efficienza e capacità di "trarre profitto dal prezioso dono del tempo, dandogli un ordine e usandolo". All'epoca i monaci assumevano con regolarità dei lavoratori e gestivano le più efficienti aziende agricole, miniere e fabbriche d'Europa.

Le ore canoniche non sono tutte uguali e le campane dei monaci erano più un sistema di sveglia che non un orologio. Ma in alcuni casi venivano usati dei sistemi a scappamento – meccanismi a pendolo anziché con il passaggio dell'acqua. Landes definisce una "conseguenza involontaria" il fatto che questa tecnologia, sviluppata in monastero, avesse poi preso piede in contesti nuovi: gli orologi pubblici e privati si diffusero man mano che il potere e il commercio si accentravano nelle città europee. Di nuovo, le campane erano strumenti di coordinamento, ma stavolta era la classe borghese ad averne bisogno. Gli orologi aiutavano non solo a condurre i commerci, ma anche a demarcare i limiti estremi del valore della giornata di lavoro acquistata da lavoratori che non avevano altro che fatica da vendere. Al contrario di quanto avveniva per le ore canoniche della chiesa cattolica, le ore scandite dai nuovi orologi meccanici delle torri erano uguali, numerabili e facili da calcolare. Pur se il capitalismo non fu il primo creatore delle unità di tempo standardizzate, esse si dimostrarono utili nell'imporre uniformità ai lavoratori, alle attività stagionali e alle latitudini.

La separazione del tempo dal suo contesto fisico è tuttora presente nel nostro modo di parlare contemporaneo. Come nota John Durham Peters in *The Marvelous Clouds*, "o' clock" (in punto) significa "of the clock" (dell'orologio), in contrasto con altri standard meno artificiali (per esempio, la luce in un luogo particolare). Seguire l'ora dell'orologio implicava un presunto dominio sul mondo naturale, che era simile ad altri ideali razionalisti, come l'imposizione di uno schema astratto a paesaggi totalmente diversi. L'ora dell'orologio era sempre considerata come un'ora, a prescindere dalle stagioni, così come si considerava un'ora l'ora-uomo, a prescindere dall'uomo. Il che veniva utile sia per regolamentare il lavoro che per conquistare dei territori. Gli orologi ad acqua rischiavano di congelare, e le meridiane diventavano illeggibili nei giorni nuvolosi, ma un orologio meccanico avrebbe continuato a scandire i suoi intervalli – e si poteva anche miniaturizzarlo. Non è un caso che il cronometro marino, un orologio usato per misurare il tempo in mare, fu inventato nella Gran Bretagna del diciottesimo secolo, quando un potere coloniale stava imponendo il proprio dominio internazionale. Come vedremo a breve, questa tecnologia permise non solo la navigazione ma anche l'esportazione oltremare dell'orologio e del tempo d'orologio.

Visto che questo tipo di tempo è ormai tanto comune, sarebbe facile pensare che paesi come la Gran Bretagna siano stati i primi ad afferrare un senso del tempo "più accurato" o "reale". Ancora una volta, vorrei sottolineare come ciascuno di questi sviluppi rispondesse a un qualche culturalmente specifico "bisogno primario". Così come non era stato necessario conoscere le ore del giorno, non c'era neanche stato bisogno di un coordinamento temporale tra luoghi molto distanti, fino all'avvento del servizio delle diligenze postali britanniche e, più tardi, della ferrovia britannica. A partire dagli anni Cinquanta dell'Ottocento, gli "orologi centrali" di Greenwich, in Inghilterra, cominciarono a inviare tramite impulsi elettronici l'ora media di Greenwich (Greenwich Mean Time, GMT) a "orologi secondari" sparsi per il paese, in modo che tutti i treni procedessero con lo stesso orario. Invece gli Stati Uniti e il Canada, pur avendo la ferrovia, non ebbero i fusi orari fino al 1883, e i sistemi ferroviari dei due paesi ne risentivano. È per questo che nel 1868 troviamo una guida delle ferrovie in cui compare un'esasperata ammissione come premessa a un "orario comparativo" che confronta il mezzogiorno di novanta città con il mezzogiorno del centro del potere, Washington D.C.:

> Negli Stati Uniti o in Canada non esiste un "orario standard delle ferrovie". Invece ogni compagnia ferroviaria adotta da sé l'orario della località in cui si trova, o quello del posto in cui è collocato il suo principale ufficio. Dovrebbe essere chiaro a tutti

quanto questo sistema, se sistema si può chiamare, sia scomodo... Infatti ne sono nati molti errori di calcolo e mancate coincidenze, che spesso hanno comportato conseguenze gravi per gli individui e hanno, cosa ovvia, gettato discredito su tutte le guide delle ferrovie, che per forza di cose riportano gli orari locali.

Non sorprende dunque che a proporre i fusi orari internazionali nel 1879 sia stato un ingegnere, diventato fautore del fuso orario durante i lavori per la progettazione della rete ferroviaria canadese. Nel suo trattato del 1886, "Time Reckoning for the 20th Century", Sandford Fleming immaginava l'esatto contrario dell'ora locale: in particolare, ciascuno sulla terra avrebbe dovuto osservare una "giornata cosmica" all'interno di uno dei ventiquattro fusi orari che partivano da Greenwich, Inghilterra, dove qualche anno prima era stato posto il meridiano primario. "La giornata cosmica è una nuova misura temporale del tutto non locale", scrisse. Per Fleming, un "legame obbligato tra il numero delle ore e la posizione del sole in ogni firmamento locale" era qualcosa di scomodo e superato.

Fleming propugnò anche l'idea di un orologio da ventiquattro ore, qualcosa di simile a quello che noi oggi chiamiamo "orario militare". Era così appassionato nella sua perorazione del fuso orario, da chiedere che tutti attaccassero ai propri orologi una "ghiera supplementare", recante le ore da tredici a ventiquattro. "Il comitato riconosce che queste possono sembrare questioni irrilevanti", scrisse. "Ma le cose di grande importanza non raramente risiedono nei piccoli dettagli". Nonostante né l'orologio da ventiquattro ore né le specifiche proposte di Fleming sui fusi orari furono poi adottate dalla Conferenza internazionale dei meridiani del 1884, alla fine vennero introdotti ventiquattro fusi orari internazionali con al centro Greenwich. Nell'attuale Tempo coordinato universale (Coordinated Universal Time, UTC), Greenwich è ancora al centro (UTC+0).

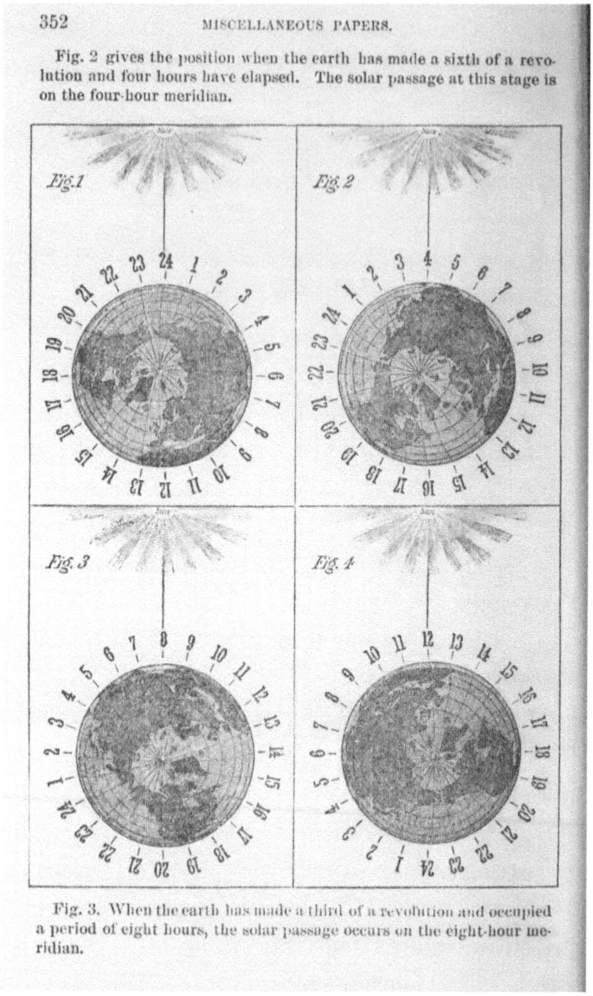
352 MISCELLANEOUS PAPERS.

Fig. 2 gives the position when the earth has made a sixth of a revolution and four hours have elapsed. The solar passage at this stage is on the four-hour meridian.

Fig. 3. When the earth has made a third of a revolution and occupied a period of eight hours, the solar passage occurs on the eight-hour meridian.

Immagine dal trattato di Sandford Fleming, "Time Reckoning for the 20th Century", 1886

Tutti questi filoni si riunirono nelle colonie ottocentesche, dove spesso un approccio standardizzato al tempo e al lavoro accompagnava i colonialisti ovunque andassero. Lo storico Giordano Nanni scrive che "bisogna riconoscere il progetto di incorporare il globo all'interno di una matrice di ore, minuti e secondi come una delle più significative manifestazioni della volontà universalistica dell'Europa". Gli orologi arrivarono come strumenti di dominio. Nanni cita una lettera del 1861 di Emily Moffat, la nuora di Robert Moffat, missionario britannico in quello che oggi è conosciuto come Sudafrica: "Devi sapere che oggi abbiamo spacchettato il nostro orologio e ora ci sentiamo un po' più civilizzati. Per qualche mese abbiamo vissuto senza un segnatempo. Sia il cronometro di John che il mio orologio si sono guastati, e così abbiamo abbandonato il tempo e ci siamo sentiti lanciati nell'eternità. Però è davvero piacevole sentire 'tic tic tic' e 'ding ding'".

La frase "lanciati nell'eternità" è indicativa dell'idea che la maggior parte dei coloni si era fatta riguardo la prospettiva del tempo tra i nativi. In sintesi, i coloni erano completamente incapaci di percepirla, perché il senso del tempo e dello spazio che avevano i nativi non appariva altrettanto astratto e slegato dagli stimoli naturali quanto lo era il loro. Su scala più ampia, misuravano quanto le popolazioni native fossero più o meno "progredite" nella modernità basandosi su quanto i loro sistemi temporali si fossero discostati dalla natura – un argomento su cui tornerò nel prossimo capitolo.

Ma la lettera di Moffat ci mostra anche una fragile isola di tempo d'orologio occidentale di fronte a qualcosa di completamente diverso. Per esempio, in alcune città dell'Africa meridionale, la settimana di sette giorni (compreso il giorno di riposo) veniva adottata solo entro il raggio uditivo delle campane della torre della missione. Uno dei reverendi di una missione in Sudafrica contò il numero di abitanti "che vivevano all'interno del suono della campana", mentre un altro rimase allibito nel trovare delle popolazioni al di fuori dell'influenza della missione che ignoravano deliberatamente il giorno di riposo. Allo stesso modo, nelle Filippine e in Messico, i coloni spagnoli convertivano i nativi in soggetti del regno di Spagna mettendoli *bajo las campanas* ("sotto le campane").

Il confine di questo raggio uditivo non era tra il tempo e l'assenza di tempo, ma tra due concetti ben radicati di tempo: osservanza di riti ed età. Nanni cita una conversazione stentata a Coranderrk, Australia, tra un governatore delle colonie e un uomo aborigeno non abituato a misurare il tempo numericamente. Alla fine, i due furono costretti ad adattarsi alla "lingua franca" del tempo biologico:

Quanti anni avevi quando sei arrivato [a Coranderrk]?
Non ne ho idea.
Sai quanti anni hai adesso?
Credo di avere circa ventidue anni.
Allora dovevi avere circa dieci anni quando sei arrivato?
Allora ero un bambino ma non ho idea di quanti anni avessi.
Non avevi la barba a quel tempo?
No, non avevo la barba.

In questa incomprensione era racchiuso qualcosa di più che un semplice sistema di misura del tempo: era un intero modo di pensare a cosa sia il tempo. Nanni evidenzia come le missioni coloniali cercassero di "indurre le popolazioni (non solo) a lavorare... ma a lavorare in modo regolare e uniforme, per uno specifico periodo di tempo ogni giorno". Questa impostazione di ore astratte di lavoro non sarebbe potuta essere più distante da quelle comunità abituate a lavorare per un obiettivo, che organizzavano le proprie attività in base a diverse chiavi ecologiche e culturali, come la fioritura o la fruttificazione di una certa pianta, e in cui le cose prendevano tutto il tempo necessario. Quelle comunità, che non vedevano il tempo come profitto ma come parte di un'economia sociale, non facevano le stesse distinzioni tra i cosiddetti "tempi di lavoro" e "tempi di non lavoro".

E dal momento che i colonizzatori consideravano il proprio concetto di tempo astratto come più evoluto rispetto a quello dei loro assoggettati, i tentativi di "civilizzazione" implicavano l'inculcare in quei soggetti la percezione del tempo come denaro. Come osservato da E.P. Thompson, nei secoli diciottesimo e diciannovesimo, il puritanesimo si unì in un "matrimonio di convenienza" con il capitalismo, diventando "l'agente che convertiva gli uomini a diverse valutazioni del tempo. E che saturava le loro menti con l'equazione che il tempo è denaro". Per i paesi colonizzatori, questo era vero sia al loro interno che all'esterno. Nanni cita un passaggio "decisamente privo di sottigliezze" del *Lovedale News*, una pubblicazione di una missione sudafricana del 1876:

QUANTO HAI IN BANCA? Non la banca dei risparmi, per quanto per te sarebbe bene avere qualcosa anche lì. Questa è una Banca migliore. Forse non hai nulla da mettere nella banca dei risparmi, e pensi di non avere nulla da mettere in nessun'altra banca. Ma ti sbagli. Puoi mettere via dei soldi tutti i giorni. Hai mai calcolato quanto hai, poco o molto, in quella banca – la Banca di cui Dio è il direttore, e dalla cui cassa passano i momenti ben sfruttati di ogni giornata e tutte le cose buone che un uomo pensa, o dice, o fa. Parliamo di tempo da spendere. Il tempo speso non va nella Banca, così come non ci va il denaro speso. Ma tutti i momenti che usi bene, per Dio, li puoi mettere nella Banca... Ti consiglio di metterci qualcosa – di metterci tutto ciò che puoi. Perché la Banca ti restituisce dei buoni interessi.

Da quel cumulo recintato di container svoltiamo verso la baia di San Francisco, imboccando un faticoso sentiero sabbioso. Un vecchio binario ferroviario è completamente immerso nel terreno, imbrunito dal tempo fin quasi a sparire e snobbato dalle oche canadesi, che sono più interessate al prato del parco. Un cartello ci informa che qui un tempo c'era il capolinea occidentale di una ferrovia transcontinentale. Molto tempo prima che venissero costruiti i terminal dei container, questo posto era già uno snodo del conflitto tra spazio e tempo, la conclusione di una linea che avrebbe ridotto da diversi mesi a una settimana circa il viaggio da New York a San Francisco.

Le East Bay Hills sono visibili dietro di noi, e dietro i mucchi di telai dei container. Nella foschia del mattino sembrano stagliarsi come un cartonato, un unico strato di eucalipti punteggiati di case. Ma se fossimo potuti salire al livello delle gru, avremmo potuto vedere fin dove si spingono, e se fossimo andati anche più in alto, avremmo visto la Central Valley e le vette straordinarie della Sierra Nevada. Negli anni Sessanta dell'Ottocento, gli operai cinesi delle ferrovie lavorarono per collegare il posto dove ci troviamo con Omaha, in Nebraska, facendo brillare gallerie, facendosi largo nelle foreste, costruendo nuovi muri e tralicci, e installando binari senza alcun tipo di attrezzatura meccanica.

Continuarono a lavorare nel corso del durissimo inverno del 1866/67, in cui si verificarono quarantaquattro tempeste.

Il barone delle ferrovie Leland Stanford – proprio così, progenitore di quello che è stato il mio posto di lavoro per otto anni – inizialmente avrebbe voluto tener fuori gli asiatici dalla California. Ma quando si trovò a far fronte a una carenza di manodopera, cambiò idea, e notò compiaciuto che i cinesi erano "tranquilli, pacifici, pazienti, industriosi ed economici". In particolare, era economico pagarli il 30 o il 50 per cento in meno rispetto ai lavoratori bianchi che già impiegava, e mettere a carico loro vitto e alloggio. Nel giugno 1867, i lavoratori cinesi scioperarono, chiedendo orari più corti, migliori condizioni di lavoro e la parità salariale: all'epoca fu una delle più grandi azioni sindacali della storia degli Stati Uniti. Le ferrovie risposero tagliando le razioni di cibo, anche se poi più avanti alzarono le paghe di alcuni lavoratori senza pubblicizzarlo. Nel frattempo, sulle colline, le condizioni e gli orari restavano gli stessi.

Quando studiamo la storia della misurazione della produttività, aiuta sempre chiedersi: chi prende il tempo di chi? La risposta a questa domanda spesso individua una persona che ha comprato il tempo di qualcun altro o lo possiede del tutto e che, in entrambi i casi, vuole trarne il massimo. Non si fatica a immaginare che chi deteneva schiavi o servitù avesse motivo di considerare le persone come "tempo di lavoro personificato", assai prima che i datori cominciassero a comprare le ore lavorative dei dipendenti. La prassi capitalista affonda le sue radici anche nell'organizzazione degli eserciti antichi. Lewis Mumford osserva in *Tecnica e cultura*:

> Prima che gli inventori creassero i motori che hanno preso il posto degli uomini, i capi degli uomini avevano addestrato e irreggimentato moltitudini di esseri umani: avevano scoperto come ridurre gli uomini in macchine. Gli schiavi e i contadini che trasportavano le pietre delle piramidi, tirando al ritmo dello schiocco della frusta, gli schiavi che lavoravano sulle galee

romane, ciascuno incatenato al proprio sedile e incapace di compiere gesti che non fossero meccanici, l'ordine, la marcia e il sistema d'attacco delle falangi macedoni – tutto ciò era una rappresentazione di macchine.

Tra il vedere le persone come lavoro incarnato e trasformare in denaro le unità di tempo che trascorrono lavorando, il passo è breve. Anche se la gestione sistematica del tempo degli altri viene spesso associata al taylorismo, le radici del management moderno possono essere trovate facilmente nelle Indie occidentali e nelle piantagioni del sud degli Stati Uniti nel diciottesimo e diciannovesimo secolo. In *Accounting for Slavery: Masters and Management*, Caitlin Rosenthal analizza i sistemi di registro di queste piantagioni e vi trova delle imbarazzanti analogie con le strategie di business più contemporanee: "Anche se le pratiche moderne raramente vengono paragonate ai calcoli degli schiavisti, molti proprietari di piantagioni del sud degli Stati Uniti e delle Indie occidentali avevano la nostra stessa ossessione per i dati. Cercavano di determinare quanto lavoro i loro schiavi potessero svolgere in un dato periodo di tempo e li spingevano a raggiungere il massimo". I proprietari delle piantagioni furono i primi ad adottare quelli che noi oggi chiamiamo fogli elettronici, attraverso dei registri di lavoro prestampati ed esperimenti di cronometraggio del lavoro simili a quelli per cui Taylor sarebbe diventato famoso secoli dopo.

Nei registri, lo schiavo appare solo come un nome e una quantità di lavoro. In *Slavery and the Enlightenment in the British Atlantic, 1750-1807*, Justin Roberts spiega come la Società barbadiana delle piantagioni "aveva ideato un bacino totale di 'giorni di lavoro'" che ciascuna tenuta aveva a propria disposizione. I giorni di lavoro in piantagione erano considerati fungibili quanto la manodopera oraria nell'industria, anche se nelle piantagioni si era molto più soggetti a fattori naturali come il meteo. E, come già per la manodopera oraria, questa standardizzazione nascondeva delle condizioni brutali.

In una lettera del 1789 a uno dei suoi sovrintendenti, il generale George Washington sottolineava che gli schiavi dovevano "[fare] in 24 ore il massimo che le forze gli consentivano, senza mettere a rischio quel che la loro salute o costituzione gli permette di fare". Meno di questo rappresenterebbe un cattivo senso degli affari, equivalente al "gettare via il lavoro". Anche Thomas Jefferson conduceva esperimenti e scrisse in un promemoria: "Quattro bravi uomini... in 8 ore e mezza hanno scavato dalla mia cantina una montagna di argilla ricavando una fossa profonda un metro, larga 2 metri e mezzo e lunga 5 metri... Penso che una mano mediocre in 12 ore (compresa la colazione) potrebbe scavare e portare via 3,6 metri cubi di terra dello stesso tipo...".

Come vedremo più avanti per molti altri diversi contesti, la scienza della contabilizzazione dei giorni di lavoro era strettamente legata al progetto di intensificazione degli stessi. I sistemi di conteggio delle piantagioni avevano lo scopo sia di massimizzare la quantità di lavoro svolto in un giorno sia di aumentare il numero di questi giorni ottimali. Infatti, verso la fine del diciottesimo secolo, alcune piantagioni di zucchero delle Indie occidentali cominciarono a premere perché gli schiavi lavorassero anche la domenica, il loro unico giorno di riposo. Quando nelle piantagioni arrivarono gli orologi, servirono solo ad agevolare questo processo.

Questi calcoli erano possibili perché la maggior parte del lavoro nelle piantagioni rappresentava lavoro fungibile: chili, moggi, metri al giorno e all'ora. Gli schiavi, che si trovassero nei campi o nell'area della tenuta, compivano le stesse azioni ripetutamente ed erano sempre spinti a compierle più in fretta. I padroni non li vedevano come persone ma come lavoro incarnato, e quel lavoro avrebbe potuto essere ottimizzato. Rosenthal scrive che, al contrario dei lavoratori salariati, "[gli schiavi] non potevano licenziarsi, e i padroni utilizzavano sistemi di informazione mescolati alla violenza – e alla minaccia di venderli – allo scopo di perfezionare i processi lavorativi, costruendo delle macchine fatte di uomini, donne e bambini". Tra le righe dei registri della piantagione si può leggere la violenza implicita negli "standard" del sistema.

Il salario è una forma più comune di tempo inteso come denaro. Ma, proprio come quel "tic tic" e quel "ding ding" nel mezzo dell'eternità, il tanto esteso fenomeno della vendita del tempo dell'individuo è incredibilmente recente, e specifico di un momento storico. Nell'America dei primi dell'Ottocento, ancora prevalentemente agricola, i lavoratori autonomi erano molti di più dei salariati. Persino dopo un notevole aumento del lavoro salariato in seguito alla guerra civile, questo tipo di impiego era paragonato alla prostituzione o alla schiavitù, talvolta dai lavoratori bianchi che volevano mantenere le distanze dalle lavoratrici del sesso e dai neri schiavizzati. Ma anche i neri liberati vedevano nel salariato delle somiglianze con lo schiavo. Richard L. Davis, un minatore nero, sosteneva che "nessuno fra quelli di noi che sudano per guadagnare il pane quotidiano è mai stato libero. Prima... eravamo schiavi in catene. Oggi siamo tutti, bianchi e neri, schiavi salariati". Nel 1830 la *Mechanic's Free Press* si chiedeva: "In cosa consiste la schiavitù?". E la conclusione era: "Nell'essere costretti a lavorare per altri in modo che essi possano goderne dei frutti". Il lavoro salariato, o quella "capacità incondizionata di vendere se stessi", appariva non democratico se "definiamo la libertà come totale possesso del proprio lavoro e, per estensione, di se stessi".

Il mondo del lavoro salariato – delle ore e minuti lavorati – richiedeva disciplina. Prefigurando il sistema di allarmi e segnalazioni che sarebbe arrivato con StaffCop, il luogo di lavoro salariato conteneva una struttura di regole e sanzioni paralegali in cui trasgredire poteva significare perdere la paga o essere licenziati. Le sanzioni erano spesso basate sul tempo: si poteva venire puniti per essere arrivati troppo presto o troppo tardi, per aver lavorato troppo lentamente, o per aver fatto qualcosa di non direttamente utile alla produzione di valore per il datore ("rubare il tempo", come abbiamo visto prima). I termini di impiego erano questi e rimasero generalmente non negoziabili finché i lavoratori non cominciarono a organizzarsi. Quando lo fecero, e molti di loro erano immigrati, città come Boston e New York seguirono l'esempio di Londra, creando dei corpi di polizia specifici per sopprimere le rivolte. Nelle città del nord, i capi delle associazioni dei commercianti insistettero perché fossero costruite caserme nelle aree urbane industriali in cui questi scioperi apparivano imminenti. Lo storico del lavoro Philip Dray scrive che, nonostante "gli americani si siano abituati a vedere questi edifici austeri e imponenti come luoghi in cui storicamente si raccoglievano le truppe in caso di minaccia straniera al territorio degli Stati Uniti... il loro scopo originario era di consentire il dispiegamento rapido dei militari per tenere a bada i lavoratori".

In teoria, se non ti piacciono le regole del tuo datore di lavoro, che siano di tempo o di altro, dovresti poterti trovare un altro impiego (mi sembra di sentire Tommy Anderberg che dice: "Se non vi piacciono le condizioni, potete licenziarvi"). Ma già prima che negli Stati Uniti cominciassero a formarsi i sindacati, gli industriali del nord avevano iniziato a muoversi in modo collettivo, accordandosi per adottare determinate direttive oppure ostracizzare singoli lavoratori a tutti i livelli. Questo tipo di condotta provocò quello che è stato il primo sciopero di fabbrica mai documentato nel paese, in un opificio tessile di Pawtucket, nel Rhode Island, nel 1824. I padroni dell'opificio avevano annunciato l'aumento di un'ora dell'orario di lavoro, che non sarebbe stata pagata ma ottenuta riducendo la pausa pranzo. Tutte le fabbriche della città adottarono la stessa direttiva, in quanto diversi padroni di stabilimenti tessili si erano messi d'accordo. Centodue giovani donne entrarono in sciopero, e alla fine della settimana di sciopero uno degli opifici venne dato alle fiamme, costringendo i padroni a istituire delle ronde notturne. Secondo i resoconti di stampa, gli opifici ripresero a funzionare quando padroni e lavoratori ebbero raggiunto un "compromesso".

Il posto di lavoro industriale dell'epoca somigliava, all'interno dei suoi confini militarizzati, a molte altre istituzioni che avevano adottato la filosofia delle ore investite nella banca di Dio. Che si trattasse di fabbrica, scuola, prigione o di un orfanotrofio, la questione non era solo relativa alla produttività, ma si trattava di istruire e imparare a mangiare il mais dalla pannocchia impazzita. In questo contesto, l'orologio era un caporeparto inflessibile. In *The Lowell Offering*, una pubblicazione degli anni Quaranta dell'Ottocento curata dalle lavoratrici di una fabbrica tessile di Lowell, Massachusetts, un'operaia scriveva: "Mi oppongo all'accelerazione costante di tutto... In piedi prima che faccia giorno, al suono della campana – e fuori dalla fabbrica al suono della campana – dentro la fabbrica e al lavoro, obbedendo al ding-dong della campana – come se fossimo delle macchine viventi".

Raccontando la storia di un ex operaio bambino nel 1832, il giornalista britannico John Brown descriveva così i movimenti automatici dei lavoratori in una fabbrica di cotone di Manchester: "Se arrivavano anche solo due o tre minuti dopo che le lancette erano scoccate, venivano chiusi fuori. E quelli che si trovavano dentro erano chiusi anch'essi, fino all'ora di cena. E non solo erano chiusi i portoni esterni di sotto. Ogni stanza dei piani superiori era chiusa, e c'era un guardiano che aveva il compito di aprire le porte qualche minuto prima della fine dei rispettivi turni, e di richiuderle non appena i lavoratori erano arrivati!".

La disciplina del tempo può essere ancor più minuziosa. E. P. Thompson cita estratti dal regolamento delle scuole metodiste domenicali di York del 1819, in cui ogni semplice azione come l'inizio di una lezione veniva scandita in segmenti che, allo stesso tempo, richiamavano il militarismo e anticipavano il taylorismo in fabbrica: "Il sovrintendente allora suonerà di nuovo – e a un cenno della sua mano, l'intera scuola si alza in piedi all'unisono – a un secondo cenno, gli scolari si girano – a un terzo, lentamente e in silenzio, si spostano nel luogo deputato alla lezione – e allora lui pronuncia la parola 'Inizio'".

Non si tratta di dettagli fini a se stessi. La disciplina del tempo era e resta uno strumento usato sia dentro che fuori dalla fabbrica per forgiare una forza lavoro più docile e produttiva, sia imponendo un lavoro più regolamentato e intensificato, sia genericamente instillando nei futuri lavoratori una devota "etica del lavoro" (se sia mai stato pienamente interiorizzato, tuttavia, è una questione sulla quale tornerò nel capitolo 6). Per esempio, è significativo che i padroni degli opifici di Lowell avessero cercato di dimostrare che in realtà le donne avrebbero beneficiato degli orari più lunghi. Senza la "salutare disciplina della vita di fabbrica", le donne sarebbero state abbandonate alla mercé dei loro pericolosi capricci, "senza la garanzia che questo tempo fosse ben speso". Così come i coloni britannici avevano tentato di "salvare" i nativi, i padroni delle fabbriche avevano istituito le scuole domenicali in cui i bambini erano riempiti di lezioni sulle virtù del duro e incessante lavoro. Negli anni Quaranta dell'Ottocento, una delle regole del penitenziario dell'Eastern State di Philadelphia poteva essere applicata facilmente alla scuola, all'ospizio dei poveri, all'ospedale psichiatrico: "5. Ti devi applicare laboriosamente a qualsiasi mansione ti venga assegnata. E quando il tuo compito è finito, si raccomanda che il tuo tempo sia dedicato a un consono miglioramento del tuo pensiero, o tramite la lettura di libri forniti allo scopo o, nel caso tu non sappia leggere, nell'imparare a farlo".

L'idea di una vita riempita in modo uniforme di ore "ben impiegate" raggiunge estremi tragicomici con il progetto del panopticon di Jeremy Bentham. Filosofo e riformatore sociale settecentesco, Bentham aveva immaginato una nuova architettura disciplinare: un cerchio di celle disposte intorno a una torre, in cui gli individui pensavano di essere osservati di continuo. In questo luogo, ogni momento sarebbe stato contabilizzato e dedicato al lavoro, non come punizione diretta ma come "penitenza" riabilitativa del penitenziario. Di conseguenza, Bentham riteneva che i prigionieri dovessero lavorare quattordici ore al giorno. Ma non era tutto qui. Rendendosi conto che la salute dei prigionieri avrebbe richiesto dell'esercizio, Bentham immaginò che essi avrebbero potuto mettere convenientemente a frutto il loro tempo ricreativo camminando su una ruota gigante che avrebbe trasportato l'acqua dalla sommità dell'edificio. Non una sola goccia di tempo doveva andare sprecata.

Ho evocato questi antefatti del lavoro comprato e cronometrato per dissuefarci dal concetto di salario, anche se solo per un momento. Quando si esprime il rapporto tra tempo e denaro come un fatto naturale, si oscurano i rapporti politici tra il venditore del tempo e il suo acquirente. Può sembrare una cosa ovvia, ma se il tempo è denaro, lo è in modo diverso per il lavoratore e per il datore. Per il lavoratore, il tempo è una certa quantità di denaro – il salario. Ma l'acquirente, o datore, assume un lavoratore per creare un surplus di valore. Tale eccesso è quel che definisce la produttività nel sistema capitalistico. Dal punto di vista del datore, il tempo acquistato potrebbe sempre rendere più denaro.

Nel primo volume de *Il Capitale*, Marx descrive la natura peculiare del tempo di lavoro come merce all'interno di un contesto industriale. Dopo aver concluso la seconda parte con la descrizione dello scambio di denaro e tempo tra il lavoratore e il padrone – uno scambio in cui entrambi agiscono alla pari – termina con un colpo di scena inquietante:

> Nel separarci da questa sfera della circolazione semplice, ossia dello scambio di merci... la fisionomia delle nostre dramatis personae sembra già cambiarsi in qualche cosa. L'antico possessore del denaro va avanti come capitalista, il possessore di forza-lavoro lo segue come suo lavoratore; l'uno sorridente con aria d'importanza e tutto affaccendato, l'altro timido, restio, come qualcuno che abbia portato al mercato la propria pelle e non abbia ormai da aspettarsi altro che... la conciatura.

La terza parte si apre nella fabbrica, dove l'acquirente e il venditore sono ben lungi dall'essere uguali. Il padrone è indaffarato a estrarre dal lavoratore più lavoro, mentre il lavoratore cerca di evitare di essere sfruttato fino alla morte. Allo scopo di ottenere sempre più denaro dal tempo, il padrone può seguire due strategie: l'estensione (aumentare la quantità di tempo che si può comprare con il denaro) o l'intensificazione (pretendere più lavoro nella stessa quantità di tempo).

Nel capitolo "La giornata di lavoro", Marx dà un esempio dell'approccio estensivo, raccontando della lotta lacerante sulla durata della giornata lavorativa tra i padroni delle fabbriche britanniche ottocentesche e gli operai. Si riuscì a porre un limite alla giornata lavorativa solo grazie agli sforzi prolungati dei lavoratori e dei politici britannici. E persino allora, il padronato riuscì presto a trovare il modo di aggirare quei limiti, in particolare violando i momenti di pausa o, come li chiamavano gli ispettori di fabbrica, "il misero sgraffignare di minuti", "i minuti strappati" o, nel linguaggio tecnico degli operai, "i pasti a spizzichi e bocconi". A volte i datori applicavano dei veri e propri raggiri, mettendo gli orologi in avanti al mattino e indietro la sera.

Man mano che gli industriali continuavano a scontrarsi con i limiti naturali o regolamentari degli orari, cominciarono ad adottare l'altra strada per aumentare il profitto: intensificare le ore di cui disponevano. Renderle più dense di valore comportava "un riempimento più serrato dei pori della giornata lavorativa". Negli opifici ottocenteschi degli Stati Uniti, tra queste innovazioni c'era l'"allungamento" (dare al lavoratore la responsabilità di più macchine), l'"accelerazione" (usare i capisquadra per aumentare il ritmo delle lavorazioni, con il risultato della disperazione dell'Operaio di *Tempi moderni*) e il "sistema premium" (che offriva premi in denaro ai supervisori con i lavoratori più produttivi).

A prima vista, qui sembra esserci un paradosso: mentre il capitalismo industriale aveva dato origine a molte macchine che facevano risparmiare tempo e lavoro, queste sembravano occupare sempre maggiori quantità di tempo degli operai. Ma a differenza degli antichi greci, che avevano immaginato come, un giorno, le macchine avrebbero potuto sostituire il lavoro schiavizzato in modo che tutti avrebbero potuto godere di un po' di tempo libero, il capitale "libera tempo solo per appropriarsene". In altre parole, l'obiettivo del capitalismo non è tempo libero ma crescita economica. Ogni porzione di tempo liberato torna dritta nella macchina per incrementare i profitti. Di qui il paradosso: la fabbrica è efficiente, ma produce anche "la spinta al consumo del tempo della persona fino al suo estremo limite fisico". O, come si sarebbe detto sul posto di lavoro, "l'unico premio se lavori veloce è lavorare di più".

Sul sito della SSA Marine si legge: "Acceleriamo il ritmo del business". Dal suo terminal adesso risuona un ronzio assordante: rumore di motori, sirene, segnali acustici e l'eco delle urla degli operai. Gru gigantesche sollevano i container dalle navi, facendoli scivolare così velocemente verso terra che per un po' oscillano per aria. Nel chiarore della foschia la baia adesso è fitta di profili di navi container, elementi di quella rete tentacolare e multifaccia il cui funzionamento si è imposto di recente sulle prime pagine dei giornali quando si parla della catena di approvvigionamento.

Nelle paludi recuperate lungo il parco, gruppi di trampolieri migratori mantengono i propri ritmi. Mancano tre ore all'alta marea, e sulle isole, che si stanno restringendo sempre più, dei piccoli piovanelli si raggruppano così fittamente da sembrare un mosaico. Intorno a loro volteggia una rete di uccelli diversi, tra cui i chiurli dal becco lungo, che hanno un surreale becco curvo lungo più della metà del loro corpo. Per il momento sono qui, dopo essersi spostati a nord-est – fino persino all'Idaho – per riprodursi, e nel frattempo adattano le loro attività alle maree.

Da un lato, in questo posto si possono davvero vedere diverse forme di tempo. I container si accumulano. I trampolieri sondano il fango. La febe va a caccia di mosche. Un piccolo fungo marrone si spinge fuori dall'erba. E la marea continua a crescere. Lo stomaco brontola. Ma uno di questi orologi è diverso dagli altri. Se vuole mantenere il suo equilibrio, deve correre sempre più in fretta.

Vale la pena notare che la contabilizzazione scrupolosa del tempo non è di per sé prerogativa unica del capitalismo. Come ho già detto, le società preindustriali e precoloniali erano e sono ancora pensate come intrinsecamente lente, o persino "senza tempo", in parte finalizzate alla realizzazione di specifici obiettivi, con un sistema di lavoro che seguiva i ritmi delle diverse mansioni piuttosto che un orario rigido e astratto. Ma come ha sottolineato il sociologo Michael O'Malley, queste società esibivano una propria "forte attenzione al risparmio di tempo". Oltre alla precisione necessaria nella tempistica dell'agricoltura, ogni società determina per cosa valga la pena occupare il tempo, e quanto, e per cosa no.

Si può anche essere tentati di osservare la temporalità del capitalismo per il suo essere particolarmente legata all'orologio. Ma, pur avendo giocato un ruolo di certo importante nel disciplinare i tempi, l'orologio è solo uno dei molti strumenti di misurazione del tempo, e il suo pieno significato emerge solo quando si coniuga con un obiettivo specifico o una cosmologia particolare. O'Malley osserva la "ambigua posizione" degli orologi americani nel diciannovesimo secolo: "Possono significare industria e affari, la perfettibilità delle macchine, il tempo lineare e il progresso verso il futuro. Ma possono anche significare la stasi, il ciclo delle stagioni. D'altronde, le lancette ripetono senza fine il loro giro nel quadrante, invece di muoversi verso il futuro".

Del resto, l'efficienza meccanica non apparteneva solo alla sfera del capitalismo industriale. Prima cosa, dipende da come definiamo il termine *meccanica*, perché per millenni gli esseri umani hanno studiato l'ambiente in cui si trovavano e creato sistemi per risparmiare fatica, sistematizzandoli poi nel corso delle generazioni successive. E se anche volessimo cercare qualcosa di davvero tradizionalmente meccanico, troveremmo dei sistemi salva-tempo nella bibbia della casalinga di Catharine Beecher, quel *A Treatise of Domestic Economy* del 1841 che precedeva *L'organizzazione scientifica del lavoro* di Frederick Winslow Taylor. Il libro di Beecher ha avuto un ruolo fondamentale nella nascita della cucina attrezzata, perché immaginava uno spazio vitale e un modo di lavoro mirati a ridurre il tempo e gli sforzi che le donne impiegavano nei lavori di casa. Ma gli obiettivi di questa efficienza erano chiari: Beecher non puntava al profitto ma piuttosto a ottimizzare "lavoro, soldi, salute, comodità e buon gusto".

Al contrario, la versione del tempo capitalista si definisce attraverso gli scopi ultimi dell'intensità e della standardizzazione: più capitale per l'azienda. Dopotutto, il personaggio di Chaplin in *Tempi moderni* non viene assaltato direttamente dalla catena di montaggio o dalla macchina per il pasto: è il presidente che fa accelerare la catena di montaggio e il management che lega l'Operaio alla macchina. Sono gli umani a prendere queste decisioni, così come oggi sono gli umani a progettare i call center e le interfacce delle app di consegna a domicilio (tuttavia, Marx avrebbe però notato che queste persone a loro volta stanno solo compiendo la volontà del capitale). In *Lavoro e capitale monopolistico,* Harry Braverman dà un esempio di questa distinzione citando il vicedirettore di una compagnia di assicurazioni degli anni Sessanta, che ostenta indifferenza di fronte ai ritmi frenetici dei suoi operatori alle macchine perforatrici: "Disse: 'Gli manca solo una catena' e, a mo' di chiarimento, aggiunse che erano le macchine a tenere le 'ragazze' alla scrivania, a punzonare monotonamente e senza sosta". In una nota, Braverman rivela il bluff del dirigente: "Questo vicedirettore ci fornisce un chiaro esempio del feticismo che attribuisce la colpa della situazione alle macchine piuttosto che alle relazioni sociali entro le quali queste macchine vengono impiegate. Quando ha fatto quei commenti, sapeva che non erano le 'macchine' a tenere le lavoratrici incatenate alle scrivanie, ma lui stesso. Tant'è che subito dopo afferma che in quella stessa sala macchine viene tenuta una contabilità della produttività delle lavoratrici".

Questa è l'ottica più utile per osservare il taylorismo, un insieme di procedure derivate dall'ottimizzazione del processo di lavoro industriale messa a punto da Frederick Winslow Taylor. Nel suo libro del 1911, *L'organizzazione scientifica del lavoro*, Taylor delinea i metodi utili a smembrare ogni operazione in minimi segmenti misurabili e a ricomporli nel modo più meccanicamente efficiente. L'organizzazione scientifica mise a punto degli orari incredibilmente dettagliati e anche alcuni "studi di movimento", cioè fotografie a lunga esposizione in cui delle luci venivano attaccate alle mani dei lavoratori in modo da scomporre e capire meglio i loro gesti. Un articolo del *Factory Magazine* che spiegava nel dettaglio alcuni di questi metodi fa un'equiparazione esplicita: "Per ottenere un risparmio bisogna ridurre il tempo... L'uomo che ha lo scopo di incrementare la produzione per unità di tempo è l'analista addetto al controllo dei tempi".

Essendo l'analista in capo, Taylor era noto per rasentare il fanatismo alla ricerca dell'efficienza. Braverman racconta come, da ragazzo, Taylor si autotaylorizzò: contava i propri passi, cronometrava le proprie attività, e analizzava i propri movimenti. Quando diventò caporeparto in un'acciaieria tecnologicamente avanzata negli anni Settanta dell'Ottocento, concentrò le sue forze su un gruppo di macchinisti di cui era supervisore. Tra i lavoratori, Taylor osservò il fenomeno della "militarizzazione sistematica", in cui i lavoratori si mettevano d'accordo tra loro su un ritmo ragionevole e sulla quantità di produzione – una produzione che risultava assai inferiore a quella che Taylor riteneva fosse nelle loro possibilità.

Testimoniando davanti alla commissione speciale della Camera dei rappresentanti degli Stati Uniti, Taylor descrisse come per anni si fosse strenuamente sforzato di rompere la solidarietà tra i lavoratori per condurli ad adottare i suoi metodi assai più intensi. Continuava a mostrare ai lavoratori come avrebbero dovuto fare, ma otteneva solo che gli voltassero le spalle, continuando con il loro vecchio metodo, e quando assunse dei lavoratori non qualificati per addestrarli ai nuovi sistemi, anche quelli si unirono agli altri e rifiutarono di lavorare più in fretta. A un certo punto, gli disse: "Da domani vi dimezzo il salario e d'ora in poi lavorerete a metà prezzo. Ma non dovete far altro che produrre un'onesta giornata di lavoro e potreste guadagnare molto più di quanto abbiate mai guadagnato finora". Facendo eco alle "24 ore" di George Washington, la definizione di Taylor di onesta giornata di lavoro raggiunge il limite massimo – ciò che Braverman definisce "cruda interpretazione fisiologica: tutto il lavoro che un lavoratore può espletare senza danneggiare la propria salute".

Ancora una volta, potremmo chiederci: chi prende il tempo di chi? L'organizzazione scientifica riguardava non solo la misurazione del lavoro e l'incremento della produttività, ma anche la disciplina e il controllo. Come dimostrano gli anni di battaglie di Taylor, i lavoratori possono mantenere un certo controllo sul ritmo, se mantengono la conoscenza del processo del lavoro. Il taylorismo era in egual parte intensificazione e spezzettamento e codificazione di questo processo in modo da concentrare la conoscenza nelle mani dei datori anziché degli operai. "Con il nostro sistema, al lavoratore viene detto solo ciò che deve fare e come deve farlo minuto per minuto", scriveva Taylor. "E ogni miglioria che lui può apportare agli ordini risulta fatale per il successo". In questo modo, il taylorismo rende il lavoro più astratto e fungibile, accelerando un processo che è stato spesso definito di "dequalificazione". Tra le altre cose, questo approfondiva il solco tra diversi metodi di valutazione del tempo. Come dice Braverman, "ogni passaggio del processo lavorativo è il più possibile separato dalle competenze formative, e ridotto a semplice manodopera. Intanto, quei pochi a cui le competenze e la formazione sono riservate vengono il più possibile liberati dagli obblighi della semplice manodopera. In questo modo, si dà a tutti i processi lavorativi una struttura che polarizza agli estremi coloro il cui tempo ha un valore enorme e coloro il cui tempo vale quasi nulla".

L'"analista del tempo" era il precursore dei "pensatori di alto livello", i consulenti, i creativi, molti dei quali possono imporre un prezzo alle proprie ore perché nel loro lavoro sembra esserci qualcosa di straordinario, da cui non sono ancora stati alienati in quanto persone. Il guru del business David Shing, anche noto come Shingy, potrebbe essere preso come assurdo estremo di persona che possiede i propri "mezzi di produzione" (di idee). I fisici dell'INFN, che parlavano con disprezzo dei lavori manuali perché non si erano mai sentiti così alienati rispetto al proprio lavoro, si trovano un po' nel mezzo. Al contrario, per coloro che vengono cronometrati dall'analista del tempo, il lavoro diventa più simile a quello dell'Operaio alla catena di montaggio di *Tempi moderni*: ripetitivo e perfettamente misurabile, che lascia sempre meno alla discrezionalità del lavoratore, il quale diventa a sua volta più facile da rimpiazzare. Dan Thu Nguyen ha notato come questo sviluppo sia la mera estensione del vecchio rapporto tra fusi orari e controllo: "Il tempo metrico come prima cosa ci ha dato il controllo dei mari e degli oceani, poi la colonizzazione delle terre. Ci ha insegnato come strutturare i nostri corpi e i nostri movimenti per il lavoro e come riposarci quando il lavoro è compiuto".

La separazione taylorista tra il cronometrato e chi cronometra è solo un passo nella divisione del lavoro che da tempo si è creata su basi etniche e di genere. Prima di tutto, c'è la divisione tra lavoro salariato e non – si mette cioè in dubbio che nel caso di alcune persone il tempo e il lavoro non equivalgano neanche al denaro (una questione sollevata da intellettuali femministe a cui farò riferimento nel capitolo 6). Negli Stati Uniti, quando si cominciò a pagare il lavoro domestico, era spesso effettuato da donne nere, ed era (e tuttora è) svalutato rispetto al lavoro che produceva direttamente profitto (in *Donne, razza e classe*, Angela Y. Davis osserva: "Dato che il lavoro casalingo non produce profitto, il lavoro domestico venne naturalmente definito come forma inferiore di lavoro se paragonato al lavoro salariato capitalista". La sociologa Barbara Adam fa una considerazione simile in *Timewatch*: "Le ricerche sul lavoro di cura e affettivo delle donne indicano che il tempo non convertibile in moneta deve restare escluso dal cerchio magico... Vale a dire, le attività che producono e creano tempo non trovano posto nell'insieme valoriale di quantità, misura, date e scadenze, di calcolabilità, valore astratto di scambio, efficienza e profitto").

La dequalificazione associata al taylorismo rappresentò una divisione all'interno del lavoro "produttivo" salariato. Già nel ventesimo secolo, ai lavoratori neri delle fabbriche americane era proibito compiere mansioni che implicassero l'azionamento di macchine e venivano relegati a posizioni di lavoro manuale. Durante la Seconda guerra mondiale, le donne impiegate nell'intelligence militare compivano calcoli noiosi e ripetitivi, da cui scaturì il termine *kilogirl* (una *kilogirl* era l'equivalente di circa mille ore di lavoro di un computer). A quanto pare, più un lavoro implica forme di sorveglianza temporale, meno è probabile che venga svolto da un maschio bianco. Nel 2014, quando Amazon diffuse dati da cui emergeva la sorprendente diversità della sua forza lavoro, venne poi fuori che gran parte di questa "diversità" dipendeva dai lavoratori neri e latini impiegati nei centri di distribuzione. Nel 2021, la situazione era ancora lontana dall'essere ideale.

Più il lavoro diventa frammentato e contabilizzabile in minuti, più diventa insignificante. Echeggiando la descrizione marxiana dell'"automa", del quale "gli stessi lavoratori vengono visti come solo connessioni coscienti", nel 2020 un ex operaio di una fabbrica di abbigliamento lamentava che "ti controllano i movimenti, come viene controllata qualsiasi cazzo di cosa". In un articolo sul lavoro di autista per UPS, Jessica Bruder descrive un furgone dotato di sensori, che quasi guida il conducente: "[I sensori] registravano quando apriva il pannello divisorio. Quando faceva retromarcia. Quando aveva il piede sul freno. Quando andava al minimo. Quando si allacciava la cintura di sicurezza". Tutti quei dati venivano trasmessi a UPS in un sistema il cui nome, "telematico", proveniva in modo azzeccato da un contesto militare. C'erano persino degli studi di efficienza temporale e motoria, simili a quelli di Taylor, che dicevano all'autista di UPS "come impugnare la chiave d'accensione, quale taschino della camicia usare per la penna (i destrimani dovrebbero usare il taschino sinistro e viceversa), come scegliere il 'tragitto a piedi' dal furgone, e come passare il tempo mentre ci si trova in ascensore".

In questo caso, i motivi di tanta efficienza sono relativamente semplici. "Il tempo è denaro e il management sa esattamente quanto denaro sia", scrive Bruder prima di citare il direttore a capo della gestione dei processi: "Solo un minuto per autista ogni anno vale 14,5 milioni di dollari". Ma questo tempo è denaro anche in un altro senso. I dati raccolti dalla telematica come quella di UPS vengono usati anche per preparare il terreno alle auto a guida autonoma.

Un episodio del 2019 dello show *I segreti delle megafabbriche* mostrava un magazzino Amazon in cui gran parte dell'organizzazione dei prodotti veniva affidata a scaffali che si muovevano da soli con la scioltezza inquietante di un robot aspirapolvere. Nel magazzino c'erano ancora dipendenti umani, ma assai meno che in passato. E nella "produzione a luci spente" gli umani sono ridotti quasi a zero. Alla FANUC (Fuji Automatic Numerical Control), un complesso di ventidue fabbriche in Giappone, i robot replicano se stessi per ventiquattro ore al giorno, sette giorni la settimana. I robot sono dei magnifici lavoratori che non hanno nemmeno bisogno di riscaldamento o aria condizionata. Un articolo dell'azienda di progettazione di software Autodesk, citando clienti come Tesla e Apple, afferma che "la stabilità lavorativa dei robot autoreplicanti della FANUC raggiunge vette ineguagliate".

Quel che fa meno gola nei titoli è però quell'eterna fase intermedia in cui alcuni umani non sono sostituiti dai robot ma devono invece comportarsi come tali. In *On the Clock*, Emily Guendelsberger descrive come ha percepito nel proprio corpo questa realtà, lamentando il modo in cui gli esseri umani "devono competere sempre di più con i computer, gli algoritmi e i robot che non si stancano mai, non si ammalano, non si sentono mai depressi e non hanno bisogno di giorni liberi". Quando alla fine crolla per la fatica e il dolore nel magazzino di Amazon, un collega più esperto la aiuta a comprare un analgesico dalle macchinette messe a disposizione su quel piano dall'azienda, e le dice: "Stai attenta a non abusarne... Adesso per avere l'effetto di due ne devo prendere quattro". Forte di quest'esperienza, ora Guendelsberger capisce assai meglio quando Taylor si augurava che il conseguente aumento di produttività avrebbe generato valore condiviso dai lavoratori. Ma poi mostra il grafico di questa crescita confrontato con quella dei salari negli Stati Uniti, da cui si nota come, dopo gli anni Settanta, la linea dei salari sia crollata precipitosamente rispetto a quella della produttività. Adesso, non solo l'accresciuta produttività non comporta tempo libero, ma non genera neanche più denaro per i lavoratori americani. Il loro tempo significa più denaro, ma per qualcun altro.

Considerato tutto ciò, è comprensibile l'incentivo a rimanere sulla parte alta della divisione del lavoro – o quella che alcuni definiscono "al di sopra delle API" – in cui la progettazione di un'interfaccia taylorizzata implica che non ci sia bisogno di lavorarci (l'espressione "al di sopra delle API" potrebbe essere stata coniata da Peter Reinhardt, amministratore delegato di una società dedita alla cattura di carbonio, in un post su un blog del 2015 intitolato "La sostituzione dei quadri intermedi con API". Descrivendo i processi automatizzati di Uber e 99designs, cioè rispettivamente autisti e designer freelance, offre degli esempi di come una riga di codice venga eseguita da esseri umani: "Le API di Uber mandano gli umani a guidare dal punto A al punto B. E le API di 99designs incaricano un umano di convertire un'immagine in un logo vettoriale. Gli esseri umani sono sul punto di diventare letteralmente degli ingranaggi di una macchina, resi del tutto anonimi dalle API". Reinhardt teme che "la distanza tra lavori al di sotto delle API e al di sopra delle API si accentui con l'aumento dell'incidenza del software"). In un video sull'automazione dei lavori nei call center, il giornalista esperto di tematiche lavorative Aki Ito intervista Laura Morales, dipendente di OutPLEX, un call center di Santo Domingo, nella Repubblica Dominicana. Morales aveva cominciato come operatrice ed era poi avanzata fino a essere selezionata per la sperimentazione dell'automazione nell'azienda. La sua nuova qualifica era designer di chatbot. Dopo un tour del call center e una visita a casa di Morales, i due bevono qualcosa insieme e hanno una strana conversazione:

> ITO: Si sente un po' in colpa per aver automatizzato il lavoro che ha lanciato la sua carriera e che è tuttora il lavoro di molti dei suoi colleghi?

MORALES: No, per niente. Nessuna colpa.
ITO: Nessuna esitazione?
MORALES (bevendo il drink): Sta già accadendo.
ITO (rassegnato): Può darsi che lei c'entri qualcosa.
MORALES: Grazie al cielo c'entro qualcosa.

In *Lavoro e capitale monopolistico* c'è un passaggio surreale in cui Braverman descrive l'entusiasmo per la taylorizzazione degli uffici negli anni Sessanta. Braverman, che aveva lavorato sia nell'industria metallurgica che in quella editoriale, ha le carte in regole per osservare la transizione e, leggendo libri come *Scientific Office Management*, trova gli analisti che misurano al millesimo di secondo il tempo necessario per impilare la carta in modo ordinato, andare alla fontanella dell'acqua, o girare una sedia girevole. Ma la parte migliore è quella in cui cronometrano il tempo impiegato a timbrare un cartellino:

TEMPO DI TIMBRATURA

Identificare il cartellino	.0156
Prenderlo dalla griglia	.0246
Inserirlo nell'orologio	.0222
Rimuoverlo dall'orologio	.0138
Identificare la posizione	.0126
Metterlo nella griglia	.0270
	.1158

In questo caso vengono in qualche modo cronometrati anche dei processi mentali come "identificare il cartellino" e "identificare la posizione" (rispettivamente .0156 secondi e .0126 secondi). Si richiama così un'altra applicazione della divisione del lavoro, vale a dire la dequalificazione del lavoro cognitivo. Il libro di Braverman è degli anni Settanta, ma descrive ciò che oggi somiglia alla moderazione dei contenuti o ad altri lavori privi di impegno intellettivo: "È ancora il cervello a compiere il lavoro, ma il cervello è usato nella produzione come un equivalente della mano del lavoratore specializzato, che afferra e rilascia ripetutamente un singolo pezzo di 'dato'".

Mentre facevo ricerche per questo libro, pensavo al fatto che il tempo degli utenti dei social media è anche denaro per le piattaforme e gli inserzionisti pubblicitari (a proposito di questo tema, il sociologo Richard Seymour ha definito i social media un "cronofago", qualcosa che "mangia il tempo"). Ho cercato su Google: "Come fa Instagram a contare i secondi passati a guardare un post?". Uno dei primi risultati è una cosa intitolata "Quanto tempo in media si trascorre a guardare i post di Instagram?" su un sito chiamato Wonder. Era stato scritto da due ricercatrici freelance identificate come "Ashley N." e "Carrie S.", in risposta a una domanda da parte di un cliente pagante. Il servizio sembrava un incrocio tra la domanda/risposta di Quora e i micro-incarichi di Fiverr, dove i freelance prendono piccoli lavori al prezzo minimo di cinque dollari ciascuno. Sulla homepage si può leggere quanto detto da un testimonial: "Adoro Wonder. È come avere un assistente personale e sempre a disposizione del livello dei laureati della Ivy League, che non dorme mai (né si lamenta)". Io stessa mi trovavo al centro di una ricerca e sentii di avere di fronte la micro-versione del mio stesso lavoro.

Su Glassdoor, un sito che pubblica recensioni di posti di lavoro, nel 2018 un lavoratore di Wonder Research descriveva il loro orario standard da quattro ore con una presunta opzione di estensione di trenta minuti, se necessario. Ma Wonder Research soffriva della stessa opacità che caratterizza le altre piattaforme: "Devono aver appena rivisto il sistema, perché quell'estensione non c'è più". Alla fine delle quattro ore, qualsiasi cosa il ricercatore avesse ottenuto veniva sottoposta automaticamente a valutazione (l'anno successivo, la recensione di un altro lavoratore dichiarava che ciascun incarico era pagato tra i sedici e i trentadue dollari). Se la ricerca non otteneva un determinato punteggio, veniva rispedita indietro al lavoratore per una revisione, e se il lavoratore non era sveglio o connesso per poter fare la revisione, la ricerca veniva cancellata e il lavoratore non sarebbe stato pagato. "Davvero uno spreco di tempo prezioso", diceva la recensione.

L'esperienza vissuta di una persona che lavora con un'interfaccia anonima, algoritmica e imperscrutabile è una dimostrazione di come l'automazione non comporti tanto la sostituzione del lavoro ma la sua riconfigurazione nei contenuti, nelle condizioni e nella geografia. Nella sua storia del luddismo, Gavin Mueller offre un'utile panoramica di queste riconfigurazioni, tra cui la "Potemkin AI", il termine usato da Jathan Sadowski per descrivere "i servizi che si presume siano generati da software sofisticati ma sono in realtà forniti da esseri umani che in qualche altro posto agiscono come robot". Questi esseri umani, che formano la "nuvola umana", possono essere reclutati ovunque e pagati molto poco per il loro tempo. Mueller cita il caso di Sama (già Samasource) che recluta lavoratori a basso salario in Kenya, nello slum di Kibera (ritenuta una delle baraccopoli più grandi dell'Africa), per il monotono e inesauribile compito di inserire dati in un sistema di apprendimento automatico. Mentre la tradizione taylorista si affina, il lavoro continua a farsi sempre più monotono, economico, veloce e remoto.

La moderazione dei contenuti, in quanto forma di lavoro mentale taylorizzato, presenta altri rischi oltre all'assenza di senso. In un articolo per *The Verge* del 2019 a proposito di Cognizant, l'azienda di moderazione dei contenuti usata da Facebook, Casey Newton scrive dello specifico orario usato per questo lavoro: ai moderatori si richiede di guardare almeno tra i quindici e i trenta secondi di ciascun video, mettendo in conto la possibilità che contengano qualcosa di indicibilmente orribile. Per far fronte a questo trauma, ai dipendenti vengono dati nove minuti al giorno di "relax". Il posto di lavoro dispone di procedure in versione moderna degli "spizzichi e bocconi": i lavoratori devono usare un'estensione del browser ogni volta che vanno in bagno e, dato che Cognizant ha sede in Florida, l'azienda non è obbligata a pagare le assenze per malattia. Come in un'inquietante versione della Billows Feeding Machine, una donna raccontò a Newton di quando una volta si sentì male al lavoro, ma aveva già usato tutte le pause per il bagno, e così un dirigente le portò un secchio in cui vomitare.

Questo lavoro di moderazione si trova pericolosamente in bilico tra l'umano e la macchina. Da una parte, il fatto di essere degli umani (con necessità fisiche e, altrettanto importanti, limiti emotivi) è visto come un limite, perché la vendita del tempo di lavoro implica un lavoratore pieno di tempo di lavoro ma privo di altri tipi di tempo, come quello biologico o sociale. Ma la moderazione dei contenuti ha anche bisogno di tratti umani come l'empatia, la moralità e un discernimento specifico di una certa cultura. Uno psicopatico sarebbe un pessimo moderatore di contenuti. Mark Zuckerberg e altri avevano preconizzato che un giorno l'intelligenza artificiale avrebbe moderato i nostri contenuti. Ma, come nota il professore di giurisprudenza James Grimmelmann, "persino per gli umani è difficile distinguere tra l'incitamento all'odio e la parodia dell'incitamento all'odio, e l'intelligenza artificiale è assai meno abile dell'umano".

In un certo senso, la moderazione dei contenuti può essere considerata un "lavoro cyborg". Ma il fatto che richieda ai suoi lavoratori di essere sia simili a robot sia indelebilmente umani pone interrogativi su molti altri tipi di lavoro che a prima vista sembrerebbero non-taylorizzabili. Tutto può essere misurato in modo da massimizzare un certo risultato numerico, se abbiamo motivo di farlo (e molti ce l'hanno): parole di testo al giorno; incremento dei voti negli esami e degli "esiti di apprendimento" per semestre; e committenti, clienti o pazienti all'ora. Il lavoro sociale, che richiede un'enorme attenzione al contesto, alle sfumature e alla personalità, viene frammentato dalla burocrazia proprio come qualsiasi altra forma di lavoro di servizio. Mueller cita un assistente sociale: "Se avessi voluto lavorare in fabbrica, avrei lavorato in fabbrica". In questo tipo di lavori che devono ancora (o sempre) essere svolti da esseri umani, i tentativi di codificare o intensificare il lavoro non fanno altro che demoralizzare le persone, proprio come avveniva per coloro che si videro assegnate le prime mansioni taylorizzate. Alla Cognizant, dove gli esseri umani continuano a presentarsi al lavoro nonostante le sue condizioni, un dipendente ha confidato a Newton che loro sono solo "corpi sulle sedie".

C'è un incentivo sempre maggiore a estrarre più denaro dal tempo di questi corpi, garantendo un "riempimento più serrato dei pori della giornata lavorativa". Molte aziende forniscono ai call center sistemi di gamification e tabelloni segnapunti (come quelli prodotti da StaffCop e Teramind), visualizzabili su schermi televisivi e dispositivi mobili.

Quando nel 2021 andai sul sito di una di queste aziende, Spinify, si aprì una finestra che diceva: "Benvenuti su Spinify! Le gare che danno visibilità e apprezzamento allo staff", seguito da tre immagini a caso di persone all'interno di cerchi, come se mi volessero rassicurare che ci fosse anche la presenza di esseri umani. Non c'era una X per chiudere la finestra, solo le opzioni "chatta con noi", "richiedi una demo" e "sto solo navigando". Tentando di eliminare la finestra, cliccai su "sto solo navigando", che però mi portò in una chat, in cui un chatbot mi rispose: "Goditi la navigazione. Se hai bisogno di qualsiasi cosa, sono qui [*sic*]". Seguiva immediatamente un'offerta per il "manuale perfetto di strategia di abilitazione alle vendite", con uno spazio di testo in cui avrei potuto inserire solo la mia email.

Dopo aver cortesemente rifiutato di dare la mia email, ho scorso le offerte di Spinify e mi sono soffermata su una sezione intitolata Gamify Your Team, in cui venivano proposte cose come concorsi e timer con conto alla rovescia per stimolare l'entusiasmo dei dipendenti. Un esempio di competizione chiamata Elimination "si concentra sul livello più basso ed elimina in modo casuale la persona che si trova all'ultimo posto". Non è chiaro cosa comporti l'eliminazione in ciascuna azienda. Nell'illustrazione che la accompagna, ci sono tre faccine carine con accanto i livelli di avanzamento, due dei quali verdi con punteggi di 55 e 63, rispettivamente. Ma il terzo livello è rosso e invece di un numero mostra solo l'icona del cestino della spazzatura. In fondo alla pagina, Graeme Johnston, cofondatore e direttore di una non meglio specificata azienda, offre una testimonianza leggermente sinistra: "Spinify ha incrementato la concorrenza dentro il team e reso le persone più responsabili. Non si scappa!".

Ci sono diverse e sovrapposte implicazioni dietro il linguaggio ottimistico, i pupazzetti simpatici e le finestre che si aprono sul sito: un ritmo di lavoro in aumento, una concorrenza non del tutto amichevole, e delle sanzioni automatizzate. Mi fece subito pensare all'estetica del luogo di lavoro che si vede nel cortometraggio di fantascienza del 2019 di Keiichi Matsuda, *Merger*. Qui, una donna senza nome è seduta su una sedia girevole davanti a una scrivania circolare, accerchiata da vari schermi olografici, intenta a un lavoro simile all'assistenza clienti all'ennesima potenza. Mentre una versione di Clippy, l'interfaccia utente a forma di graffetta di Microsoft Word, la osserva dalla scrivania, lei digita e trascina cose mentre compaiono sempre più schermi, messaggi e allerte, accompagnati da "ding" e "boing". La donna appare visibilmente in difficoltà nel mantenere la calma e il ritmo immersa com'è in questa spietata, onniveggente e personalizzata catena di montaggio.

All'inizio del corto, sentiamo una serie di raccomandazioni da una voce che poi capiamo essere quella della stessa impiegata, che imita una specie di terapista fuoricampo: "Comincia la giornata con dell'esercizio fisico. Questo aumenta la tua concentrazione e contribuisce al tuo benessere generale. Organizza il tuo ambiente di lavoro in modo che sia efficiente al massimo. A prescindere dall'umore con cui ti svegli, cerca di mantenere un atteggiamento positivo". Né Bentham né Taylor avrebbero potuto dissentire. Questa lavoratrice non ha bisogno della macchina per il pasto. Lei invece assume un beverone di integratori e una serie di pasticche, dicendo: "L'obiettivo è garantirsi la massima concentrazione e trovare il modo di aggirare i limiti del corpo umano. Non c'è sempre tempo per mangiare, ma ci sono tanti sistemi innovativi per alimentare il corpo e la mente". Paradossalmente, il suo tempo viene così efficientemente assorbito che si fatica a immaginare che abbia un momento libero per leggere anche una minima lista di istruzioni su come essere più produttivi in questi tempi difficili.

Merger è un film a 360 gradi, ma piuttosto che dare allo spettatore un senso di libertà, si avverte solo un senso di claustrofobia all'interno della videosfera: non esiste tempo sociale o biologico, non c'è un ambiente fisico, né identità personale, né senso dell'umorismo, né colleghi o un capo umano. Esiste solo una Giornata Cosmica diretta da un algoritmo, ventiquattro ore di sfondi che cambiano arbitrariamente e tempo di lavoro indifferenziato. Alla fine del film, capiamo che l'impiegata parla con qualcuno (o qualcosa) che la sta per trasportare "dall'altra parte". Contando all'indietro da dieci, chiude gli occhi sollevata, e diventa un algoritmo incorporeo. È fuggita nella dimensione dei dati, dove finalmente è possibile controllare il tempo. Lei è diventata il lavoro.

La tragedia del tempo di lavoro fungibile risiede prima di tutto nel suo storico connubio con la coercizione, lo sfruttamento e l'identificazione degli esseri umani con le macchine. Il tempo è la dimensione punitiva in cui il lavoratore salariato viene misurato e spremuto. Ma oltre a questo, un'enfasi eccessiva sul tempo fungibile tiene in vita una visione impoverita di ciò che il tempo e il lavoro sono davvero. La visione industriale del tempo come denaro può solo considerare il tempo come lavoro, il lavoro mascolinizzato di una macchina con il bottone on/off. Come una rete che si espande dal luogo di lavoro taylorizzato fino a coprire il magazzino o l'interfaccia mobile di una piattaforma di lavoro, questa impostazione contribuisce a una visione dell'individuo come qualcuno che possiede il tempo alla stregua di una proprietà privata: io ho il mio tempo, tu hai il tuo, e lo vendiamo sul mercato del lavoro. Ormai non è più solo il padrone che ti vede come un tempo di lavoro da ventiquattro ore fatto persona. È quel che tu stesso vedi quando ti guardi allo specchio.

DUE

Il cronometro di se stessi

AUTOSTRADA 880 E STATALE 84

"Il bilancio annuale che fai con te stesso è più importante di qualsiasi proposito per l'anno nuovo. Il tuo "anno fiscale" può cadere in un giorno qualsiasi – il giorno in cui decidi che è venuto finalmente il momento di adottare questa pratica di autobilancio per valutare la posizione che occupi nel mondo."
P.K. THOMAJAN, "Annual Report to Yourself" in *Good Business*, 1966

"Solo perché tu vai avanti non vuol dire che io sto andando indietro."
BILLY BRAGG, "To have and to Have Not"

Lasciamo il porto in direzione sud sull'autostrada 880, una delle meno pittoresche della Bay Area, e quella che a tutti piace detestare. Parallelo a noi corre un altro treno a doppia pila. Negli intervalli tra i container si possono vedere dei vagoni neri cilindrici pieni di benzina. Per un po' la nostra auto è uno scarafaggio solitario tra i veicoli portacontainer, ma non appena la strada comincia a salire verso il centro di Oakland, si uniscono a noi i pendolari e i furgoni di FedEx, Walmart e Amazon, e ogni tanto un bus a guida assistita (prima della pandemia, ce n'erano di più). Tra i capannoni industriali piatti e un carcere della contea a sei piani, altre auto si uniscono a noi sull'autostrada 980 fino a formare una massa mattutina informe e anonima. In direzione opposta passa un camion bianco con una scritta sulla fiancata: "Trasporti diurni – Risparmiamo tempo dal 1977".

"Dai diamoci una mossa in questo giovedì!", dice il deejay di Q102, la stazione radio della Bay Area che trasmette musica dei decenni passati, prima di mettere il blocco pubblicitario. Upstart.com promette di consolidare i nostri debiti con un prestito. Sakara Life vuole iniettarci

energia recapitandoci dei pasti biologici precotti. Shopify afferma che le mamme di tutto il paese possono usare la piattaforma per passare da "la vendita di un solo capo alle vendite su larga scala". Un podcast si offre di illuminarti sulle meme stock, le criptovalute e l'intelligenza artificiale, "che tu sia un investitore esperto come me o un principiante". Zoom ci propone una cosa chiamata "pacchetto unificato" per grandi imprese, piccole aziende e individui. Più avanti, un cartellone annuncia che un'azienda tech sta assumendo "personale automunito".

In un articolo intitolato "Perché la gestione del tempo ci sta rovinando la vita", Oliver Burkeman osserva che quando l'occupazione è precaria "dobbiamo costantemente dimostrare di essere utili attraverso un attivismo sfrenato". Ma questo imperativo rimane persino quando la visione del tempo come denaro non è strettamente necessaria, e spesso ha una valenza morale. Per esempio, se cerco di immaginare l'estremo opposto di un "attivismo sfrenato", mi viene in mente uno dei miei personaggi preferiti di *Futurama*, Hedonismbot, che ha la forma di un molliccio senatore romano adagiato su un triclinio. Nelle sue sporadiche comparsate, Hedonismbot chiede di essere cosparso di glassa al cioccolato, si accerta che la fossa delle orge sia stata "raschiata e imburrata" e dondola grappoli d'uva sulla bocca gridando: "Non mi scuso di niente!". Lungi dall'*improving every shining hour* (verso del poeta Isaac Watts che significa "trarre il meglio da ogni momento", *ndt*) e con un occhio prudente al futuro, Hedonismbot consuma le ore (e molte altre cose) restando immobile, come a incarnare lo spreco immorale.

Soprattutto negli Stati Uniti, a essere considerata un bene non è solo l'operosità, ma un'immagine precisa dell'industria, risultato di un rapporto duraturo tra moralità, crescita personale e princìpi dell'impresa capitalista. Ha molto a che fare con il protestantesimo, una forma di cristianesimo estremamente rigorosa e personale, che santificava il duro lavoro. Il protestantesimo si affermò di pari passo con la borghesia europea che aveva imposto il predominio sociale grazie all'industria privata e all'attività commerciale. È la stessa retorica che sarebbe stata poi esportata nelle colonie, come abbiamo descritto nel capitolo precedente. Secondo l'etica protestante del lavoro, non si doveva diventare ricchi al fine di poter spendere. Il lavoro e l'accumulo di ricchezza erano intrinsecamente considerati buoni, come un modo di servire Dio. E se riuscivi a diventare ricco, non spettava a te spendere quel patrimonio. Apparteneva a Dio, e ti dava accesso alla salvezza eterna. Bisognava essere ricchi (ma ascetici), l'"impresa" della vita era un'impresa morale.

In quanto forma di protestantesimo, il puritanesimo del diciassettesimo secolo incoraggiava l'introspezione e la costante valutazione di se stessi rispetto a uno standard morale alto, una pratica che comprendeva l'uso di diari giornalieri in cui si potessero annotare le autovalutazioni e le misurazioni. Per esempio, analizzando a fondo i diari quotidiani di Samuel Ward, scritti da questo ministro protestante tra il 1592 e il 1601, Margo Todd nota che Ward "si presenta sia come predicatore sia come ascoltatore, esortatore e penitente al tempo stesso". Tale contrasto, scrive Todd, spiega l'uso incoerente dei pronomi all'interno di una stessa frase. Infatti, Ward cita "la gola durante i pasti, che rende il corpo intemperante; e anche la mia scarsa attenzione alla preghiera...". In questi scritti, Ward parla contemporaneamente come "dio ammonitore, e come se stesso peccatore", occupando uno spazio sia di confessione che di biasimo (di certo un Hedonismbot lo avrebbe disgustato).

Negli Stati Uniti industrializzati l'etica del lavoro protestante entrò in crisi, soprattutto perché il lavoro alla catena di montaggio lasciava poco margine di avanzamento ed era difficile esserne appagati. Però rimase l'idea che un certo modello di laboriosità e frugalità fosse una cosa di per sé buona, così come il concetto di responsabilità personale. Il che rese la retorica dello "sviluppo personale" un terreno potenzialmente fertile per il taylorismo che si stava facendo largo nella cultura americana. Dopotutto, essendo un sistema mirato a catalogare il tempo e a incrementare i profitti, il taylorismo non si limitò mai solo al posto di lavoro. Sarebbe stato impossibile in un periodo in cui, come Taylor stesso scrive nei *Principi di organizzazione scientifica*, "l'*intero paese* deve la crescita della propria prosperità alla crescita della produttività di ciascun individuo". Era solo una parte dell'ossessione per la razionalizzazione, l'efficienza e le misurazioni che pervadeva l'intera cultura dell'Èra progressista americana.

Cosa succede se provi ad applicare il taylorismo a te stesso? Una possibile risposta arriva da *Increasing Personal Efficiency*, libro del 1925 di Donald Laird, "un manuale pratico e dettagliato che aiuta il lettore a migliorare la padronanza di sé attraverso un metodo graduale". Laird, uno psicologo che con i suoi lavori aveva prefigurato l'ergonomia, i test di personalità e l'automisurazione dei giorni nostri, non lesina lodi per Taylor e lamenta come siano ancora troppo pochi i pezzi di vita sufficientemente taylorizzati: "Nell'ultimo secolo, gli ingegneri hanno migliorato notevolmente questo mondo. Ma non riesco a trovare un'autorità disposta a dichiarare che l'uomo stesso sia migliorato nell'ultimo paio di decine di secoli. In realtà, se credessimo agli argomenti dell'eugenetica dovremmo dedurne che l'umanità si è invece deteriorata". Il riferimento di Laird alla "eugenetica" echeggia il monito che troviamo in apertura del suo libro, riguardo al numero di persone ricoverate per problemi mentali a quell'epoca. Osservandolo da un punto di vista sistemico, Laird interpreta gli esaurimenti nervosi come tristi segnali di perdita di produttività, una questione risolvibile con delle pratiche lavorative migliori.

Essendo un tentativo di traslare i principi tayloristici dalla fabbrica alla mente, *Increasing Personal Efficiency* promette a tutti di poter incrementare di molto il proprio rendimento a patto di diventare gli "analisti del tempo" di se stessi. Dopo aver accennato all'aumento di efficienza in ufficio, a casa e in automobile, Laird azzarda una "domanda personale": "Avete mai prestato altrettanta attenzione alla vostra personale efficienza mentale? State disponendo i vostri blocchetti mentali in diciotto movimenti o in cinque?". Tutto il libro è attraversato dall'ossessione culturale di quell'epoca per la velocità, il controllo, e dall'unico obiettivo di eliminare il superfluo. Dopo una sezione in cui testa la lettura veloce, Laird ci esorta a "evitare eccessivi movimenti degli occhi" mentre leggiamo e offre questo consiglio piuttosto enigmatico: "Non leggere in treno, in auto, sul bus. Non guardare fuori dal finestrino. Guarda invece gli altri passeggeri e rilassati. Ogni minuto di rilassamento completo durante un viaggio può essere sottratto al sonno".

Uno degli aspetti più inquietanti e interessanti di *Increasing Personal Efficiency* è il modo in cui introduce una divisione del lavoro all'interno del pensiero stesso. Laird inizia un capitolo intitolato "Pensiero efficace" con delle illustrazioni a confronto. Vediamo prima un dirigente seduto da solo, in silenzio, che guarda per un bel po' dei fogli dattiloscritti e una piccola cartina, poi telefona a una stenografa. In tutto questo tempo "era apparentemente immobile come una statua. Ma davvero non stava facendo nulla? In realtà stava svolgendo il lavoro forse più difficile della settimana. L'uomo che abbiamo appena osservato era impegnato nel pensiero attivo". Subito dopo vediamo una "fanciulla" seduta comodamente, assorta in un libro mentre le tende svolazzano per la brezza. Anche lei è immobile, finché non solleva lo sguardo sognante, immaginando prìncipi e fate.

Laird ammette che anche la fanciulla, come l'uomo d'affari, stava facendo qualcosa. "Anche lei era impegnata a pensare", scrive. "Ma non nel modo attivo e costruttivo che abbiamo visto nella scena precedente". La differenza sta nel risultato ottenuto dal pensiero, soprattutto in termini economici: "Lei non ha realizzato niente più che la soddisfazione del proprio desiderio d'amore. Nella sua ora di pensiero attivo il nostro uomo d'affari potrebbe aver rivoluzionato il suo settore industriale". Il pensiero attivo di Laird potrebbe essere confuso con quella che noi oggi chiamiamo "consapevolezza" (*mindfulness*), grazie all'enfasi posta sull'intenzionalità. Ma il pensiero attivo, che "separa l'uomo dal bruto", mi sembra più aggressivo. Mostra i tratti di qualcosa che Samuel Haber identifica nella sua storia dell'efficienza nell'Èra progressista: una "svolta verso il duro lavoro e lontano dai sentimenti, verso la disciplina e lontano dalla solidarietà, verso la mascolinità e lontano dalla femminilità".

La fine del capitolo sul pensiero efficace esorta a domandarsi: "Passo più tempo nel pensiero attivo o in quello passivo?". In altre parole: sei tu il capo della tua mente? La bizzarra verità è che il lettore di Laird finisce per essere sia l'analista del tempo che il cronometrato, il dirigente e la ragazzina sognatrice. Invece della domanda "Loro quanto TEMPO ti pagano?", ora ci ritroviamo con una cosa tipo: "Tu quanto TEMPO paghi te stesso?". Laird non vuole beccarti a battere la fiacca sul lavoro – *Non guardare fuori dal finestrino!* – neanche nello spazio della tua mente. Vuole farti un favore e aiutarti a metterti in riga prima di perire nella gara, così come potrebbe accadere a un direttore di fabbrica che non ha letto il *Factory Magazine*.

Nonostante le forme e gli stili di sviluppo personale siano cambiati nel corso del ventesimo secolo, è evidente lo strascico del taylorismo personale lasciato in molti libri sulla gestione del tempo. In genere, i consigli che vi si trovano possono essere così sintetizzati:

1. Tieni un diario sempre più dettagliato di come trascorri il tuo tempo, così da identificare le lacune e misurare l'incremento della tua produttività (questa parte spesso comporta il riempire una tabella oraria, con incrementi che possono arrivare anche a soli quindici minuti).
2. Identifica il momento della giornata per te più produttivo e organizza il lavoro in base a questo.
3. Elimina in modo inflessibile le distrazioni, qualsiasi cosa che non abbia a che fare con il lavoro (quel che una volta era il furto di tempo al padrone ora è furto di tempo al te stesso-padrone).

Non si tratta di cattivi consigli, entro certi limiti e per certi tipi di lavoro. Ma quel che conta, quando lo inseriamo in un contesto storico, è il tipo di tempo che si suppone dobbiamo inserire in tabella. Il tempo fungibile che abbiamo visto nel capitolo precedente, e il concetto che ogni individuo disponga di una eguale "scorta" di queste ore fungibili e sfruttabili, costituiscono tuttora il caposaldo di quel che si intende per gestione del tempo. Anche se si tratta di una rappresentazione chiaramente sbagliata di come viviamo effettivamente il tempo, molti ancora credono al detto per cui "tutti hanno lo stesso numero di ore in un giorno" – essenzialmente, che ciascuno di noi è nato con lo stesso numero di ore nella banca di Dio. Di conseguenza, Roy Alexander e Michael S. Dobson scrivono nel loro libro del 2008 *Real-World Time Management*:

> Il tuo tempo non è neanche lontanamente così scarso come sembrerebbe a dar retta ai lamenti generalizzati. Diciamo che lavori 40 ore alla settimana per circa 49 settimane all'anno (52 settimane meno due di vacanza e sei festivi). In un anno il tuo tempo di lavoro ammonterà a 1.952 ore. Sottraile al tuo monte ore totale, cioè 8.760 (365 x 24) ore all'anno. Poi sottrai 488 ore di tragitto da e verso il posto di lavoro. 1.095 ore per i pasti (3 ore al giorno ogni giorno dell'anno), altre 365 ore per vestirsi e spogliarsi (1 ora al giorno), e 8 ore di sonno la notte: conta 2.920 per tutto ciò. Il tuo scomputo totale: 6.820 ore. Sottrai 6.820 da 8.760 e avrai 1.940 ore per fare quello che vuoi. Sono quasi 81 giorni da 24 ore ciascuno, il 22 per cento dell'intero anno!

Chiaramente il libro non è scritto per chi svolge un lavoro di cura o casalingo, ma ci arriveremo tra poco. Per ora diciamo che hai davvero 1.940 ore per fare quello che vuoi. E puoi anche affinare da ore di lavoro fino a minuti di lavoro, come abbiamo visto nell'organizzazione scientifica. Nel suo libro *15 Secrets Successful People Know about Time Management: The Productivity Habits of 7 Billionaires, 13 Olympic Athletes, 29 Straight-A Students, and 239 Entrepreneurs*, Kevin Kruse racconta di quando ha appeso in ufficio un poster gigante con su il numero 1.440: "Incoraggio anche te a provarci. Disegna un grande '1.440' su un pezzo di carta e appendilo sulla porta del tuo ufficio, sotto la TV, vicino al monitor del computer, ovunque possa funzionare da promemoria del così scarso e prezioso tempo che hai ogni giorno". Ancora una volta, ti si dice che disponi dello stesso numero di minuti di chiunque altro. L'unico compito che ti resta è sfruttare con sempre maggiore efficienza questi minuti nella tua fabbrica personale, come se stessi usando un carburante particolarmente raffinato. Questo è importante perché, come scrive Kruse, "non puoi creare più tempo, ma *puoi* aumentare la tua produttività. Aumentare le tue energie e concentrarti è il segreto principale per raggiungere una produttività 10 volte maggiore nello stesso lasso di tempo". Gli atomi di tempo – i tuoi atomi di tempo – sono elementi del profitto.

Di solito gli ingorghi non ci portano ad amare il prossimo. Mentre le nostre auto sbrodolano lente attraverso gli spazi lasciati tra le barriere antirumore color rosso sbiadito dell'autostrada, ogni movimento di un guidatore viene subito anticipato o accolto controvoglia da un altro guidatore. Chiusa in auto, la gente passa il tempo ascoltando cose che non riusciamo a sentire, parlando al telefono, mangiando, truccandosi, o guardando qualche programma su un telefono fissato sul cruscotto. Alcuni sono rassegnati al traffico, altri si insinuano irrequieti in ogni minimo spazio disponibile. Avvicinandoci alla periferia di Hayward, passiamo sotto lo sguardo spietato del 880 Minion, *una scultura di metallo dipinto a forma di Minion, il batterio in canottiera di* Cattivissimo me, *che qualcuno ha issato sul tetto in modo che incomba sulla barriera antirumore.*

La natura apparentemente egualitaria di questo approccio al tempo sembra attagliarsi alla perfezione alla cultura del *bootstrapper* (l'uomo che si è fatto da sé, *ndt*). E non è un caso che la moderna accezione di *bootstrap* – il "migliorarsi grazie a uno sforzo rigoroso e privo di aiuti esterni" – si sia fatta largo più o meno in contemporanea con la pubblicazione di libri come quello di Laird (in origine, "tirarsi su dalla linguetta degli stivali" era una metafora per descrivere un tentativo del tutto impossibile. In un libro di fisica del 1888, per esempio, la domanda "Perché un uomo non può riuscire a tirarsi su dalla linguetta degli stivali?" veniva subito dopo quest'altra: "Un uomo in piedi su una bilancia può diventare più leggero sollevandosi da solo?"). La cultura odierna del "farsi da sé" – nutrita di valori neoliberisti e rafforzata dalla riduzione dei servizi pubblici, dalla frammentazione del lavoro, e dall'erosione della rete di protezione sociale – richiede che ciascun individuo sia responsabile per il proprio destino, e si accaparri la propria sicurezza a scapito di quella degli altri. A questo scopo, deve investire il proprio tempo e i propri sforzi, procurarsi la formazione, e calcolare i rischi.

Negli Stati Uniti, l'idea dell'individuo-imprenditore esiste sia a livello culturale che nelle statistiche sul lavoro. Uno studio del Pew del

2012 rilevò che il 62 per cento degli americani intervistati non concordava con la frase: "Il successo nella vita dipende da forze al di fuori del nostro controllo". In Spagna, Gran Bretagna, Francia e Germania il numero di persone che non concordava era più basso (solo il 27 per cento). Alla richiesta di scegliere tra "la libertà di perseguire i propri obiettivi di vita senza l'interferenza dello stato" e "lo stato assicura che nessuno si trovi in situazione di bisogno", la prima opzione prevaleva negli Stati Uniti con il 58 per cento contro il 35 per cento, mentre negli altri paesi i numeri erano sostanzialmente invertiti (questi risultati corrispondono a una successiva ricerca del Pew del 2019, che rilevò come una media del 53 per cento di intervistati nell'Europa occidentale e il 58 per cento nell'Europa centrale e dell'Est concordavano con la frase: "Il successo nella vita è determinato quasi del tutto da forze al di fuori del nostro controllo", rispetto al 31 per cento di intervistati americani). In uno studio del 2017, prevedibilmente i Repubblicani americani attribuivano la ricchezza di una persona al fatto di aver "lavorato sodo" e invece la povertà a una "mancanza di sforzi"; al contrario i Democratici indicavano l'aver avuto "dei vantaggi nella vita" riguardo alla ricchezza, e "circostanze esterne al [loro] controllo" riguardo alla povertà.

Questa dello sforzo contrapposto alle circostanze è ovviamente una vecchia diatriba. Come ho accennato nell'introduzione, la questione di quanta libertà d'azione una persona riesca a esercitare all'interno delle "forze al di fuori del proprio controllo" è una delle eterne domande non solo della sociologia, ma anche della filosofia, perché alla fine si arriva a discutere di libero arbitrio (per un approfondimento sulle "forze al di fuori del nostro controllo", segnalo i concetti di campo, habitus e capitale culturale in *Ragioni pratiche* di Pierre Bourdieu, e la distinzione di Harry Frankfurt tra desideri di prim'ordine (quello che vuoi) e volere di second'ordine (quello che vuoi volere) in "Freedom of the Will and the Concept of a Person"). Ma per restare nell'argomento del capitolo, per esplorare questo tema possiamo usare un gioco di carte. L'ho imparato con il nome di "Asshole", ma a volte è chiamato "Presidente" (il nome più conosciuto per la versione italiana, *ndt*), "Canaglia" o "Capitalista", ed è possibile che sia arrivato in Occidente dalla

Cina, dove giochi simili (come *Zheng Shàngyóu*, o "sforzarsi di andare controcorrente") sono diffusi da tempo.

Presidente è in gran parte un normale gioco di scarto delle carte, in cui puoi giocare solo alcune carte in determinati momenti. Ma questo gioco assume una forma di memoria generazionale. Il vincente del primo giro diventa il "presidente" e quello arrivato secondo è il "vicepresidente", mentre chiunque perda è il "miserabile", e il secondo perdente è il "vicemiserabile". Prima del giro successivo, tutti devono alzarsi e scambiarsi i posti intorno al presidente in base all'ordine di arrivo. Il miserabile deve mischiare e dare le carte.

Una volta che le carte sono state distribuite, il miserabile deve prendere due delle sue carte migliori e scambiarle con qualsiasi carta il presidente decida di togliersi. Il vicemiserabile ne scambia una con il vicepresidente. Voilà! Una versione in miniatura della diseguaglianza strutturale (naturalmente, nella vita reale il rapporto tra regole e pratica è più complesso e interattivo di un un gioco di carte come il Presidente. Ma questo esempio estremo può offrire un'utile rappresentazione di cosa significa occupare posizioni diverse in un sistema di vantaggi e svantaggi. In realtà, un gioco di carte simile è stato davvero usato in uno studio sulla percezione della diseguaglianza. Quando i ricercatori della Cornell University insegnarono il "Gioco dello scambio" ai partecipanti allo studio del 2019, scoprirono che i vincitori avevano il doppio delle probabilità di definire giusto il gioco. Pur mettendo in guardia da ogni generalizzazione sui giochi di carte rispetto alla reale diseguaglianza socioeconomica, i ricercatori notarono comunque una somiglianza con "i processi di stratificazione della vita reale, in cui la distribuzione delle opportunità ha un ruolo importante nella distribuzione dei risultati"). La vera tortura in questo gioco è che, quando sei il miserabile, nessuno vede le carte buone che hai dovuto dar via né quelle brutte che ti hanno rifilato. Di conseguenza, nessuno sa quanto il tuo cattivo risultato dipenda dallo scambio iniziale o dalla mancanza di bravura nel giocare le carte che ti sono capitate. E dato che le regole del gioco non sono negoziabili, l'unica opzione che ti resta, se sei il miserabile, è cercare disperatamente di giocare di strategia. Devi essere il padrone delle tue carte.

Se usiamo questo gioco come una metafora, possiamo capire quanto sia importante insegnare alle persone a giocare bene le proprie carte in una cultura che blocca sistematicamente tutte le possibilità di cambiare le regole. La retorica della padronanza di sé che ne deriva, rimodellata nell'èra di YouTube e Instagram, trova il suo culmine in un gruppo di persone che da ora in poi chiamerò i "fratelli della produttività" e, in particolare, in un paio di prodotti progettati e venduti da John Lee Dumas. Dumas, tra le altre cose, produce un podcast quotidiano intitolato *Entrepreneurs on Fire*, in cui alcuni imprenditori di successo intervistati dovrebbero ispirare gli ascoltatori a intraprendere una propria avventura imprenditoriale. "Se sei stufo di passare il 90 per cento della tua giornata a fare cose che non ti piacciono e solo il 10 per cento in ciò che ti appassiona, allora sei nel posto giusto", si legge sul sito del podcast.

Nel 2016 Dumas ha lanciato una campagna su Kickstarter per raccogliere fondi per una cosa chiamata *The Freedom Journal*, che promette di aiutarti a "CONSEGUIRE il tuo obiettivo n. 1 in 100 giorni". Il diario foderato di pelle è composto in gran parte delle stesse due pagine, in cui si chiede all'utente di specificare il proprio obiettivo e valutare i progressi, ripetute più volte e intervallate da "10 sprint riassuntivi" e tre verifiche trimestrali. Il prodotto successivo di Dumas, *The Mastery Journal*, raddoppia le cose da fare dividendo la giornata in quattro sessioni, con dei punteggi autoassegnati per la "produttività" e la "disciplina". Bisogna poi fare la media di questi punteggi e metterli nei grafici della produttività e della disciplina riportati ogni dieci giorni. Il *Freedom Journal* e il *Mastery Journal* venivano venduti insieme come parte del "Pacchetto per il successo del 2017". L'accostamento della libertà al dominio forse è casuale, ma l'idea che una persona possa essere allo stesso tempo il liberato e il dominatore la dice lunga sul doppio volto dell'*empowerment*.

Tra i vari tipi di fratelli della produttività, l'ossessione taylorista per gli esercizi quotidiani ha preso la forma di un'enfasi morbosa per le routine del mattino. Craig Ballantyne, che si autodefinisce "l'uomo più disciplinato del mondo", ha prodotto almeno dieci video sull'argomento. In uno di essi, "Queste abitudini mattutine aumenteranno la tua produttività e il tuo reddito", mostra come lui riesce a "dominare" le sue mattine per poter vivere la vita che sogna e viaggiare in cinque diversi paesi ogni anno. Lo vediamo mentre si sveglia alle 3:57 del mattino, "dodici minuti dopo Mark Wahlberg e tre minuti prima di The Rock". A differenza di altri imprenditori che trascorrono le loro mattinate facendo yoga o tenendo un diario, Ballantyne nel giro di quindici minuti riesce a mettersi davanti al computer e a cominciare a lavorare al suo libro *The Perfect Day Formula: How to Own the Day and Control Your Life*. Ovviamente, un video del genere non sarebbe stato completo senza mostrare come fare un frullato energetico.

Gli altri video di Ballantyne e le sue apparizioni pubbliche contengono consigli su come raggiungere o imporsi nelle seguenti categorie: obiettivi personali, concorrenza, vendite, social media, caos, la vita stessa. La libertà offerta dai fratelli della produttività non è però solo una forma di bilanciamento lavoro-vita in un quadro predefinito. Sia Ballantyne che Dumas sono discepoli di Tim Ferriss, autore di *The 4-Hour Workweek*, che promette di liberarti dalle altre persone, e dalla stessa necessità di vendere il proprio tempo. L'idea è che, grazie alla creazione di flussi di guadagno passivo, ti potrai liberare dalle costrizioni del capitalismo riuscendo a sussumerlo nella tua stessa persona. Libri come *The Art of Less Doing* di Ari Meisel promettono che "metodi moderni come la regola 80/20, le tre D , e il riutilizzo su più piattaforme, ti permettono di mettere su una tradizionale e potentissima 'fabbrica del successo' che funziona con un solo dipendente" (la regola 80/20 è il principio di Pareto secondo cui circa il 20 per cento delle cause provoca l'80 per cento degli effetti, mentre le tre D si riferisce a "Do, Delegate, Drop", cioè: azione, delega ed eliminazione, *ndt*). Un altro esempio di questa corrente di pensiero è il sito Screw the Nine to Five (al diavolo il lavoro dalle nove alle cinque, *ndt*), i cui fondatori ci spiegano come "fare soldi vivendo oltreoceano, grazie a un parco di oltre 30 aziende online".

Paragonata ad altre forme di "al diavolo il lavoro dalle nove alle cinque" – come le organizzazioni dei lavoratori, le leggi, la cooperazione – l'attrattiva del vangelo della produttività sta nell'assunto che per raggiungere la libertà serviamo solo noi stessi. Il problema è che, se seguiamo questo piano, la maggiore libertà richiede un sempre maggiore (auto)dominio, un'abilità ancora maggiore nel giocare le nostre carte. Il consumatore di queste forme di auto-aiuto, sempre meno in grado di controllare le condizioni che lo circondano, rischia di prendersela con se stesso con una malriposta aggressività, autosorvegliandosi con tabelle e medie, accumulando punteggi, e infliggendosi punizioni in una forma laica di "confessione e castigo". Questo approccio si adatta perfettamente alla visione del mondo neoliberista di concorrenza totale. Non solo non troverai aiuto negli altri, ma chiunque altro diventerà tuo concorrente mentre tu proteggi gelosamente e "stracarichi" il tempo in tuo possesso. Dipende solo da te se riuscirai a spremerne più valore possibile.

La baia di San Francisco non è lontana, ma devi credermi se ti dico che durante il nostro viaggio non siamo riusciti mai a vederla. In questo momento, è bloccata da un centro di distribuzione della XPO Logistic, un'azienda che è stata accusata dai sindacati di aver rubato sui salari e di aver tentato di "uberizzare" i trasporti. La monotonia dell'ingorgo è rotta di tanto in tanto da un airone quasi completamente bianco diretto verso la baia o da un grosso falco con la coda rossa che, posato su un cartello per i limiti di velocità, aspetta che passi un roditore. O da un avvoltoio collorosso che traccia ampi e traballanti cerchi nel cielo. Di recente, ho saputo che questi avvoltoi hanno il sistema olfattivo più sviluppato fra tutti gli uccelli, e riescono a sentire un odore a più di un chilometro di distanza. Da dentro quest'auto possiamo odorare solo vecchia plastica e rivestimenti con un sentore di polvere dei freni.

Davanti a noi un segnale luminoso indica il tempo di percorrenza per Milpitas, l'aeroporto internazionale di San Jose, e Menlo Park, e il tempo varia a seconda del traffico. Questi numeri rappresentano un costo fluttuante in minuti di vita, un pedaggio di tipo diverso rispetto a quello che pagheremo sul ponte. Ma per le persone che stanno vivendo quei minuti, i numeri significano cose diverse. Guardiamo di nuovo gli altri guidatori, che stanno attraversando ciascuno la propria privata topografia temporale, di corsa verso qualche richiesta che non possiamo vedere. Per poter trovare delle case abbordabili e un posto decente dove crescere i bambini, le persone hanno cominciato a fare i pendolari verso la Bay Area da luoghi che si trovano a centinaia di chilometri di distanza verso sud o est, e passano in auto due o tre ore sia all'andata che al ritorno. La maggior parte di quelli che si trovano qui sta solo cercando di cavarsela.

"Ti svegli la mattina e... oplà! La tua borsa si è magicamente riempita di ventiquattro ore di tela grezza dell'universo della tua vita!... Nessuno te la può portare via! È a prova di ladro". Queste righe sono tratte dal libro di Arnold Bennett del 1908 *How to Live on 24 Hours a Day*. Henry Ford ne regalò cinquecento copie ai suoi dirigenti. Il titolo è ancora un successo ed è stato ristampato da Macmillan nel 2020 nella sezione auto-aiuto.

In cima alla lista di tutti coloro ai quali l'idea di ventiquattro ore a prova di ladro appare insensata ci sono probabilmente i genitori che lavorano. May Anderson, un'amministratrice di un gruppo Facebook di mamme lavoratrici, mi ha detto di aver rinunciato ai manuali di gestione del tempo, e li paragona al vecchio consiglio finanziario: "Basta non comprare il latte". Non tutti i minuti sono creati uguali, contrariamente a quanto sostiene il poster di Kevin Kruse con il "1.440". Dopo aver elencato i molti impegni che una giornata tipo comporta per lei, ingegnere e madre di due bambini nelle campagne dello Utah – dove "lavoro" significa sia lavoro pagato, sia cura dei figli non pagata, sia lavoro domestico non pagato – May mi ha raccontato di quanto il carico delle cose da fare le si fosse accumulato nel cervello e avesse rafforzato la sensazione di mancanza di tempo. "Quando ti siedi per dieci minuti solo per riposarti, non è un gran riposo", dice.

Il carico degli obblighi e la variabilità psicologica del tempo sono solo un esempio di come l'idea di ore d'orologio uguali si possa sfaldare appena la tocchi. Robert E. Goodin, professore di filosofia e teoria sociale e politica, definisce "scherzo crudele" questa pretesa di uguaglianza. Prima di tutto, e in buona sostanza, alcuni controllano il tempo degli altri. Anche se la schiavitù è stata abolita (ufficialmente), succede ancora che la maggior parte delle persone "noleggi il proprio tempo ai datori di lavoro per pura sopravvivenza". Finché non si risolverà questa necessità – per esempio attraverso un reddito minimo universale – continuerà a esserci una "grave diseguaglianza" nell'autonomia temporale. Inoltre, a meno che tu non sia una qualche celebrità o un consulente super potente, il prezzo a cui vendi il tuo tempo subisce condizioni su cui non hai controllo, come il genere sessuale, l'etnia e l'attuale situazione economica.

Come abbiamo visto nel capitolo precedente, ci sono elementi del tempo e del ritmo di lavoro che sono anch'essi al di fuori del controllo dei lavoratori. Dal momento che i libri di gestione del tempo sono destinati agli individui, questa presenza di controllo non è generalmente menzionata, anche se qualche volta si può coglierne lo spettro. Come quel dirigente che sosteneva che "sono le macchine a tenere le 'ragazze' alla scrivania", un libro di gestione del tempo degli anni Novanta lamenta che "il chip del computer non ci ha liberato. Ci hanno costretto a produrre alla *sua* velocità". In *Real-World Time Management*, Alexander e Dobson propongono una seduta di domande e risposte con un lettore immaginario, che protesta: "Mi avete detto di lavorare in base alle priorità. Ma *loro* non me lo lasciano fare!". La risposta degli autori è inquietante: "Devi controllare non solo le priorità, ma anche *loro* (chiunque [*sic*] essi siano)".

La questione del *loro* ci porta a considerare una politica del tempo che riguarda non solo i numeri (anche i numeri diseguali) delle ore in banca. Anche se spesso l'organizzazione del tempo risponde alla sensazione percepita di "non avere abbastanza ore nella giornata", la pressione del tempo non è sempre o esclusivamente l'esito di una mancanza quantitativa dello stesso. Qui torna utile il termine tedesco *zeitgeber*, che si traduce più o meno con "quello che dà il tempo". Le dettagliate tabelle orarie di Frederick Winslow Taylor erano i zeitgeber degli operai (o degli acquirenti del *Freedom Journal* di Dumas). Per una madre che sta a casa, l'umore dei bambini, le loro necessità di salute e gli orari scolastici possono essere degli zeitgeber. Il sistema trimestrale universitario da dieci settimane e l'ora di punta sempre più lunga della Bay Area sono stati a lungo i miei zeitgeber. Per una persona affetta da una malattia cronica, i cicli della malattia sono uno zeitgeber. Per un lavoratore di Instacart, sia i capricci dei clienti sia l'interfaccia dell'app sono zeitgeber.

Possiamo individuare uno schema ricorrente in tutto questo: con uno zeitgeber, c'è sempre qualcuno o qualcosa che dà il tempo a qualcun altro: non nel senso di donare minuti e ore, ma nel senso di decidere l'esperienza del tempo di ciascuno. Se si segue uno zeitgeber si viene "inglobati". Le tue attività saranno inglobate all'interno di schemi al di fuori di te stesso. Oppure altre persone devono inglobarsi nei tuoi schemi. Ma, come sa bene una persona che soffre di una malattia cronica e ha un lavoro d'ufficio, i diversi zeitgeber possono entrare in conflitto l'uno con l'altro, e non tutti siamo creati uguali. Così come le ore di diversi individui hanno diversi "prezzi di noleggio", ci sono alcune persone costrette da strutture esterne a essere inglobate nelle vite di altri.

In "Speed Traps and the Temporal", Sarah Sharma spiega questa negoziazione con un episodio capitato a lei e a un'amica una volta in cui il loro treno aveva avuto un ritardo. L'amica – che stava andando a trovare il suo bambino nato prematuro di dodici settimane, che la aspettava insieme alla borsa frigo piena di latte materno – non aveva tempo da perdere. Scrutando tra la folla, scelse un uomo d'affari in completo scuro che sembrava stesse prenotando un Uber. Anche se aveva accettato di dividere l'Uber con lei, non "perse mai il ritmo del passo", continuò a camminare veloce digitando sul telefono finché non arrivò l'auto. Sharma scrive che la sua amica usò la propria intuizione in modalità sopravvivenza per sfruttare una dinamica di potere, avendo individuato "tutti i significanti del protagonista iconico e privilegiato che vive di corsa in una cultura dominata dalla convinzione che il mondo è in continua accelerazione":

> Indossava un completo da ufficio, [camminava] a passo spedito, e continuava a digitare furiosamente sullo smartphone. Era connesso e in mobilità, e stava usando il tempo di connessione per navigare attraverso i flussi in modo da bypassare il sistema di trasporto pubblico che aveva subìto una battuta d'arresto. Era

riuscito a mantenere il controllo sul proprio tempo prenotando un autista con l'app di Uber per arrivare al lavoro senza perdere un solo minuto. Aveva il controllo della propria mobilità e del proprio tempo, ma anche del tempo e della mobilità di altri.

Questo tipo di contrattazione crea un contrasto stridente con il mito dell'eguaglianza oraria. Il tempo, per un individuo, non è tanto la misurazione di una cosa reale quanto piuttosto un "rapporto di potere strutturante". Così come ti capiterà di vivere un gioco come il Presidente in modo diverso a seconda di cosa sia successo nel giro precedente e di dove tu sia seduto, "le esperienze individuali del tempo dipendono da dove le persone sono posizionate all'interno di una più vasta economia del valore temporale". Si tratta di una classificazione importante e mi fa tornare in mente una recensione letta su Goodreads del libro di Kate Northup *Do Less: A Revolutionary Approach to Time and Energy Management for Ambitious Women.* In quel libro si consiglia di sincronizzare l'orario di lavoro con il ciclo mestruale (un altro zeitgeber) per poter sfruttare i livelli fluttuanti di energia durante tutto il mese. La lettrice Sarah K. osserva che il consiglio vale solo per chi ha soldi e controllo sul proprio tempo. "Supponiamo che semplifico assumendo una donna delle pulizie", scrive. "Cosa faccio quando lei si trova nella fase di luna nuova, che dovrebbe essere dedicata al riposo e alla riflessione, e non può venire a pulire casa? Posso solo sperare che sia sincronizzata con la mia fase di luna crescente / 'dacci sotto con il lavoro'!".

Nel caso di una donna che lavora ed è sempre in movimento, e che può comprarsi il tempo grazie ai servizi di altri, è chiaro quale sia la temporalità che viene privilegiata. Ma ci sono altre sfumature di potere all'interno del posto di lavoro. A prescindere dal fenomeno del "secondo turno" e del ruolo spesso assunto dalle donne di "genitore di default", ci sono molti studi che indicano come sul posto di lavoro le donne tendono a dire di no meno frequentemente degli uomini. Per esempio, uno studio ha dimostrato che *sia uomini che donne* si aspettano che siano le donne a offrire la propria collaborazione e a rispondere alle richieste di aiuto. In uno studio, gli uomini aspettavano a offrirsi volontari per fare qualche favore se nel gruppo c'erano delle donne, ma alzavano la mano prima se il gruppo era composto solo da uomini.

Per dirla con Sallie Krawcheck, una donna intervistata da *Elle* per un articolo sulle donne che dicono di no: "Siamo state tutte indottrinate a credere che le mamme sono collaborative e i papà guardano il football". Per le donne BIPOC (acronimo che sta per "Black, Indigenous and People of Color", nere, indigene e di colore, *ndt*), la disparità è ancora peggiore. In un articolo per la *Harvard Business Review*, la dirigente di un'azienda tecnologica descriveva così il doppio vincolo: "Se non accetto di essere servizievole in ufficio, mi considerano la 'donna nera arrabbiata'". Altre professioniste di colore affermano che, quando cercano di controllare il proprio tempo al lavoro, vengono dipinte come "aggressive, fuori dal normale, o troppo emotive".

Fra le cose di cui ho parlato con May, l'amministratrice del gruppo Facebook di mamme, c'è il fatto che tutto – dagli uffici alle automobili – è stato progettato per gli uomini (i manichini per le simulazioni di incidente sono basati sul cosiddetto uomo medio). Lei allora mi ha raccontato che, in un gruppo di ingegnere, qualcuna aveva accusato le donne che venivano promosse di comportarsi da uomini. "Quindi adesso si criticano queste donne che per poter avanzare hanno dovuto comportarsi in quel modo", mi disse May. "E io non so se questa cosa la capisco. Mi sono trovata su entrambe le barricate". Ho annuito, e mi è venuta un'illuminazione: "È come con il sedile dell'auto, ma in metafora. Come se cercassimo di prendere il più possibile la forma di un uomo per non morire in auto".

Prendere il più possibile la forma di un uomo in modo da non morire in auto era la mia involontaria descrizione di un tipo di femminismo alla *Facciamoci avanti* (il libro dell'ex direttrice operativa di Facebook Sheryl Sandberg, *ndt*), e di una gestione del tempo indirizzata specificamente alle donne. Un esempio esplicito è il libro del 2010 di Laura Vanderkam *168 Hours: You Have More Time Than You Think*, che presenta una versione leggermente ammorbidita del concetto di donna in carriera e mamma che "spacca", con una spruzzata di cristianesimo. Tra le raccomandazioni di Vanderkam c'è come trovare il lavoro dei sogni, come delegare i compiti che non ci piacciono, e come identificare le "competenze di fondo" in modo da non perdere tempo in cose in cui non si eccelle già. Vanderkam offre anche le sue personali tabelle orarie con gli incrementi di mezz'ora, che permetteranno alle lettrici di considerare come una "tabula rasa" le 168 ore della settimana. Che ci si trovi a casa o al lavoro, bisogna assumere la flessibilità tipica di un'azienda. Una recensione del libro sul *Publishers Weekly* lo riassume bene così: contiene ottimi consigli per la carriera rischiando allo stesso tempo di "sbattere la vita fuori dalla vita".

168 Hours promette alla lettrice – che si presume sia una donna lavoratrice della stessa classe socioeconomica dell'autrice – di poter davvero "avere tutto". Anche se evita di porre la domanda del perché le donne debbano ancora svolgere una parte sproporzionata di lavoro pagato e non pagato, consigliando invece alle donne di reagire a questa realtà con una migliore allocazione delle proprie risorse, non si tratta di un libro puramente crudele. Né è un vuoto manuale, di quelli che fanno sospette promesse in schemi piramidali come quelli dei fratelli della produttività, che sembrano video di gente che fa video per gente che fa video. *168 Hours* offre un cambiamento in positivo: rendere una situazione scomoda più agevole per coloro che hanno gli stessi privilegi dell'autrice. In questo senso, *168 Hours* ha lo stesso obiettivo di un sacco di manuali di auto-aiuto: è mirato a un individuo che sta solo cercando di giocare le proprie carte al meglio.

E questo va anche bene, entro certi limiti. L'auto-aiuto di solito ha sempre promesso di rivoluzionarci la vita, non le gerarchie sociali o economiche, e non possiamo dare la colpa a qualcuno se non mantiene promesse che non ha mai fatto. Nello stesso tempo, anche l'auto-aiuto apparentemente pratico può essere interpretato come un invito a trovarsi una nicchia in un mondo crudele e ad aspettare che la tempesta passi oltre. L'antropologo Kevin K. Birth descrive gli orologi e i calendari, pezzi di tecnologia apparentemente inerti, come "strumenti cognitivi che pensano al posto dei loro utenti", riproducendo "idee culturali del tempo" e "assetti strutturali di potere". Proprio come la griglia oraria perpetua l'idea del tempo come insieme di unità fungibili, così il consiglio di "prendere il più possibile la forma di un uomo per non morire in auto" perpetua la vita di un'auto dalla forma sbagliata. Cercare il lavoro dei sogni è un consiglio bellissimo, ma in molti di questi libri la risposta implicita alla domanda "Chi farà i lavori mal pagati?" è che non ha importanza, basta che non siamo noi. E non è una gran bella risposta.

La gestione del tempo mette in luce i presupposti della diatriba della volontà opposta alle circostanze, perché prende l'individuo come unità assoluta e il futuro prossimo come orizzonte temporale, a spese del bene comune. Persino Sharma avverte l'attrattiva della gestione del tempo, che però è anche il suo rischio. "È una preoccupazione inebriante: come avere un miglior rapporto con il controllo del tempo e la tecnologia", scrive. "Ma questa ossessione culturale per il controllo del tempo e la capacità dell'individuo di modulare il tempo, gestirlo al meglio, rallentarlo e accelerarlo, è antitetica rispetto al senso collettivo di quale sia il tempo necessario a una comprensione politica del tempo". È proprio questa comprensione politica del tempo che ci permetterebbe di guardare verso l'esterno e immaginare dei diversi "assetti strutturali di potere". Non possiamo farlo da soli, e di solito non si può fare nel breve termine. Nell'interminabile frattempo, mi torna in mente un modo di dire che un giornalista spagnolo mi ha raccontato, riguardo al fenomeno del burnout: "Ti serve un terapista, o ti serve un sindacato?".

A un certo punto si arriva al limite di ciò che l'individuo è in grado di fare. La gestione commerciale del tempo questo lo sa, e ti consiglia di "delegare" alcune parti della vita, una versione di mercato della vecchia intuizione delle reti di sostegno. Non mi ha sorpreso sentire May raccontarmi di come aveva pensato di mettere insieme un gruppo di sette altre mamme in modo che ognuna cucinasse la cena per tutte una sera a settimana. "Penso che un sistema di sostegno debba essere la prima risorsa di aiuto per la gestione del tempo", mi ha detto, accennando alle reti di famiglia e amici. Portando il ragionamento ancora più in là, potremmo immaginare, come fece Angela Y. Davis nel 1981, che "la cura dei figli dovrebbe essere socializzata, la preparazione dei pasti dovrebbe essere socializzata, i lavori domestici dovrebbero essere industrializzati, e tutti questi servizi dovrebbero essere facilmente disponibili per la classe lavoratrice". Ma la pandemia ci ha invece dimostrato l'opposto: il costo che ogni famiglia (di solito le donne) deve sostenere per gestire la cura dei propri figli, la preparazione dei pasti, e altri lavori casalinghi.

Questa è la prospettiva che ci consente di considerare tutte le regole del gioco di carte. Se la gestione del tempo non è solo una questione di ore numeriche, ma di alcuni che hanno un maggior controllo sul proprio tempo rispetto ad altri, allora la versione più realistica ed estesa dell'organizzazione temporale deve essere collettiva: deve implicare una diversa distribuzione del potere e della sicurezza. In campo politico, questo si tramuterebbe in cose che appaiono chiaramente legate al tempo: per esempio, i sussidi per l'assistenza all'infanzia, i congedi pagati, leggi migliori sugli straordinari, e "leggi per settimane lavorative eque", con l'obiettivo di rendere più stabili gli orari dei dipendenti in part time e di compensare i lavoratori quando ciò non è possibile. Meno direttamente legate al tempo – ma di certo rilevanti – sono le campagne per un salario minimo più alto, lavori federali garantiti, o il reddito minimo universale (un programma pilota condotto a Stockton, in cui dei residenti scelti casualmente hanno ricevuto cinquecento dollari al mese per due anni senza condizioni, si è dimostrato efficace nel ridurre depressione, stati d'ansia e pressioni finanziarie tra coloro che ne hanno beneficiato, consentendo soprattutto alle "donne che avevano passato anni a dare la priorità ai bisogni degli altri rispetto al proprio benessere... di concentrarsi sulla propria salute e pagare le necessità di salute della famiglia". Come esempio di reddito garantito, simile al reddito minimo universale ma mirato a comunità specifiche, il Magnolia Mother's Trust ha dato migliaia di dollari al mese per un anno a cento famiglie che avevano a capo una donna nera nelle case popolari di Jackson, Mississippi. In una serie di articoli con cui la rivista *Ms.* ha riferito le storie di ciascun gruppo, una partecipante di nome Tia ha raccontato in che modo era riuscita ad alleviare la pressione del tempo: "Il solo fatto di sapere che se i tuoi figli si ammalano, andrà tutto bene. Che se ne avessi avuto bisogno, avrei potuto prendermi del tempo libero per curare il mio bambino senza dovermi preoccupare dei soldi persi in busta paga").

E poi ci sono tutte quelle perdite di tempo che non verrebbero mai in mente a chi non ha mai vissuto in povertà o con una disabilità. In un articolo sulla "tassa del tempo" subìta da coloro che devono fare i conti con i servizi pubblici, Annie Lowrey nota come la burocrazia farraginosa ampli il divario tra ricchi e poveri, bianchi e neri, malati e sani. Lo definisce un "filtro regressivo che danneggia qualsiasi politica progressista". Lowrey consiglia di eliminare le complicazioni come gli *asset test* e le interviste di persona (accertamenti sul reddito per limitare l'accesso ad alcuni servizi pubblici di base, come quelli sanitari, solo alle fasce più svantaggiate della popolazione, *ndt*), e l'uso di strumenti migliori come per esempio moduli più leggibili e comprensibili nella lingua dell'utente. Ma nota anche che la storia della tassa del tempo affonda radici profonde nel razzismo, nella diffidenza della burocrazia e in un'antica distinzione tra i poveri "meritevoli" e quelli "indegni".

Allo stesso modo, una politica realmente consapevole del tempo non deve aver paura di affrontare le strutture di potere più generali, diffuse e radicate. Per esempio, in una conferenza intitolata "La politica razziale del tempo", l'autrice, attivista e critica culturale Brittney Cooper esordisce con la frase provocatoria: "I bianchi possiedono il tempo". Questo dipende molto dal fatto che i colonizzati del mondo vengono considerati come elementi al di fuori della storia, ma anche dal fatto che i bianchi hanno imposto il ritmo del lavoro e hanno deciso il valore del tempo di tutti. In una sorta di ricusazione diretta della teoria di Bennett delle ventiquattro ore a prova di ladro, Cooper cita Ta-Nehisi Coates: "Il tratto distintivo dell'essere arruolati nella razza nera [è] l'ineluttabile rapina del tempo". Al posto della leggenda delle ore uguali, Cooper fa questa proposta:

> No, non tutti abbiamo lo stesso tempo, ma possiamo decidere che il tempo che ci spetta sia giusto e libero. Possiamo smetterla di far dipendere la durata della nostra vita dal posto in cui viviamo. Possiamo smetterla di rubare tempo di apprendimento ai bambini neri con un uso eccessivo delle sospensioni e delle espulsioni. Possiamo smetterla di rubare tempo ai neri con lunghi periodi di carcerazione per crimini non violenti. La polizia può

smettere di rubare tempo e vite ai neri con l'uso eccessivo della forza.

Se il tempo, come chiarisce Cooper, è dunque semplicemente vita, la questione della "gestione del tempo" si riduce alla fine alla questione di chi controlla la vita di chi. Questo è un esempio del contrasto messo in luce da Sharma, tra la comprensione politica del tempo e il sogno di dominare le nostre unità di tempo individuali. Nel capitolo 6 tornerò sull'ulteriore questione di cosa *sia* il tempo – un tema di linguaggio. Per ora la mia osservazione è più semplice: soltanto riconoscendo il contesto reale in cui le esperienze del tempo vengono vissute possiamo arrivare a una diversa nozione di "gestione del tempo", che non si limiti a riprodurre un gioco crudele.

Dopo un'uscita sulla 84 West, il terreno piatto lascia il posto a basse colline e distese incolte di alberi sferzati dal vento. Una serie di segnali ordina DIVIETO DI FERMATA, prima che una telecamera registri lo strumento di rilevamento della velocità della nostra auto, cosa che lo fa squillare di soddisfazione. L'acqua della baia porta un odore di zolfo attraverso le prese d'aria dell'auto. Si tratta di un batterio anaerobico che vive nelle acque basse su entrambi i lati della strada, dove qualche airone si avventura cautamente. Attraverso la foschia, le montagne di Santa Cruz si estendono a perdita d'occhio in tutte le direzioni, come una striscia di carta blu strappata.

Il ponte ci fa sfrecciare oltre le gigantesche torri di trasmissione e ci deposita sulla penisola, una spianata di paludi salmastre e cemento dall'aria ostile. In lontananza, mezzo nascosto dai pini di Monterey, si può intravedere uno strano complesso di edifici, in gran parte bianchi con pannelli rossi, turchesi, azzurri, gialli e grigi. Riusciamo a vedere il cartello solo una volta arrivati al lungo semaforo dell'incrocio dove giriamo a sinistra: un gigantesco pollice blu alzato e la scritta FACEBOOK: 1 HACKER WAY. Qui si trova anche la sede di Instagram. Di solito si vedono persone sulle bici blu con il logo di Facebook che attraversano questa strada dirette a uno dei molti edifici del campus, ma il gigantesco parcheggio sembra più vuoto del solito, e molti impiegati stanno lavorando da casa. Prima che il semaforo diventi verde, guardo il mio telefono, in precario equilibrio dentro il vecchio portabicchieri. Un amico, sì, ma anche un mezzo per misurare la vita.

Per l'individuo, potrebbe sembrare che l'opposto della gestione del tempo sia il burnout. Le cose si accumulano. Non riusciamo a incasellarle nella tabella del tempo. La vita diventa sgraziata. Per i fratelli della produttività e per Donald Laird in *Increasing Personal Efficiency*, il burnout rappresenta una grossa preoccupazione, una falla nella macchina.

Una volta mi è capitato di trovare in una ricerca sul lavoro desincronizzato una definizione della mia vita di una precisione imbarazzante. Il sociologo Hartmut Rosa descrive un personaggio immaginario di nome Linda, un'indaffarata professoressa che corre tutto il giorno, e non riesce mai ad assolvere agli impegni verso gli studenti, i colleghi, la famiglia, gli amici. Ci si aspetta che sia sempre disponibile, che risponda a tutti. Ma lei ha sempre la sensazione di non essere all'altezza, sempre in ritardo. "Non ha abbastanza tempo per cucinare. Non ha abbastanza tempo per il suo amore. Non ha abbastanza tempo per i lavori di casa. Non c'è tempo per fare esercizio fisico. Il dottore le dice che non fa abbastanza per la propria salute. Alla fine si sente in colpa perché è troppo stressata e non si rilassa abbastanza. Non mantiene il giusto equilibrio tra lavoro e vita".

In questo stato di conflitto, Rosa puntualmente evidenzia il ruolo della tecnologia digitale nell'espansione delle "rivendicazioni legittime" all'interno e all'esterno del lavoro: l'idea che una persona possa essere raggiungibile da chiunque in qualunque posto in qualsiasi momento. Linda non può godere della *Feierabend*, il senso di relax che i contadini e gli allevatori raggiungono quando gli animali e i bambini sono andati a dormire. Magari troverà la *Feierabend* in alcune rare situazioni, per esempio un soggiorno in una baita di montagna senza campo per il cellulare. Altrimenti, le richieste costanti implicano che l'asimmetria tra ciò che Linda può fare e ciò che le viene richiesto non è un "fatto astratto della vita", ma piuttosto un "dilemma acuto" che lei vive costantemente.

Rosa si chiede poi se questa storia abbia un senso per tutti coloro che vivono al di fuori di "una piccola élite del jet set della società" (Elizabeth Kolbert ha dato una definizione simile, "piagnistei da yuppie", riferendosi alle descrizioni che gli economisti fanno di chi si lamenta per la vita frenetica). Rosa paragona la situazione di Linda a quella della percezione del tempo vissuta da un autista di camion, da un operaio, da un infermiere d'ospedale, da un commesso. Le persone che fanno questi lavori vivono la pressione del tempo specificamente *all'interno* del lavoro: l'autista di camion fatica a tenere il ritmo delle scadenze rispettando allo stesso tempo i limiti di velocità; l'operaio è spinto oltre i propri limiti dal suo capo; il commesso ha a che fare con clienti impazienti; e ci si aspetta che l'infermiere dedichi sempre più cure e attenzioni mentre l'ospedale ammette sempre più pazienti. "Sul posto di lavoro", scrive Rosa "i dipendenti meno privilegiati hanno assai poco controllo sul proprio tempo, subiscono le pressioni del capo o di autorità esterne che regolano il bilancio del loro tempo. Loro riescono a individuare direttamente in [questi fattori esterni] la fonte delle pressioni. Per Linda, la fonte delle pressioni è al di fuori della situazione [lavorativa], lei può solo prendersela con se stessa".

Con questo concetto di "tempo discrezionale", Goodin fa una distinzione simile tra le Linde e le non-Linde, diciamo così. Come la spesa discrezionale, il tempo discrezionale è quello che tecnicamente non *devi* usare per qualcosa. Scegli solo di farlo, per i motivi più svariati. Quest'idea ci permette di distinguere tra chi è davvero privo di tempo libero e (per esempio) una persona ambiziosa che sceglie di lavorare per molte ore in base a un concetto personale di necessità, salvo poi desiderare di avere più tempo. Goodin ritiene che alcune persone, specialmente le coppie a doppio reddito senza figli, nutrono una "illusione della pressione del tempo". Sono persone che hanno tecnicamente un sacco di tempo libero ma che non lo ritengono tale, in base a un giudizio personale.

Se nel caso di una Linda in pieno burnout è vero che l'assillo viene davvero da lei stessa, la domanda è: perché? In un certo senso lo si può in parte far risalire alla "flessibilità" del lavoro. Se non sai cosa ti aspetta, prepararsi per il futuro diventa un compito senza fine. Ci sono alcune forme di lavoro (creativo, freelance, a contratto) che rendono particolarmente difficile capire se ci si trovi davanti a una Linda o a una non-Linda. Ho conosciuto molti professori a contratto che si comportavano da stacanovisti per poter "restare rilevanti" e mantenere il lavoro. E persino quando si comportano così, i corsi (e quindi i soldi) possono essere cancellati all'ultimo momento. Di solito i lavoratori a contratto non godono di indennità e nel 2019 un quarto di essi negli Stati Uniti viveva con qualche forma di assistenza pubblica, mentre un terzo si trovava sotto la soglia di povertà.

Più in generale, la "discrezione" del tempo discrezionale può essere difficile da valutare in una cultura in cui l'ordine "adattati o muori" può risultare terribilmente convincente. Parlando dell'aumento globale del burnout, Rosa nota come le droghe che rallentano i sensi delle persone siano in declino, a favore di speed, anfetamine e altre sostanze che "promettono la 'sincronizzazione' (come Ritalin, taurina, modafinil [sic], ecc.)". Sostiene Rosa che la maggior parte delle forme di "potenziamento" umano implicano il diventare più veloci a fare qualcosa. A questo proposito, lo scrittore e futurologo Jamais Cascio racconta un aneddoto in un documentario sulle biotecnologie umane. Dopo aver avuto una ricetta legale per il modafinil, un farmaco per restare svegli necessario per i suoi viaggi internazionali, Cascio si è ritrovato a prendere una pillola di tanto in tanto a casa, in prossimità di qualche scadenza. Sullo sfondo di una buffa ripresa di uomini in giacca e cravatta che corrono su una pista d'atletica, Cascio ammette: "La vera domanda è cosa succederebbe se o quando i miei concorrenti cominciassero a usare più spesso queste droghe cognitive, e cominciassero a produrre più lavoro e di migliore qualità? Non è tanto il mio lavoro che peggiora, ma il loro lavoro che migliora tantissimo. Sarei capace di trattenermi? Sarei in grado di resistere dall'usare più spesso questo tipo di potenziamento cognitivo?".

Non c'è nessuno più consapevole di questa situazione di Laura Vanderkam. In *168 Hours*, scrive che la vera ragione per cui bisogna trovare il lavoro dei sogni è che amare il proprio lavoro rende più produttivi e creativi: "Solo con l'ossessione si riesce a rimanere ai vertici, perché puoi star certa che i tuoi concorrenti sotto la doccia pensano al *loro* di lavoro". Molti conoscono il fenomeno della delocalizzazione dei lavori di fabbrica, ma anche il lavoro intellettuale viene sempre più delocalizzato. "Per avere successo in un mondo in cui c'è sempre qualcuno più economico di te, devi distinguerti in quel che fai", consiglia Vanderkam. "In certi casi, anche solo per sopravvivere devi essere di livello internazionale". Ciò significa che non possiamo restare fermi e che, in teoria, dovremmo sempre migliorarci.

Tuttavia, il burnout di Linda deve dipendere da qualcos'altro oltre al lavoro e alla pura sicurezza economica, perché anche coloro che dovrebbero sentirsi più al sicuro paiono curiosamente proni all'autosfinimento. Ne *La società della stanchezza*, Byung-Chul Han propone qualcosa di ancor più generale: "la spinta a massimizzare la produzione risiede nell'inconscio sociale" e produce quello che lui definisce "il soggetto-risultato". Più che essere disciplinati da qualcosa o da qualcuno a loro esterno, i soggetti-risultato sono "imprenditori di se stessi", capi del fai-da-te spinti da forze interne. Nonostante non debba rispondere a nessun (altro), un soggetto-risultato comunque si "sfinisce in una corsa al successo contro se stesso": [...] "La sparizione del dominio non significa libertà. Al contrario, porta la libertà e gli obblighi a coincidere. Di conseguenza, il soggetto-risultato si abbandona completamente alla libertà compulsiva, vale a dire al libero obbligo della massimizzazione del risultato. L'eccesso di lavoro e di performance degenerano fino all'autosfruttamento".

Come dimostrano tutti i campus delle aziende tech con le loro mense gratuite, gli zainetti brandizzati, e le pareti da arrampicata, una società di soggetti-risultato è un'ottima notizia ai fini del fatturato. Alla fin fine, Vanderkam ha ragione quando parla di ossessione. Han osserva che "la positività di *posso* è molto più efficiente della negatività di *dovrei*" e che "il soggetto-risultato è più veloce e produttivo del soggetto-obbedienza". Questa stessa assenza di limiti è quel che conduce il soggetto-risultato al burnout. Essendo stato addestrato a porsi l'infinito come orizzonte, non riesce mai a godere della sensazione di aver effettivamente raggiunto un obiettivo ma, al contrario, sperimenta nello stesso momento l'"autoaggressione" del padrone e del subalterno. Deve costantemente prendere il coraggio a due mani, frustrato dall'impossibile scarto tra ciò che è e ciò che potrebbe essere.

Purtroppo questo scarto è in costante espansione. Rosa scrive che la "logica di incremento" capitalista si infiltra nella concezione stessa del vivere bene, vale a dire che restare fermi, non solo nella dimensione del lavoro ma anche in quella del denaro, della salute, della conoscenza, dei rapporti o delle mode, viene visto come una regressione o un fallimento all'interno dell'ordine sociale. Aggiungerei che i social media amplificano il linguaggio del confronto e della competizione: basta scorrere anche solo le foto degli amici per imbarcarsi in un viaggio senza fine in quello che "potrebbe essere". Alcuni studi hanno documentato il ciclo secondo cui le persone che godono di poca autostima usano i social media per esprimersi e trovare contatti, per poi ritrovarsi esposti a un flusso di "confronti sociali al rialzo" che invece riescono solo a far ripartire il ciclo. Nei feed, la linea d'arrivo si sposta di continuo. Hai ventiquattro ore al giorno e devi trascorrerle in un modo migliore, e ancora, ancora, ancora *migliore*!

Da piccoli ci hanno insegnato a competere. Gli esempi più evidenti sono le valutazioni, le gare a cronometro, i voti a scuola. C'è una risposta cinica al sistema di cronometraggio e voti: aggiri il sistema, come se avessi un codice segreto (qualcosa di simile all'approccio dei fratelli della produttività per semplificarsi la vita). Io ho reagito internalizzando. Quando ero in prima elementare, avevo creato e presentato ai miei genitori una "pagella" per me stessa *come persona*. Prendendo in prestito la O (*outstanding*, cioè eccellente) e la S (*satisfactory*, cioè sufficiente) dei voti delle mie pagelle delle elementari, avevo chiesto ai miei genitori di darmi i voti in base a vari criteri, come "brava bambina" o "pulisce la cameretta". I miei genitori, che probabilmente ritenevano la trovata una cosa carina per quanto un po' inquietante, obbedirono e mi diedero il massimo dei voti in tutte le categorie. Nella sezione "aggiungete un commento", mio padre scrisse: "Oh solo me oh", riferendosi a "'O sole mio", una canzone napoletana che mi cantava spesso con aria melodrammatica per farmi ridere.

Molti anni dopo, mi sono ritrovata a dare i voti per i progetti di arte degli studenti del college. Dare i voti a un progetto d'arte è facile quanto darli a una persona, e io l'ho sempre detestato. Detestavo il fatto che dare il massimo dei voti a tutti, anche in una classe in cui tutti avevano davvero fatto un buon lavoro, era diventata una cosa criticabile. E i voti erano così concentrati sull'individuo che non tenevano conto delle insostituibili dinamiche di gruppo che si creano nei corsi migliori, e a cui tutti contribuivano.

Il sistema di votazione dalla A alla F, che adesso sembra così tradizionale, in realtà è stato adottato universalmente negli Stati Uniti solo a partire dagli anni Quaranta. E non sono rimasta del tutto sorpresa quando ho scoperto che il sistema che ho usato e a cui sono stata sottoposta si è perfezionato agli inizi del ventesimo secolo, nel periodo del movimento in ambito educativo della "efficienza sociale" che era a sua volta un frutto del taylorismo. Un programma di studi socialmente efficiente voleva dire un programma meno strettamente accademico e più professionalizzante, subito comprensibile per i datori di lavoro o per i militari, e adatto a smistare le persone nei posti di lavoro a cui erano destinate. In quanto forma di valutazione, la votazione implica una qualche forma di gamma standardizzata, in cui le qualità possono essere ridotte a quantità – un'idea che mi tornava costantemente in testa ogni volta che dovevo creare una rubrica di valutazione per dare i voti ai progetti di arte. Il confronto sociale è probabilmente vecchio come il mondo, ma per poter mettere a confronto una vasta gamma di persone usando gli stessi voti bisogna poter trasformare queste persone in dati e decidere quali parametri di ottimizzazione adottare (le scuole americane usavano sistemi di classificazione e votazione già prima della fine del secolo scorso. L'evoluzione a cui mi riferisco riguarda la standardizzazione dello schema di voti dalla A alla F, più precisamente nel contesto del movimento di efficienza sociale e delle idee sull'utilità sociale. Nel 1913 Franklin Bobbitt – autore di *The Curriculum*, un libro di grande importanza sulla strutturazione dei programmi scolastici – scrisse che al maestro di scuola "serve un sistema di misurazione che potrà usare per misurare il suo prodotto così come la scala in piedi e pollici si usa per misurare il prodotto di un'acciaieria". Gli studiosi hanno osservato che lo sviluppo delle votazioni standardizzate è coinciso con l'avvento del mito dell'oggettività dei test per il quoziente intellettivo, il desiderio di controllare una forza lavoro immigrata in forte crescita, e la creazione di valutazioni per i prodotti di massa (come il grano) via via che si espandevano i mercati nazionali. Mentre a metà del ventesimo secolo pian piano svaniva l'entusiasmo per l'efficienza sociale, alcuni elementi di organizzazione scientifica sono riaffiorati nei moderni programmi e sistemi di votazione delle scuole, con il rischio continuo di un impoverimento delle competenze nell'istruzione). Per comprendere appieno cosa questo abbia comportato storicamente, in particolare quando parliamo di velocità, dobbiamo ritornare ad alcuni dei vecchi fratelli della produttività.

Appena due anni prima che venisse pubblicata *L'Organizzazione scientifica del lavoro* di Taylor, uscì il memoir di Francis Galton, un esploratore e antropologo inglese che è stato anche il padre dell'eugenetica. A Galton piacevano le classi, i quartili, i centili. Era fissato con la misurazione e la classificazione delle cose più disparate. Nel memoir, Galton accenna con noncuranza a come aveva tentato di tracciare una "mappa della bellezza" delle isole britanniche. Per farla, aveva usato un ago per incidere di nascosto dei buchi su un foglio dove era tracciata una divisione in "buono", "medio" e "cattivo": "Usavo questo schema per i miei dati sulla bellezza, classificando le ragazze che incrociavo per la strada o altrove come attraenti, indifferenti o repellenti", scrive. Galton fa poi altre classificazioni più serie. Nel suo libro *Hereditary Genius*, spiega come creare una scala da A a G per misurare l'intelligenza e poi la usa per paragonare i bianchi ai neri. Con l'incredibile caveat che le "disabilità sociali" (probabilmente intendendo il razzismo e altri lasciti dello schiavismo) hanno reso "più grezzi" i dati, Galton trova "una differenza di non meno di due livelli tra le razze nera e bianca, e potrebbe forse essere ancora di più".

Prima di arrivare alla parte dedicata al concetto di razzismo scientifico, *Hereditary Genius* è perlopiù un tentativo di ricostruire la genealogia di uomini illustri: giudici, statisti, comandanti, uomini di letteratura e di scienza, poeti, artisti, e "divini". Se nel taylorismo si tentava di intensificare il lavoro misurandolo, nell'eugenetica la misurazione delle persone ha come obiettivo "modellarle" in una specifica direzione, un meccanismo che unisce la genetica di Mendel al darwinismo sociale. "Sembra quasi che la struttura fisica delle generazioni future sia plastica come la creta, sotto il controllo della volontà di colui che le alleva", scrive Galton. "Desidero dimostrare... che allo stesso modo si possono controllare le qualità mentali". Un modo per arrivarci, pensava lui, era "eliminare" le caratteristiche indesiderate valutando il vantaggio genetico dei matrimoni. Alla luce di questo, forse non sorprende che in un capitolo dedicato alla vita familiare, Galton dedica più spazio a descrivere uno spuntino altamente efficiente per le passeggiate (pane e formaggio con un particolare tipo di uvetta), di quanto non faccia per la propria moglie, di cui menziona solo i "doni ereditari" della stirpe da cui proviene.

Ma quali sono le qualità che secondo Galton riescono a farci alzare i voti? Per lui, l'intelligenza è intrinsecamente legata alla velocità. Aveva messo su un centro di sperimentazione in cui misurava l'intelligenza attraverso i tempi di reazione a degli stimoli fisici. Ma al livello di razza umana, il valore si misurava con un diverso genere di "tempo di reazione": la capacità di adattarsi a nuove condizioni sociali. La civilizzazione, che Galton intendeva soprattutto come colonizzazione, non era per lui una questione di azione dell'uomo, ma "una nuova condizione imposta agli uomini dal corso degli eventi", in modo simile agli eventi geologici. L'idea che l'umanità fosse destinata alla velocità permise a Galton di definire la "sparizione" dei popoli colonizzati come "sconcertante" e di trovare in questo loro destino un monito anche per se stesso:

> Nel continente nordamericano, nelle isole delle Indie occidentali, nel capo di Buona Speranza, in Australia, in Nuova Zelanda, nella terra di Van Diemen, gli umani che abitavano vaste regioni sono stati completamente spazzati via nel giro di soli tre secoli, non tanto dalla pressione di una razza superiore quanto dall'influenza di una civilizzazione che non sono stati in grado di mantenere. E anche noi, coloro che in primis hanno creato questa civilizzazione, cominciamo a mostrarci incapaci di tenere il ritmo della nostra stessa opera.

In altre parole, era arrivato il momento di prendere la forma di un uomo per non morire in auto, anche per coloro che l'auto l'avevano progettata, attraverso una selezione che eliminasse il nomadismo e il "bohemismo" (tratti che Galton associava ai barbari). Assai prima di Vanderkam, che metteva in guardia dai concorrenti che pensano al lavoro sotto la doccia, Galton aveva lanciato un avvertimento sul tipo di etica del lavoro che trova mercato ed è dunque adattabile: "Oggigiorno chi lavora a singhiozzo non può guadagnarsi da vivere, perché non ha speranza di successo nella competizione con i lavoratori più costanti". Tra le qualità ideali che un lavoratore britannico moderno dovrebbe possedere, Galton cita una lista fatta da Sir Edwin Chadwick, discepolo di Jeremy Bentham (l'ideatore del panopticon, con la sua ruota per criceti umani). Questo uomo dovrebbe godere di "una notevole forza fisica, da usare sotto la guida di una volontà salda e perseverante, mentalmente sicuro di sé e non suggestionabile da influenze esterne irrilevanti, in grado così di svolgere ripetizioni continue di faticoso lavoro, 'costante come il tempo'".

Neanche Charles Darwin (suo cugino) rimase immune dall'ideale di "rendimento costante" di Galton. Quando Galton gli inviò una copia di *Hereditary Genius*, Darwin rispose cortesemente che il libro era "faticoso" e che ne aveva lette solo cinquanta pagine, "per colpa esclusivamente del mio cervello e non del tuo stile magnificamente chiaro". Citando la lettera nel suo memoir, Galton aggiunge una sua risposta: "La replica al suo commento sulla 'fatica' è che il carattere, *compresa l'attitudine al lavoro*, si eredita come qualsiasi altra facoltà".

Negli Stati Uniti l'eugenetica godette di una vasta popolarità fino a buona parte del ventesimo secolo, soprattutto in California, dove per decine di migliaia di persone considerate "inadatte" si andò oltre lo scoraggiare la procreazione: vennero sterilizzate (anche se oggi il termine *eugenetica* ha dei connotati negativi e non rientra in modo palese nelle politiche più comuni, le idee di fondo continuano ad avere una certa influenza. Nel 2021, la California ha offerto un risarcimento alle persone che erano state sterilizzate in istituzioni statali, senza il loro consenso e in base a una legge del 1909. Queste sterilizzazioni, che spesso venivano condotte su individui etichettati secondo le vecchie categorie dell'eugenetica come "criminali", "ritardati mentali", e "pervertiti", sono continuate fino agli anni Duemila). La retorica dell'ottimizzazione presente nell'eugenetica si applicò anche alla letteratura sull'automiglioramento che si diffuse all'epoca (ricordiamo che l'eugenetica era stata citata in *Increasing Personal Efficiency*). Un buon esempio di questo intreccio lo troviamo in *Physical Culture*, una rivista di salute e fitness pubblicata dal 1899 al 1955. Autodefinitasi "rivista che risolve i problemi personali", *Physical Culture* mischiava consigli motivazionali e articoli sul culturismo alla passione di Galton per le misurazioni e il "perfezionamento razziale". Una volta la rivista offrì mille dollari ai vincitori del concorso "Donna più bella" e "Uomo più prestante", con dei moduli d'iscrizione che mostravano un ideale di corpo umano neutro, vagamente grecizzante, e le caselle per elencare le proprie misure.

Il fondatore e a lungo direttore di *Physical Culture* fu Bernarr Macfadden, per molti versi un "fratello della produttività" per eccellenza. Promotore del culturismo e di quella che oggi chiameremmo "cultura del benessere", fece una sorta di *personal branding* ante litteram quando cambiò l'ortografia del proprio nome originale, "Bernard McFadden", per farlo apparire più incisivo ("Bernarr" doveva suonare un po' come il ruggito di un leone, mentre si supponeva che "Macfadden" si distinguesse rispetto al più comune "McFadden"). I suoi articoli avevano titoli come "Rivitalizzati con la monodieta", "Ricava bonus di salute dalle tue vacanze", "Scala una montagna dentro casa", e "Stai sprecando la tua vita?" (la monodieta consiste in una riduzione di varietà nei pasti. Macfadden racconta di mangiare solo fagiolini e riso integrale, separati, per un mese e, cosa piuttosto inverosimile, di "gustarlo quanto, se non di più, le combinazioni di un pasto normale"). Gli articoli, pur conditi di qualche cialtronata, avevano un obiettivo chiaro: allora come adesso, migliorarsi voleva dire controllarsi, accelerare, e passare in testa.

Su un numero di *Physical Culture* del febbraio 1921, in una specie di lettera del direttore, Macfadden sottolinea che la vitalità mentale è altrettanto importante e inseparabile da una salute eccellente che, a sua volta, va di pari passo con il successo economico. Macfadden esprimeva tutte queste idee nell'ottica del darwinismo sociale, scrivendo che chi non "sviluppa completamente il proprio organismo fisico" non è "un vero uomo o una donna completa". Ecco il consiglio di Macfadden:

> Siamo in un'epoca finanziaria. L'obiettivo primario di una vita media è rappresentato dalla lotta per la ricchezza. Ma riconoscendo l'importanza della super-efficienza, ovunque nel mondo la gente scoprirà l'importanza di una macchina splendida, utile alla lotta per i grandi riconoscimenti della vita, finanziari o di altro tipo. E una macchina di questo genere deve essere completa in tutti i sensi. Un corpo pieno di potenza, stracarico di energia, è capace di compiere molto più lavoro, e di migliore qualità, rispetto a un corpo fragile e sottosviluppato.

Su un numero di *Physical Culture* del 1937 vediamo in modo grottesco fino a che punto questa efficienza veniva ritenuta parte del DNA della cultura americana. Sulla scorta del pensiero di Galton sui matrimoni geneticamente vantaggiosi, sulla rivista comparve un articolo intitolato: "Cosa fare per migliorare la razza umana: come riuscire a truccare i dadi della genetica, puntando sui nascituri per ottenere bambini superiori ed elevare il livello razziale". In questo caso, non era sufficiente che le combinazioni genetiche si disponessero in una scala gerarchica sociale (anche se l'eugenetica l'avrebbe chiamata "scientifica") di velocità e progresso. Erano *i geni stessi* a essere produttivi o improduttivi, "virili" e "fiacchi", ed erano dei geni lavoratori:

> Siamo lontani dal sapere come i geni compiono il loro lavoro. Ma sappiamo abbastanza bene cosa fanno. Se riusciamo a dimenticare la loro microscopicità, possiamo chiaramente vederli come dei lavoratori. Un singolo cromosoma rappresenta una catena di questi lavoratori, letteralmente dei lavoratori forzati perché i geni sono collegati tra loro, ognuno nel suo posto designato per l'eternità. Alcuni dei geni sono in realtà degli architetti, alcuni sono chimici, alcuni ingegneri, falegnami, idraulici, muratori, tinteggiatori, dietologi [sic], ecc.

L'autore scrive che i geni possono anche andare più veloci. Una mutazione potrebbe, invece di causare debolezza, avere l'effetto imprevedibile di un fulmine e migliorare i geni "stimolandoli o 'accelerando' la loro azione". Ne sarebbero derivati dei geni destinati a "superiorità fisica, mentalità fulgida e genio". In un'illustrazione di accompagnamento si vedono diversi geni rappresentati come omini stilizzati, con un gene "campione" che indossa guantoni da boxe, mentre un gene "dannoso", etichettato come "nero", tiene in mano due bombe.

Questo articolo sulle origini affonda le radici nell'equazione morale con cui ho aperto il capitolo: operoso = buono. In uno studio sulla "operosità evidente", la sociologa Michelle Shir-Wise rileva che, a prescindere dall'equilibrio lavoro-vita privata, l'operosità può diventare una manifestazione della produttività che dura tutta la vita, in cui "il fatto di non apparire operosi può essere inteso come prova di una personalità inadeguata e priva di valore" (o, come avrebbe detto Macfadden, "non un vero uomo o una donna completa"). Fin dall'inizio ci è stato insegnato che una *brava persona* spreme diligentemente più valore possibile dalle proprie ventiquattro ore, "costante come il tempo". E una *buona vita* è quella in perenne sviluppo, che insegue ogni occasione, ed è in prima fila in qualsiasi contesto esperienziale. Ma il tipo di lavoro che pervade il nostro inconscio sociale è un lavoro che risponde a un ideale storico specifico: veloce, muscolare, instancabile, e bianco. Se ci rendiamo conto della profondità con cui certi concetti di velocità, efficienza e progresso si sono intrecciati nella nostra cultura, riusciamo a capire meglio l'argomentazione di Brittney Cooper, secondo cui "i bianchi possiedono il tempo".

Tenendo conto di questo, torniamo un momento a Linda. Il burnout di una Linda potrebbe non essere uguale a quello di una non-Linda (cioè una persona socialmente ed economicamente precaria), e difficilmente un burnout totale la farà finire sotto i ponti. Ma sarebbe un errore pensare che non ci sia un rapporto tra il burnout di una Linda e quello di una non-Linda. Mentre la non-Linda è controllata e sorvegliata direttamente da circostanze esterne, la Linda percepisce su di sé il controllo e la sorveglianza della "logica dello sviluppo" culturale.

Se Linda non partecipa, verrà giudicata e dovrà pagare un prezzo, sociale o economico che sia.

La differenza tra la Linda e la persona precaria è che Linda può permettersi di pagare il costo sociale. L'*analogia* tra la Linda e la non-Linda è che il "cronometro" della prima (la cultura dell'operosità) e quello della seconda (il lavoro salariato e lo svantaggio strutturale) hanno radici comuni. Fanno da puntello allo stesso sistema, un sistema in cui il tempo può essere solo uno strumento di profitto e l'altra persona non può rappresentare altro che un tuo concorrente. Di conseguenza, la Linda dovrebbe prendere in considerazione la possibilità di pagare questo costo – per il proprio bene e quello di tutti gli altri – e dunque assumere *meno* la forma di un uomo per *non* adattarsi all'auto in cui la maggior parte della gente sta morendo, in un modo o nell'altro. Non sto dicendo che questo comportamento sia di per sé in alcun modo rivoluzionario, dico solo che è più logico. E ne può scaturire una consapevolezza importante: non la consapevolezza di conseguenze condivise, ma di una causa condivisa.

Nella trascrizione di un dialogo in *Undercommons. Pianificazione fuggitiva e studio nero*, Fred Moten delinea in modo efficace questa consapevolezza. "Quelli che rivendicano e accettano di buon grado il proprio status di privilegiati non sono la mia preoccupazione principale. Ma mi piacerebbe che arrivassero a un punto in cui hanno la capacità di preoccuparsi di se stessi. Perché forse allora potremmo parlare". Poi parafrasa il pensiero di Fred Hampton, uno dei leader delle Pantere Nere:

> Stammi a sentire: il problema della coalizione è che la coalizione non è qualcosa che nasce affinché tu possa venire ad aiutarmi, un processo che possiamo sempre far risalire ai tuoi interessi personali. La coalizione nasce dal fatto che tu riconosci che sei rimasto fregato, così come noi abbiamo già riconosciuto che siamo rimasti fregati. Non ho bisogno del tuo aiuto. Ho solo bisogno che tu riconosca che questa merda sta ammazzando anche te, seppur più dolcemente, brutto figlio di puttana, capisci?

Cosa significa questo a livello più intimo, personale? Burkeman, autore della definizione di "attivismo sfrenato", afferma che per poter cambiare la propria condotta i soggetti-risultato dovrebbero accettare la propria mortalità e rinunciare all'impresa impossibile di raggiungere il controllo e l'ottimizzazione totali. Aggiungerei che "rinunciare" è molto più facile per chi se lo può permettere, perché equivale a un riconoscimento onesto e magari doloroso dei propri privilegi. Torniamo sempre a quel concetto di *discrezione* del tempo discrezionale. Burkeman scrive che non tutti gli obiettivi sono indispensabili per la sopravvivenza, e non è universalmente "obbligatorio guadagnare più soldi, raggiungere più obiettivi, realizzare il nostro potenziale a tutti i livelli, o essere più inseriti". La frenesia ha significati diversi per le diverse persone. Ma se sei davvero un soggetto-risultato che si sta solo autoconsumando, allora consiglieri un cambiamento discrezionale: prova a sperimentare un po' di mediocrità in alcuni campi della vita. Allora forse ci sarà un momento in cui ti chiederai *perché* e *a chi* sembri mediocre.

Naturalmente non è lo stesso accettare una vita priva di un certo tipo di ambizioni e adattarsi a una vita che abbia meno significato. Per decidere cosa può essere (apparentemente) mediocre dobbiamo chiederci cosa vogliamo raggiungere entro i limiti della nostra vita umana, per non parlare del limite stesso della vita, un tema su cui tornerò nei capitoli 6 e 7. Intanto, vale la pena capire a fondo il consiglio "vivi la tua vita al meglio" per come viene spesso interpretato, cioè un imperativo: "vivi *la* vita migliore", nel senso di alto rendimento. E se invece scegliessimo solo di "vivere *una* vita"? A volte, quando mi accorgo che sto cercando di afferrare troppe cose allo stesso tempo, semplicemente ripeto a me stessa, quasi con tono genitoriale, che *tutto non può essere tutto.* Altre volte, cerco di usare il senso dell'umorismo di fronte alla logica americana dello sviluppo illimitato, in tutta la sua arbitrarietà e assurdità, ma anche di fronte alla dignità pacata e comica di chi rifiuta questa logica. In particolare mi viene in mente una scena di *Beavis and Butt-Head*, in cui un cliente fa un'ordinazione in un fast food dove lavora Butt-Head. "Prendo un doppio cheeseburger, una porzione grande di patatine fritte, una birra analcolica piccola, e una torta di mele", dice. "Ah... cosa?", chiede Butt-Head. L'uomo ripete l'ordinazione, a voce più alta e irritata. Butt-Head risponde solo: "Ah... Non è che magari potrebbe *prendere meno roba*?".

Dall'altra parte della strada rispetto al campus di Facebook, c'è un pezzo di prato con degli arbusti riarsi: ginestra dei coyote e toyon. Non ho mai saputo cosa fosse quel campo, un groviglio "improduttivo" che su Google Maps appare vuoto e grigio. Mentre aspettiamo, un punto immobile sopra il campo si rivela un nibbio codabianca (un uccello somigliante a un incrocio tra un falco e un gabbiano): si libra sempre nello stesso punto in un moto semi-sospeso grazie a un minimo sbatter d'ali. Poi scatta il verde e giriamo a sinistra, verso le montagne, dove adesso si riescono a vedere i contorni dei singoli alberi. Siamo quasi arrivati.

Rinunciare alla crescita può risultare problematico in un mondo votato a essa. Nel 2016, un giovane operaio cinese di nome Luo Huazhong si dimise per intraprendere un viaggio in bicicletta dalla provincia del Sichuan al Tibet, un percorso di oltre duemila chilometri, sopravvivendo con lavoretti part time e i suoi risparmi. Luo raccontò la sua esperienza in un post su Baidu intitolato "Stare sdraiati è giusto". "Mi sto rilassando", scriveva. "Posso fare come Diogene, che dorme nella botte e prende il sole". Il post diede il via al movimento degli "sdraiati", che è ancora molto forte nel momento in cui scrivo questo libro. Nel maggio 2021, sui social media cinesi è circolata l'immagine di un uomo sdraiato con la scritta: "Vuoi che mi alzi? In questa vita non è possibile". Non stupisce che il Partito Comunista Cinese non l'abbia presa bene. "La lotta è sempre la tinta più brillante della gioventù", ha scritto il *Nanfang Daily*. "Scegliere di sdraiarsi di fronte agli impegni, non solo è ingiusto, ma è vergognoso".

Quando nel 2021 il trend venne adottato dai giovani millennial americani, fu di nuovo definito vergognoso, ma con un riferimento al linguaggio del dovere nazionale e del *bootstrapperism*, il "farsi da sé".

In un editoriale apparso su *Bloomberg* dal titolo "Se proprio vuoi, sdraiati. Ma preparati a pagarne il prezzo", Allison Schrager liquidò gli "sdraiati" americani come una massa di privilegiati la cui scelta di mollare tutto era "un lusso di cui presto si pentiranno". L'orologio ticchetta e il mondo si muove in fretta, con la stessa posta in gioco di sempre: adattarsi o morire. "L'economia è in una fase di grande transizione", scrive Schrager. "Già prima della pandemia la tecnologia e la globalizzazione stavano cambiando l'economia, nel post-pandemia questi trend potranno solo accelerare. Il che creerà vincitori e vinti tra coloro che saranno riusciti ad accogliere il cambiamento e a beneficiarne. Ma sarà un processo confuso e imprevedibile. Chi di sicuro ne uscirà sconfitto saranno coloro che se ne chiamano fuori del tutto".

Come già Vanderkam, anche Schrager dà degli ottimi consigli per la carriera, sottolineando che la maggior parte degli aumenti di stipendio arriva prima dei trentacinque anni. Dal momento che tutte le cose importanti, dallo sviluppo delle competenze alla rete dei rapporti, avviene tra i venti e i trent'anni, questo è "il periodo peggiore per farsi venire una crisi di mezza età". Ma i consigli su come vincere la corsa al successo implicano che uno vi prenda parte, piuttosto che prendere le distanze da un sogno che sta scomparendo. Gli "sdraiati" hanno risposto acidamente all'articolo su Twitter. "Trovo pazzesco che ogni giorno [sic] leggiamo titoli sulla pandemia, i cambiamenti climatici, la carestia, la siccità, gli incendi, gli uragani, il riarmo e la guerra, mentre quelli di Bloomberg vogliono solo che noi continuiamo a lavorare in mezzo a tutto questo per 36 mila dollari l'anno", scrive un utente. Un altro riassume così l'articolo di Schrager: "Miliardario: 'Presto, giornale di mia proprietà. Scrivi un articolo sulla pigrizia dei giovani che si sono resi conto che mi stanno solo facendo diventare ancora più ricco mentre loro a malapena sopravvivono, non avranno mai una casa di proprietà, e avranno bisogno che entrambi i genitori lavorino per mantenere una famiglia'". E un altro chiede: "Perché dovrei sgobbare? Io non posseggo il mio lavoro".

Ho cercato qui di illustrare la differenza *e* la connessione tra quelli che possono permettersi di "stare sdraiati" e quelli che non possono. Quelli che possono dire di no al lavoro, e quelli che non possono.

Quelli che possono prendersi del tempo, e quelli che non possono. In altre parole: quelli che detengono il cronometro di se stessi e quelli che vengono cronometrati (anche se, come ho accennato, il confine non è sempre ben definito). Ci sono vari motivi per cui è importante riconoscere questo rapporto – "questa merda sta ammazzando anche te, seppur più dolcemente". Prima di tutto, perché crea spazio per la solidarietà, nel senso genuino della condivisione di una causa comune ("questa merda"). Ma anche perché è una difesa dalla reazione che a volte scatta tra i privilegiati per far fronte al proprio burnout: rafforzare i recinti protetti della lentezza, del minimalismo e dell'autenticità. Nel migliore dei casi, questa reazione facilita l'accettazione del mondo così com'è e lascia intatto lo status quo. Nel peggiore, rafforza lo status quo creando uno scenario in cui la lentezza diventa un prodotto che si può acquistare sulla pelle di qualcun altro. Uno scenario che rischia di verificarsi nel settore del tempo libero più che in qualsiasi altro.

TRE

Può esistere il tempo libero?

IL CENTRO COMMERCIALE E IL PARCO

"Il lavoro domina tutto ciò che lo circonda,
come una montagna domina la pianura."
MICHAEL DUNLOP YOUNG E TOM SCHULLER, *Life After Work*

Sulla strada per le montagne dobbiamo fare una sosta in un altro tipo di campus. Scendiamo dall'auto e oltrepassiamo i raffinati arredamenti di un negozio di Pottery Barn e il profumo dolciastro di un California Pizza Kitchen. Il paesaggio ci fa sentire come quelle figurine di spettri, quei personaggi senza piedi che capita di vedere nei rendering di architettura di lusso. Nei vasi di rose e di bocche di leone sono inseriti degli altoparlanti verdi, insieme ad altri nascosti in alto, sulle magnolie. Suonano "Forever Young" di Rod Stewart. Un'impiegata di Tiffany in pausa pranzo cammina con le braccia conserte e la fronte aggrottata, parlando al telefono con qualcuno. Dietro di lei, sulla vetrina di un negozio non ancora aperto, su un pannello bianco leggiamo la scritta: "Puoi trovare la felicità nelle minime cose. La nostra passione è trasformare le abitudini di tutti i giorni in momenti più significativi".

La nostra passerella confluisce in un'altra andando a formare una finta piazzetta, con un cartello in stile retrò con su scritto semplicemente PAVILION. In mezzo c'è una manciata di tavolini da caffè fuori da una boulangerie con l'insegna La Baguette. Dietro l'angolo, un muro è stato abilmente dipinto per farlo apparire come un altro muro: un boulevard di Parigi, da cui si intravede nella penombra una "apertura" su rue du Chat-qui-Pêche. Anche se l'apertura non è reale, lo è la maniglia sulla porta dipinta, così come sono reali i vasi di terracotta appesi sotto le finestre dipinte. Passa un (vero) abitante di questa cittadina, giocherellando con una bottiglietta vuota di acqua minerale ed emettendo un piccolo rutto. Lo seguiamo con lo sguardo mentre oltrepassa uno schermo digitale poggiato in terra, in cui si vede un'enorme immagine di un orologio fisso sulle 10:10, lo stesso orario che spesso si vede nelle pubblicità degli orologi (questo orario viene usato per diversi motivi, tra cui la possibilità di incorniciare il logo del marchio con le lancette). È la pubblicità di Piaget, un'azienda che vende il Possession, un orologio tempestato di diamanti da 38.400 dollari.

A marzo 2020, mentre una parte del mondo entrava in lockdown, la travel influencer Lauren Bullen postò una sua foto mentre emergeva da una piscina sotto la pioggia, con dei banani ondeggianti sullo sfondo. Aveva gli occhi chiusi, un sorriso stampato. La didascalia era: "Abbiamo solo questo istante". Cinque giorni più tardi, eccola di nuovo stesa in vestaglia sul bordo di una piscina a sfioro, un cielo viola a fare da sfondo con un uccello ben piazzato nel mezzo. Aveva di nuovo gli occhi chiusi. La didascalia: "Passerà anche questa".

Bullen non era in viaggio. Era sempre a casa sua, la villa che aveva costruito quell'anno a Bali con Jack Morris, grazie ai soldi guadagnati come influencer. Una foto con "Siamo bloccati in paradiso" come didascalia mostrava lei in un costume intero bianco e con un ventaglio balinese ricamato in mano. Il giorno dopo, in un video, testa e gambe di Bullen spuntavano da una vasca di pietra, con altri banani sullo sfondo. Si guardava intorno sorridendo, sulla faccia aveva una maschera di bellezza al carbone, e poggiava la testa sul braccio ostentando rilassamento. Questa volta la didascalia era dentro il video, in caratteri gialli: "Un momento di amore per se stessi".

I post sulla lentezza, sulla cura di sé, e sul "prendersi del tempo libero" hanno un vago carattere di proselitismo che è difficile da ignorare in un social come Instagram, che per la maggior parte dei contenuti, di influencer o meno, ha come obiettivo non dichiarato l'influenzare gli altri. Proprio come le pubblicità, questi post appaiono implicitamente o esplicitamente come esortazioni allo spettatore: *Anche tu potresti (dovresti) andare così piano!* Di solito quest'immagine di fuga è molto bella, rarefatta, e si posiziona altrove, un altrove che è opposto al qui, dove gli impegni pesano, i piatti da lavare si accumulano, e i momenti di riposo sono pochi e non ravvicinati.

Nel saggio "Slowing Down Modernity", il ricercatore Filip Vostal osserva criticamente la retorica della lentezza, nella cultura sia popolare che accademica. Vostal sostiene che lentezza "non necessariamente equivale a equilibrio, ponderatezza, lungimiranza, durata, maturazione e, di conseguenza, miglioramento umano". Il paradosso più diretto è che la lentezza, quando viene venduta come un prodotto, non è altro che una parte della logica di espansione da cui abbiamo cercato di sfuggire nel capitolo precedente. Facendo un esempio estremo, Vostal descrive un "orologio lento" da 260 euro, con un quadrante minuziosamente diviso in ventiquattro ore, con lo zero posto sul basso. Sul manuale di istruzioni leggiamo: "Sarò il tuo fedele compagno nel tuo viaggio verso una nuova vita, una vita in cui puoi imparare a rallentare". Il problema, secondo Vostal, non è solo la "pura mercificazione del marchio lentezza", ma anche il fatto che il senso del tempo offerto dal quadrante dell'orologio è opposto al tempo così come lo intendono gli altri orologi: "La creazione di una comunità di 'lenti' e, per dirla con i fondatori del marchio, il 'rallentamento del mondo', potrebbero essere obiettivi suggestivi. Sarebbe però una comunità di individui privilegiati che non solo possono permettersi accessori di questo tipo ma, cosa ancor più importante, possono adottare una diversa misurazione del tempo d'orologio, in cui poter ignorare la puntualità e l'esattezza".

L'orologio è un esempio di come i prodotti e i servizi diventano "paradossalmente parte integrante del... capitalismo veloce". In questo mondo, la lentezza non viene messa tanto in pratica quanto piuttosto consumata: "Adesso il vivere lento è 'in vendita' e si rivolge a uno stile di vita consumistica riservato soprattutto a una classe media metropolitana, che per la maggior parte non ha affatto una mentalità rivoluzionaria, progressista o nemmeno socialista. Probabilmente molti di loro ammetterebbero la necessità che 'tutto deve rallentare', ma quasi sempre questa lentezza finirebbe con l'essere consumata, e consumata in privato".

Naturalmente, non possiamo aspettarci una mentalità socialista da una come Bullen, che per lavoro deve letteralmente vendere l'immagine di uno stile di vita privilegiato per conto delle località turistiche. Se dovessimo individuare un problema, in questo caso si limiterebbe alla più recente elaborazione del consumismo nel tempo libero, in cui "prodotti e servizi lenti" si ritrovano perfettamente inquadrati al fianco di prodotti e servizi veloci (o a qualunque altro tipo di prodotti e servizi). Già nel 1899, *The Theory of the Leisure Class* di Thorstein Veblen descriveva come l'ostentazione del consumo venisse usata per segnalare il proprio status ai meno abbienti, e per aspirare a status più elevati. Adesso, con i social media e i loro cicli di confronto perpetui, possiamo fare entrambe le cose più agevolmente che mai.

Alcune parti del vivere lento, del disimpegno e della cura della persona sono diventate i prodotti per eccellenza nella "economia dell'esperienza". Il termine è stato coniato da B. Joseph Pine II e James H. Gilmore in un articolo del 1988 per la *Harvard Business Review*, in cui teorizzavano che "le merci sono fungibili, i beni tangibili, i servizi intangibili, e le esperienze memorabili", intendendo che l'ultima era la forma più evoluta di valore economico. Anzi, sostenevano che più l'esperienza in sé diventa merce, più una normale azienda – che non sia cioè un parco a tema – avrebbe il diritto di far pagar l'ingresso (l'economia dell'esperienza si sovrappone in un certo senso all'idea dell'affitto, perché chiede alle persone di pagare per un certo periodo di tempo trascorso in un certo luogo – quindi un'altra conversione del tempo in denaro che va in realtà oltre l'ambito di questo libro). In questo modo il tempo diventa denaro, ma si crea anche una sensazione di coinvolgimento psicologico che aiuta ad aumentare le vendite.

Tra gli esempi citati dal libro ci sono i negozi di Niketown, il Rainforest Cafe, e i Forum Shops di Las Vegas, in cui "ogni ingresso del centro commerciale e ogni vetrina sono un'elaborata riproduzione dell'antica Roma. Si sente spesso gridare: 'Ave Cesare'". Alla ricerca spasmodica di un tema vendibile, non si può risparmiare sui dettagli, nulla è lasciato al caso. "Quando il ristoratore vi dice 'il vostro tavolo è pronto' non vi sta dando alcun segnale preciso. Ma quando un cameriere del Rainforest Cafe dichiara 'la vostra avventura sta per avere inizio', vi sta preparando a qualcosa di speciale". E così, mentre i secchi dei rifiuti dei fast food di solito hanno la scritta "grazie", lo smaliziato designer dell'esperienza "trasformerà il secchio in un personaggio che mangia i rifiuti, che sa parlare e vi declamerà la sua gratitudine ogni volta che si alza il coperchio".

Forse Pine e Gilmore non avrebbero potuto prevedere il sovraccarico che i social media avrebbero attribuito all'economia dell'esperienza, con un mondo che è diventato esso stesso un emporio tridimensionale di potenziali sfondi bidimensionali, aperto ventiquattro ore su ventiquattro. Ci sono posti come il Museo del Gelato di San Francisco che si rivolgono esplicitamente agli instagrammer, ma in realtà ogni gelateria può essere trattata come un museo, basta avere un telefono con la fotocamera e la giusta attitudine: lo "spirito acquisitivo" di Sontag. Vista nel contesto dell'economia dell'esperienza, Instagram, pur venduta come un "social", è più facilmente definibile come un'app per lo shopping, una piattaforma sia per la vendita che per la ricerca di queste acquisizioni, che siano vere e proprie pubblicità o le vite fotografate dei tuoi amici (quando scrissi questa cosa per la prima volta, la intendevo in senso figurato. Ma nel marzo 2022, Instagram ha annunciato che avrebbe permesso a tutti gli utenti, non solo ai creator, di etichettare i prodotti all'interno dei post di Instagram. Questo elemento ha consentito l'aggiunta di altre funzionalità commerciali sull'app, tra cui le pagine prodotto e la possibilità di compiere acquisti tramite l'applicazione). Mentre Pine e Gilmore ritenevano che fosse l'esperienza stessa a costituire un ricordo memorabile, è poi emerso che sia più che sufficiente anche solo la foto (cioè il simbolo comunicabile dell'esperienza).

Nel 2017, in Giappone è nato il termine *Insta-bae*, che unisce "Instagram" e "haeru", che significa "risplendere". Si tratta di un aggettivo che descrive una cosa che funziona bene su Instagram. Quello stesso anno una ricerca ha indicato che due quinti dei millennial americani sceglievano le mete dei loro viaggi in base alla loro instagrammabilità. Rachel Hosie sull'*Independent* sostiene che, pur non essendo una novità il desiderio di viaggiare in luoghi pittoreschi, questo è un fenomeno più specifico, perché "ci sono determinati panorami, resort, e piscine a sfioro che hanno più probabilità di raccogliere dei like sulla piattaforma di condivisione di immagini più popolare di tutte" (nella sua commedia del 2021 Inside, Bo Burnham spiega che "il mondo fuori, il mondo non digitale, è solo uno spazio teatrale in cui si mettono in scena e si registrano contenuti per lo spazio digitale, che è molto più reale e vitale. Dovremmo rapportarci al mondo esterno come si fa con una miniera di carbone. Ti metti la tuta, raccogli quel che ti serve, e torni in superficie"). Dato che ogni post, volente o nolente, funziona come una pubblicità, la ricerca dell'instagrammabilità è facilmente contagiosa (uno dei post più recenti di Bullen, in cui posa avvolta in un kimono con lo sfondo di un campo di lavanda, indica le coordinate di Google Maps per arrivare in quel preciso posto). L'industria turistica se n'è accorta. Ci sono studi sul *Journal of Travel Research* che descrivono i molti usi della "invidia da social media" e del "consumo occasionale di viaggi degli altri" (*incidental vicarious travel consumption, IVTC*), notando che a esserne particolarmente soggette sono soprattutto le persone dotate di scarsa autostima, e che il marketing del settore dovrebbe puntare proprio a loro.

A quanto pare, la lentezza è estremamente *Insta-bae*. Uno dei post di Bullen da un resort sulle Dolomiti la mostra mentre si alza dal letto con in mano una tazza di caffè, ammira le montagne attraverso una finestra panoramica e poi esce pigramente dall'inquadratura. È un messaggio perfettamente confezionato per calamitare l'invidia. Ma in realtà qualsiasi cosa può essere *Insta-bae*. Nel settembre 2021, l'attrice comica Anna Seregina trovò una serie di foto scattate da alcuni viaggiatori all'interno di una prigione di Oxford trasformata in hotel di lusso. In quelle da lei raccolte e condivise su Twitter, gli ospiti avevano scritto didascalie del tipo "ho appena passato una notte in prigione e mi è piaciuto moltissimo", oppure "potrei abituarmi alla vita in prigione". Per quanto possa sembrare spaventoso (e lo è), l'hotel di Oxford e il resort sulle Dolomiti hanno in realtà qualcosa in comune. Così come la prigione diventa un'attrazione turistica inerte e sterilizzata (dove ogni tanto viene proiettato il film *Le ali della libertà*), la "natura" del resort sulle Dolomiti è uno sfondo statico. Il resort, offrendo "il silenzio come nuovo lusso" si considera "un luogo di pace e armonia immerso nel profumo del bosco, in cui ritrovare la percezione del tempo e comprendere il valore emozionale della consapevolezza fisica e spirituale di se stessi".

Panorami, persone, momenti storici, movimenti: tutto fornisce materia grezza all'economia dell'esperienza. Come già ben compreso dall'industria del turismo, la produzione di queste esperienze comporta un processo di estrazione e raffinazione, la rimozione di un involucro di contesto, proprio come si fa con qualsiasi altra merce, che siano i chicchi di caffè o lo zucchero, di cui vengono tenute nascoste le caratteristiche specifiche e le condizioni di produzione. La gente che compra pacchetti esperienziali non vuole cose complicate, almeno non quelle per cui non ha pagato. Anche Pine e Gilmore l'hanno capito, quando affermano che chi vende l'esperienza non deve solo lavorare ma "recitare", diventare praticamente un oggetto di scena. A rappresentare in modo lapidario questa dinamica è una scena all'inizio della serie televisiva del 2021 *The White Lotus*, che parla di un gruppo di turisti quasi tutti bianchi in un resort di lusso alle Hawaii. Osservando gli ospiti arrivare, il manager del resort, Armond, dà un consiglio a una ragazza appena assunta:

> ARMOND: So che è il tuo primo giorno, e non so come funziona con le altre strutture, ma qui non diamo troppa confidenza agli ospiti. Soprattutto agli ospiti VIP che arrivano in barca. Non devi essere troppo specifica. Come presenza, come identità, devi essere più generica.
> LANI: Generica...
> ARMOND: Sì. È una filosofia giapponese. Ci viene chiesto di sparire dietro le nostre maschere in qualità di assistenti intercambiabili. È... un Kabuki tropicale. E l'obiettivo è donare ai nostri ospiti una sensazione generale di... vaghezza... che può essere molto soddisfacente. In modo che possano avere tutto, ma loro non sanno cosa vogliono, che giorno è, o dove si trovano, o chi sono, o cosa cazzo succede.

L'ostilità particolare che nutro verso gli svaghi consumistici dipende anche dal fatto che sono cresciuta in una cittadina della Bay Area piena di locali a tema clonati dai Rainforest Cafe. E aver lavorato in un vero parco a tema non ha aiutato: per due estati il mio lavoro è consistito nello stare in piedi davanti a finti luoghi pubblici con nomi tipo "piazza del villaggio", "piazzale delle feste" e "angoletto americano" e convincere chi passava di lì a sedersi e posare per una caricatura. Ciò che acquistavano in realtà non era tanto il disegno (spesso terribile), che dovevo finire in dieci minuti al massimo, possibilmente chiacchierando e all'occorrenza sopportando qualche papà viscido, quanto l'esperienza di essere oggetto di un disegno. L'incentivo ad attrarre clienti non era dovuto solo al fatto che lavoravamo su commissione, ma anche alla regola secondo cui non potevamo sederci se non mentre tratteggiavamo i ritratti.

A seconda del posto che mi veniva assegnato, c'erano altoparlanti che sparavano le musiche di film e show della Paramount (tra cui la colonna sonora di *Tutti amano Raymond*) oppure generica musica patriottica, che ripensandoci suonava come qualcosa uscito da una rielaborazione tramite intelligenza artificiale dell'intero repertorio di John Philip Sousa. Un giorno, mentre ce ne stavamo in piedi sotto degli ombrelloni rossi in vinile, io e il mio collega scoprimmo che il selciato era così bollente che riuscivamo a spostarne dei pezzetti con la scarpa, scoprendo così dell'acqua ribollente che stava al di sotto.

L'area in cui fare pausa, dove c'era una macchinetta di merendine Hostess, si trovava subito sotto le montagne russe, e ogni cinque minuti c'erano gambe penzoloni e urla che ci passavano sopra la testa. Alla fine del turno, uscivo dalla parte centrale del gigantesco circuito del parco, attraverso un retro in cui si vedevano i palloncini sgonfi degli animali vinti ai giochi, il rovescio di un fondale di compensato, e magari persino un'esausta mascotte di SpongeBob in pausa che fumava una sigaretta. Sulla superstrada verso casa passavo poi davanti a centri commerciali a tema, e mi pareva di non essere mai uscita dal parco. Anche se i colleghi mi stavano simpatici, dai diari che tenevo in quel periodo emerge un certo cinismo adolescenziale: "Non credo che la vita abbia poi così tanto senso se non si fa altro che lavorare, e il lavoro praticamente consiste solo nel fregare i soldi alla gente".

Quell'esperienza ha fatto sì che l'idea che cercassero di vendere anche a me forme di "divertimento" accuratamente artefatte mi desse ancor più fastidio. Ero fin troppo sospettosa di possibili sorprese a pagamento, convivialità a pagamento, e trascendenza a pagamento, insomma la classica lamentela da adolescenti che "il mondo è così *finto*". Nel 2002, a pochi chilometri da casa mia, venne costruito in poco tempo un complesso commerciale chiamato Santana Row: prometteva di ricreare una variante ecologica di un centro storico di qualche posto genericamente europeo. Non avevamo niente di meglio da fare, quindi con i miei compagni di liceo ci mettevamo a girovagare per quei sentieri acciottolati con l'aria di comparse cinematografiche annoiate. Passavamo davanti ai negozi di catene di lusso, a una gigantesca scacchiera all'aperto, e a muri nuovi dipinti per farli sembrare vecchi – una specie di idea di un'idea di un'idea di "urbano". Se cercavo differenze reali, sorprese o storia in uno spazio come quello, mi sentivo come il personaggio di Jim Carrey alla fine di *The Truman Show*, quando la barca che sta pilotando si va a schiantare contro un muro dipinto per farlo sembrare un orizzonte.

La mia interpretazione dell'economia dell'esperienza si è sviluppata a partire da questo antico scetticismo. Con questo non voglio dire che non esiste un'arte nel progettare e mettere in scena le esperienze, né che non ci sia una qualche forma di esperienza semplicemente "autentica" nascosta dietro lo schermo della sua manifestazione commerciale – se solo riuscissi a coglierla – né che le persone non possano davvero divertirsi in un posto come un parco a tema. È solo che mi prende il panico nel vedere tutte le possibili vie d'uscita chiudersi di fronte a un'espansione dell'economia dell'esperienza che arriva a inglobare nozioni commercializzate di cose come la lentezza, la comunità, l'autenticità e la "natura" – il tutto mentre le diseguaglianze economiche si ampliano sempre di più e si aggravano i segnali dei cambiamenti climatici. Continuo a voler *fare* qualcosa invece di consumarne l'esperienza. Ma, più cerco nuovi modi di essere, più trovo solo nuovi modi di spendere.

In un articolo intitolato "Why Millennials Don't Want to Buy Stuff", Josh Allan Dykstra, membro dello Young Entrepreneur Council, aggiorna il concetto di Pine e Gilmore di economia dell'esperienza rispetto a una popolazione che ha fame di connessioni rilevanti: "La connessione è l'idea più grande che possiamo ricavare dalla morte della proprietà. È quel che adesso manca di più, perché nel momento in cui possiamo acquistare facilmente qualsiasi cosa, la domanda diventa: 'Che ci faccio?'. Adesso il valore è nel fare". Dykstra raccomanda di "aiutare le persone a entrare in connessione reciproca attraverso il vostro business", e aggiunge che "non si tratta più tanto di 'vendere', ma di costruire una comunità". Però, per altri versi, si tratta ancora molto di vendere: "Dobbiamo solo pensare in modo leggermente diverso alla 'roba' che vendiamo". Non mi viene in mente descrizione migliore dei social media commerciali, in cui la 'roba' è un senso di appartenenza. L'idea di una rete sociale online non mi crea problemi. Però non voglio comprare un senso di comunità attraverso la mia attenzione alle pubblicità, su una piattaforma che mi incoraggia implicitamente a pubblicizzare me stessa, mentre contemporaneamente raccoglie i miei dati. Mi sembra diabolico, come la Nestlé che ci vende l'acqua pubblica nelle bottigliette (dal 2017, Instagram ha introdotto la pubblicità nelle storie. Non dimenticherò mai quando vidi la storia commossa di un amico che raccontava di come aveva saputo della morte di una persona cara, subito seguita da una pubblicità degli "incredibili, frizzanti integratori vitaminici" della VÖOST).

Le immagini e le esperienze nel tempo libero sono l'altra faccia dell'auto-aiuto nella gestione del tempo. Lo stesso individuo che viene incoraggiato ad acquistare tempo da altri, invece di avere una rete solidale, è lo stesso che viene incoraggiato a consumare periodicamente l'esperienza della lentezza, invece di agire per ottenere del tempo per sé, o aiutare altri a ottenerlo. Per certi versi, più che consumo puro e semplice possiamo considerarlo consumo compensativo, perché compri qualcosa per far fronte a un deficit o a una paura psicologica. E in questo momento c'è davvero molto a cui far fronte. Quando gli è stata chiesta un'opinione sull'*Insta-bae*, Hiroshi Ishida, che ha compiuto ricerche sui "percorsi di vita" dei giovani giapponesi, ha notato un alto livello di ansia per il futuro. "Questo è il motivo per cui vogliono raccogliere esperienze importanti finché possono farlo", sostiene.

Che sia puro, compensativo, o entrambe le cose, il consumo ha da tempo un rapporto stretto con il tempo libero, il che rende il tempo libero una forma di libertà stranamente limitata. Anche se il tempo libero viene normalmente definito come l'opposto del lavoro, il solco che li separa è anche quello che li ha storicamente uniti. Parlando dei paradossi dell'etica del lavoro protestante, Kathi Weeks spiega come l'etica, che originariamente metteva in guardia dallo spendere la ricchezza per cui si era lavorato, all'inizio del ventesimo secolo venne usata in funzione del consumismo: "Più che i semplici risparmi, furono i consumi a rivelarsi pratiche economiche essenziali. Il tempo di non lavoro, anziché essere considerato semplice indolenza, venne riconosciuto come tempo economicamente rilevante, tempo in cui creare nuove ragioni per lavorare ancora di più".

Dal momento che l'etica del lavoro protestante si basava quasi esclusivamente sul lavoro, il fatto di comprare delle cose diventava accettabile a patto che per ottenerle si continuasse a lavorare. Anzi, il tempo libero potrebbe addirittura iniziare a sostituire il lavoro. I sociologi hanno notato che le catene di montaggio hanno reso difficile capire la qualità e l'intensità del lavoro di ciascuno, mentre il consumo individuale è quantificabile. Questo consumo, a sua volta, è diventato il nuovo modo in cui si può dimostrare quanto duramente si sia lavorato. Weeks cita il classico studio di Max Weber sull'etica protestante del lavoro: "La ricchezza è pericolosa solo e precisamente come tentazione di adagiarsi nell'ozio".

Ai giorni nostri, in parte grazie alla "logica dell'espansione", il lavoro può incombere sul consumo di tempo libero in modo ancor più diretto. Chris Rojek ha osservato come "il tempo libero è diventato, senza che nessuno lo abbia pianificato, una forma di insegnamento di vita". Un esempio estremo è il Sensei Lana'i, un resort "basato sui dati", fondato dall'ex amministratore delegato di Oracle Larry Ellison a Lana'i, un'isola hawaiana che aveva comprato quasi interamente nel 2012. Agli ospiti dell'*Optimal Wellbeing Program* (programma di benessere ottimale, *ndt*) veniva richiesto di individuare per il proprio soggiorno degli obiettivi fisici e mentali. La spa avrebbe tracciato sonno, cibo e flusso sanguigno. Anche se uno dei messaggi dell'azienda recita che "gli ospiti hanno il lusso di scelte illimitate", un altro ci informa che *sensei* è la parola giapponese per "maestro", e in questo caso sono i dati a farla da maestro.

La maggior parte delle persone non potrà mai permettersi un soggiorno nel resort Sensei, ma quel tipo di discorso ci è familiare. Così come nell'èra progressista regnava l'idea di un tempo libero pubblico socialmente utile (ci tornerò tra poco), il consumo individuale del tempo libero porta con sé un concetto di utilità simile. Magari non avremo a disposizione un team personalizzato per il nostro benessere, però possiamo scegliere tra centinaia di app di autotracciamento. Una di queste, Habitshare, ci chiede di individuare degli obiettivi giornalieri e rende visibili i nostri progressi agli amici. Ma è Instagram l'app più comune per mostrare agli amici i nostri progressi. Un posto in cui costruire, migliorare e coltivare l'immagine di sé, e ricevere dei riscontri continui.

Come sa chiunque abbia bisogno dei social media per mantenersi, ciò implica un vero lavoro e può arrivare a farci diventare l'agenzia pubblicitaria di noi stessi. L'artista Rachel Reichenbach, che durante il college aveva avviato un negozio di abbigliamento e dipendeva molto dalle interazioni, ha scritto di una conversazione che ebbe con un esperto del team delle partnership di Instagram nel 2020: "Immagina che l'algoritmo ti dia i voti per un corso. Un singolo esame non determina la tua votazione generale, ci devi aggiungere i punti per la frequenza, i compiti a casa, i compiti in classe, i progetti, e altro ancora. Devi partecipare al corso nel suo complesso, non solo presentarti all'esame e prendere il massimo dei voti". L'esperto con cui aveva parlato le aveva raccomandato di creare tre post, dalle otto alle dieci storie, dai quattro ai sette *reel*, e tra uno e tre video IGTV (che adesso si chiamano Instagram Video) alla settimana. Reichenbach ha illustrato questo post con l'immagine di una rana dall'aria esausta, con gli occhi stanchi che ride istericamente: "AHAHAHAH". Quando, nel 2021, il capo di Instagram ha annunciato che la piattaforma non sarebbe stata più una "app di condivisione di foto" e si sarebbe concentrata sui video, alcuni creator hanno espresso paura, rabbia, spossatezza, lamentando la quantità di lavoro e di visibilità che i video avrebbero richiesto.

È vero che Reichenbach e altri come lei devono portare avanti un'azienda, e la maggior parte degli utenti di Instagram non hanno la stessa concreta preoccupazione di tenere alte le metriche. Ma il problema dei social media è proprio questo: non è mai chiaro dove finisce l'individuo e comincia l'individuo-imprenditore. Questo è specialmente vero in un'èra che premia la "flessibilità", e in una fase in cui la domanda tipica di un normale colloquio di lavoro è: "Cosa ti rende unico?". Ne consegue che ciò che in passato consideravamo tempo libero diventa facilmente uno spazio in cui dobbiamo costantemente migliorarci e cercare una qualche unicità da sfruttare. I consigli di marketing che un tempo si davano alle aziende – per esempio, di trovarsi "una propria nicchia" – adesso sono applicabili agli individui in qualsiasi momento della loro giornata.

Circondati da famiglie fotogeniche, ci sediamo per un po' in un'altra piazzetta, che si trova tra un negozio Apple, uno Tesla e un Macy's, e guardiamo i cani che ogni tanto si scatenano nell'unico fazzoletto d'erba. Una volta, anni fa, uno sciame d'api si era installato in un rampicante sul muro di Macy's e qualcuno aveva appeso un cartello, scritto in caratteri austeri: "Api in attività". Ma adesso non c'è più traccia di quell'attività. Invece dagli altoparlanti c'è Rob Thomas che canta "maybe someday we'll live our lives out loud" (forse un giorno vivremo le nostre vite al massimo, ndt*), e comincia a darmi sui nervi. È ora di rimetterci in viaggio verso le colline.*

Per arrivarci, dobbiamo superare un gigantesco campo da golf e una serie di banche, fondi speculativi e di venture capital. Hanno uffici poco appariscenti, in gran parte nascosti dietro alberi e collinette, ma di tanto in tanto si intravedono i loro nomi: Accel-KKR, Lightspeed, Aetos, Altimeter, Schlumberger, Kleiner Perkins, Battery Ventures. Attraversiamo la superstrada e ci infiliamo tra gli alberi sul lato opposto, dove ci sono case altrettanto nascoste che valgono dai tre ai cinque milioni di dollari.

Presto, però, le case svaniscono, e svoltiamo nel parcheggio ghiaioso di un parco protetto. Quella striscia di carta blu strappata che avevamo visto dal ponte si è trasformata in qualcos'altro: colline gialle ed erbose e macchie scure di querce, che si arrampicano a ovest verso le montagne più densamente coperte di boschi. Ora siamo nello sfondo. Dell'aria calda, incredibilmente secca, ci colpisce il viso. Il centro visitatori contiene un'enorme mappa topografica in 3D che mostra le tre comunità vegetali del parco (praterie, boschi di querce ed ecosistema fluviale), mortai della tribù Ohlone, un opuscolo con una citazione del conservazionista Aldo Leopold e un pulsante che puoi premere per sentire il verso di un'allodola. Mentre quasi tutto sembra morire nel caldo estivo, il paesaggio è ancora bellissimo, la cima delle querce e i bordi dell'erba sembrano elettrificati dal sole. Soprattutto, c'è silenzio.

A questo punto voglio tornare sul libro di Josef Pieper, *Otium e culto*, che ho citato nell'introduzione. L'ozio di Pieper, in netto contrasto con un'esperienza da consumare o un obiettivo da raggiungere, è più vicino a uno stato d'animo o a un atteggiamento emotivo. Qualcosa che – come l'atto di addormentarsi – si può ottenere lasciandosi andare. Comporta un misto di ammirazione e gratitudine che "sgorga proprio dalla nostra incapacità di capire, dal riconoscere la natura misteriosa dell'universo". Qualcosa che si apre al caos e a cose più grandi di noi, e trova in esse un senso di pace, un po' come possiamo sentirci quando guardiamo uno strapiombo enorme – o anche un'alba, se è per questo. Il vero ozio, inteso come "forma di silenzio... che è il prerequisito per comprendere la realtà", richiede il genere di vuoto in cui possiamo ricordare il semplice fatto di essere vivi.

Forse ricorderai la prima delle distinzioni fatte da Pieper: l'ozio comporta un atteggiamento verso il tempo fondamentalmente diverso rispetto a quello che teniamo nel mondo del lavoro. L'ozio non è riposo dal lavoro ma qualcosa di completamente diverso, che esiste in modo autonomo. L'altra distinzione fatta da Pieper è che l'ozio, in quanto "attitudine mentale" e "condizione dell'anima", non può dipendere automaticamente dalle circostanze. Questa mentalità, sottolinea il filosofo, non è "solo il risultato di fattori esterni, non è l'esito inevitabile di un tempo libero, di una festività, di un fine settimana, di una vacanza". Ci possono essere molti motivi per cui non riusciamo a goderci l'ozio quando siamo in vacanza, compresi alcuni dei fenomeni interiorizzati che ho già citato (oltre alla consapevolezza che quando il viaggio è finito si torna al lavoro). Ma possiamo, allo stesso tempo, goderci in molti modi quello che Pieper chiama ozio anche quando non siamo per niente in vacanza.

Quando mi hanno intervistata in occasione dell'uscita del mio primo libro, mi sono sentita chiedere che tipo di attività avrei scelto per "non fare niente". Il fatto che l'ozio di Pieper sia uno stato d'animo e non un luogo, un prodotto o un servizio mi ha aiutata a capire perché mi era stato così difficile rispondere a quella domanda. Ho vissuto l'"ozio" cucinando, mettendo in ordine i calzini, svuotando la cassetta della posta, aspettando l'autobus, e soprattutto viaggiando in autobus. Se ti è mai capitato di fare un bel viaggio con gli allucinogeni, saprai che una cosa normalmente banale e quotidiana, parte della dimensione orizzontale del tempo, può trasformarsi nella dimensione verticale e diventare vorticosa, irresistibilmente aliena.

Un giorno, durante la pandemia, stando semplicemente in fila, distanziata, per entrare in un minimarket, mi sono ritrovata a guardare la strada da un punto di vista diverso, scoprendo dettagli che non avevo mai notato: le foglie nuove che comparivano sugli alberi, lo stucco sul muro accanto, la qualità della luce in quel particolare momento della giornata. Le persone in fila non erano ostacoli tra me e il negozio ma compagni di viaggio in un momento storico surreale. In breve, mi ero dimenticata del tempo d'orologio e, per un momento prima di entrare, ho sperimentato l'"incapacità di capire" di cui parla Pieper e il suo "riconoscere la natura misteriosa dell'universo".

Ma se anche fosse vero che l'ozio non è solo il prodotto di fattori esterni, è anche impossibile affermare che non ha *alcun* rapporto con essi. Anche se non sempre in modo letterale o deterministico, la mentalità che Pieper descrive dipende dal tempo, dallo spazio e dalle circostanze. Per vivere l'esperienza dell'ozio di Pieper forse non serve un parco, ma certo è bello vivere vicino a un parco e non venire molestati quando ci andiamo. Lo possiamo vivere al di fuori delle vacanze, ma il fatto che la nostra vita non sia sommersa di insicurezze, ansie, traumi, aiuta. Se ho sperimentato un atteggiamento d'ozio quando ero in fila per comprare il cibo, è stato in parte perché l'idea di doverlo pagare non mi preoccupava.

È difficile fare un passo indietro rispetto alla definizione di Pieper, perché anche uno stato d'animo è soggetto alle forze di un contesto storico e politico. Tenere conto di questo elemento è difficile, non solo perché è difficile conciliare il libero arbitrio individuale con le forze strutturali. Significa anche cercare di vedere il verticale all'interno dell'orizzontale, la libertà dentro la mancanza di libertà, e persino la serenità all'interno di un mondo segnato dalla violenza. Seguendo questo filo, mi sento di entrare in un campo sconfinato, dove l'intero concetto di tempo libero, anche il tempo libero "gratuito", rischia di diventare un miraggio. In un mondo come questo, cosa significa tempo libero?

A titolo di esempio, torno su un punto sollevato nel mio primo libro, stavolta da un punto di vista diverso. Associavo il tempo libero allo spazio pubblico, scrivendo di una situazione in cui "i parchi e le biblioteche di noi stessi rischiano sempre di trasformarsi in condomini". L'esempio che ho fatto di spazio di svago non commerciale, un roseto comunale a Oakland, avrebbe dovuto rappresentare una fuga dalla dimensione produttiva e commerciale verso qualcos'altro, un luogo in cui possiamo essere liberi dalla cura di noi stessi e dal lavoro, compreso il lavoro di autottimizzazione. Una persona che va al parco potrebbe, in teoria, essere solo se stessa, invece di essere un lavoratore o un consumatore. Paragonando questo spazio ad aree commerciali, "sceneggiate", e sorvegliate come la Universal CityWalk, ho scritto che "[in] uno spazio pubblico, idealmente, sei un cittadino dotato di libero arbitrio. In un falso spazio pubblico, sei o un consumatore, o una minaccia al progetto di quel posto".

Scegliendo il roseto come metafora, stavo anche esprimendo una certa nostalgia, per quanto indefinita, per gli ideali di svago pubblico che avevano caratterizzato l'èra del New Deal. Il roseto Morcom di Oakland è stato costruito con fondi federali durante la Grande depressione, un anno prima che la Works Progress Administration cominciasse a costruire oltre mille parchi in tutto il paese. Quei progetti riflettevano l'idea che fosse responsabilità dello stato garantire risorse di svago ai cittadini, un concetto influenzato dal progressivismo, dalle nascenti scienze sociali, e – cosa che adesso suona ridicola – dalla preoccupazione che un numero eccessivo di persone avesse troppo tempo a disposizione. Nel 1930, l'economista britannico John Maynard Keynes ipotizzò che la modernizzazione avrebbe portato a una settimana lavorativa di quindici ore, "una prospettiva preoccupante per la persona ordinaria che non ha particolari talenti che la tengano occupata". Per alcuni, l'abbondanza di tempo non lavorato divenne realtà durante la Depressione, visto l'alto tasso di disoccupazione e i *blanket codes* (i "codici generali", regolamentazione introdotta da Roosevelt nel 1933, *ndt*), che incoraggiavano le aziende a limitare le settimane lavorative tra le trentacinque e le quarantacinque ore.

Secondo Rojek, "la nascita del moderno tempo libero è... inscindibile dal tema della gestione dei liberi cittadini nella società civile". I riformatori del ventesimo secolo, con una sensibilità simile al movimento dell'efficienza sociale che aveva codificato i voti scolastici, videro il tempo libero sia come un rischio che come un'opportunità per rendere i cittadini più sani e più utili. Nel 1932, la Commissione nazionale per l'arricchimento dell'età adulta arrivò a proporre che "d'ora in poi, quello che gli americani fanno nel loro tempo libero determinerà in larga parte la nostra civilizzazione". Anche se il tempo libero pubblico era accuratamente distinto dalle costrizioni del tempo libero consumistico, i suoi possibili usi apparivano all'epoca fortemente pragmatici: a causa del declino della natalità durante la Depressione, uno studio sostenne che un'importante funzione del tempo libero era far incontrare le persone, farle sposare e procreare. Un altro citava la necessità di mantenerle in salute per un potenziale servizio militare.

Un film divulgativo del 1950 intitolato *A Chance to Play* ci dà un'idea di come le attività ricreative continuavano ad apparire utili alle istituzioni e all'economia americana: potevano tenere i ragazzi lontani dai guai, mantenere in forma gli uomini nel caso fossero chiamati alle armi, tenere fuori dai sanatori (pagati dai contribuenti) chi soffriva di malattie mentali, e mantenere unita la famiglia nucleare. In generale, lo svago pagava dei dividendi in "salute, felicità, e maggiore efficienza". Il film faceva notare che anche le aziende se n'erano accorte: "Molte grandi aziende industriali hanno capito che, a prescindere da quale sia il lavoro, il lavoratore americano farà sempre un lavoro migliore se avrà la possibilità di svagarsi quando è fuori. Oggi le aziende progressiste non solo incoraggiano i loro dipendenti a partecipare ad attività ricreative, ma spesso aiutano fornendo dei campi da gioco illuminati a uso dei lavoratori". Questo commento finale dà inizio a un intero segmento del film che spiega la necessità di aree ricreative illuminate, il che risulta meno sorprendente una volta realizzato che il film è prodotto non solo dalla National Recreation Association, ma anche dalla General Electric (si segnala anche *Better Use of Leisure* dello stesso anno. In questo film, la voce narrante fa la paternale a un giovane ricordandogli quanto sia più facile la sua vita rispetto a quella dei suoi avi, che lavoravano duro, e come sia sua la responsabilità di trovare un'attività ricreativa costruttiva per riempire il tempo. Il giovane sceglie la fotografia, che risponde ai requisiti richiesti perché è sia un hobby sia una cosa che può diventare una professione. Alla fine del film, la voce narrante si rivolge allo spettatore: "Vi farete sfuggire il tempo dalle mani o ne farete buon uso?", mentre la camera zooma sull'orologio e il ticchettìo si fa più forte).

Naturalmente, oltre al pragmatismo può anche esserci un'enfasi sullo svago visto come sano spazio di libertà e di espressione. Chi vi entra può trovarvi lo spazio e il tempo per agire in base alle proprie decisioni, invece di lavorare e consumare soltanto. È bella l'idea che una qualsiasi cosa programmata esclusivamente per godersi la vita possa essere finanziata con denaro pubblico. Questo concetto, questa versione di libertà e libero arbitrio, è più o meno il mio assunto generale nella metafora del parco.

Ci muoviamo lungo quello che normalmente sarebbe stato un torrente ma adesso è un infelice corridoio rivierasco, con una vegetazione in sofferenza per la siccità. Fa così caldo che passando da un'area ombreg-

giata all'altra facciamo fatica a pensare ad altro che non sia arrivare all'ombra successiva. Dalla cima delle colline sull'altra riva del torrente si sentono i suoni dei mezzi di manutenzione che stanno interrando le linee elettriche per ridurre il rischio di incendi in questa zona.

Il sentiero, che un tempo era una strada d'accesso a un ranch, si addentra in un bosco di grandi querce e allori. Ti offro una foglia d'alloro da annusare: un misto di vaniglia, chiodi di garofano, limone e pepe nero. Non ho idea di quanto siano vecchi questi alberi. Guardandoli, passiamo dal presente al passato di questo posto: un tempo doveva essere stato un ranch, e prima d'allora era stato un tipo diverso di abitazione. Il pestello e il mortaio Ohlone che abbiamo visto al centro visitatori risalgono al 1750 circa, non così tanto tempo fa.

La strada sale su un pendio prima di raggiungere un'intersezione con una strada privata. Alla nostra destra, un grande cartello dichiara che quella alle sue spalle è proprietà privata. Davanti a noi: un cancello dal quale si intravede un panorama spettacolare. Questo cancello segna il confine con un secondo parco, che fino all'anno scorso e fin dagli anni Sessanta era stato d'accesso esclusivo per i residenti di Palo Alto, una città prevalentemente bianca. L'ACLU (American Civil Liberties Union, organizzazione non governativa che si batte per la difesa dei diritti civili, ndt*) ha presentato un esposto a nome della locale sezione della NAACP (National Association for the Advancement of Colored People), secondo cui quella restrizione era, tra le altre cose, un retaggio della segregazione in stile Jim Crow (le leggi di Jim Crow, personaggio di fantasia che simboleggiava un nero divenuto simbolo della discriminazione razziale, furono una serie di leggi segregazioniste emanate in vari stati degli Usa dalla fine dell'Ottocento al 1964,* ndt*). Non c'è più alcuna traccia di quella restrizione, solo un cartello che ci informa che stiamo entrando in un nuovo parco.*

In uno studio americano di sociologia del 1934, in cui si chiedeva ai partecipanti di parlare delle proprie esperienze di tempo libero piacevole, alcuni citarono il fatto di passeggiare per conto proprio. Un assistente sociale di quarantanove anni, per esempio, descriveva una camminata di tre ore e un pranzo in quello che si presume fosse un parco pubblico sulle montagne. La sua lunga descrizione di quella giornata presenta diversi momenti di contemplazione e apprezzamento che ci ricordano Pieper. Alla fine l'uomo aggiungeva, "quel giorno mi è piaciuto soprattutto perché":

1. Ero in vacanza e senza pensieri.
2. Avevo una compagna piacevole, di cui apprezzavo il silenzio altrettanto quanto la conversazione.
3. La grande quantità di bellezze naturali, tra nuvole, alberi, sole, aria fresca, ecc.
4. E, cosa più importante di tutte: perché il nostro svago non era stato programmato o diretto da nessuno. Siamo andati dove e quando ci pareva e non avevamo una destinazione predeterminata.

Anch'io mi sono goduta delle passeggiate che non erano state decise da nessuno, su bei sentieri e momentaneamente senza pensieri. Ma nel 1934, un'enorme porzione di popolazione americana avrebbe trovato straniante questa descrizione. In realtà, per molti lo sarebbe ancora oggi.

Nel suo saggio del 2016 "Walking While Black", Garnette Cadogan confronta le passeggiate della sua giovinezza a Kingston, in Giamaica, con quelle a New Orleans e a New York negli anni successivi. Le passeggiate a Kingston, variegate ed entusiasmanti, gli davano un senso di sicurezza e una pausa dagli abusi che subiva in casa. Ma a New Orleans le cose si rivelarono subito diverse. Dal momento in cui, al mattino, doveva mettere su un "abbigliamento a prova di poliziotto" fino al rientro a casa, le camminate non erano più semplici o liberatorie. Erano invece una "negoziazione complessa e spesso opprimente":

> Se di sera vedevo una donna bianca camminare verso di me, attraversavo la strada per rassicurarla. Se dimenticavo qualcosa a casa, non mi voltavo di scatto se c'era qualcuno dietro di me, perché mi ero accorto che un cambiamento improvviso di

direzione poteva creare allarme (avevo una regola aurea: mantenere intorno a me un ampio perimetro rispetto a persone che avrebbero potuto considerarmi un pericolo. Altrimenti, il pericolo sarebbe venuto da me). All'improvviso New Orleans mi appariva più pericolosa della Giamaica. I marciapiedi erano un campo minato, e la mia dignità si riduceva a ogni esitazione o atto riparatorio di autocensura. Per quanto mi sforzassi, non mi sono mai sentito del tutto al sicuro in strada. Persino un semplice saluto era sospetto.

Tutto ciò limita in modo inspiegabile le camminate di Cadogan e rende impossibili le gioie della *flânerie* (passeggiare, bighellonare). "Quando sei nero, camminare restringe l'esperienza della camminata, rende inaccessibile la classica esperienza romantica del camminare da soli", scrive Cadogan, facendo un parallelo con la vita delle sue amiche donne, anche loro prive di questa libertà. La definizione di Pieper del tempo libero mette l'accento sull'interezza. Esso si verifica "quando un uomo è in sintonia con se stesso, quando accetta il proprio essere". Ma a Cadogan questo rapporto non è stato consentito in nessuna delle città americane in cui ha vissuto. Più che un'interezza, la sua esperienza riflette quella che W.E.B. Du Bois ha definito "doppia coscienza": "la sensazione di guardarsi costantemente con gli occhi degli altri, di misurare il proprio spirito con il metro di un mondo che ci guarda con pietà e divertito disprezzo".

Nel suo saggio, Cadogan racconta di come si è sentito di nuovo se stesso solo quando è tornato in Giamaica per un po': "Mi sono sentito di nuovo come se la sola identità che conta fosse la mia, non l'identità ristretta che altri avevano costruito per me... Mi sono incamminato nella parte migliore di me stesso". La scrittrice lakota Barbara May Cameron descrive un momento simile alla fine del suo saggio "Gee, You Don't Seem Like an Indian from the Reservation", che in gran parte racconta il sentirsi fraintesa e a disagio in un mondo dominato dai bianchi. Solo quando torna in visita a casa sua nel Dakota del Sud le capita qualcosa di simile allo stato mentale descritto da Pieper:

> Ho riscoperto me stessa là tra le colline, sulle praterie, nel cielo, sulla strada, nelle notti quiete, tra le stelle, ascoltando gli ululati lontani dei coyote, camminando sulla terra dei Lakota, vedendo il Bear Butte, guardando le facce frastagliate dei miei nonni, stando sotto l'Uccello del tuono, sentendo l'odore delle Paha Sapa (le Colline Nere), e stando insieme alla mia amata cerchia familiare.
>
> Il mio senso del tempo era cambiato, era cambiato il mio modo di parlare, e dentro di me era tornata una certa libertà.

Nel tempo libero ci liberiamo di qualcosa di più dell'orologio. Tutte le considerazioni sul tempo libero inteso come stato mentale – la sua definizione, le condizioni e la finalità – sono rese più complicate da quella che negli Stati Uniti è stata una storia di deliberata distruzione di tutto ciò che per molti era necessario per sentirsi integri, un senso di libero arbitrio, di serenità. Ci sono molte persone che vengono viste, per il solo fatto di camminare per strada, che sia pubblica o privata, come una "minaccia alla struttura del luogo", e per i quali il solo fatto di apparire in pubblico in alcuni posti viene interpretato come un invito alla violenza. Nel 2021, un anno in cui sono aumentati i crimini d'odio contro gli asiatici, una donna filippino-americana dell'età di mia madre è stata brutalmente aggredita a New York da un uomo che diceva che quello non era il posto per lei. Ricordo che cominciai a notare come i movimenti di mia madre nello spazio pubblico si stessero restringendo a causa dei possibili rischi.

Proprio come la gerarchia sociale pervade l'esperienza di coloro che vivono al suo interno, essa pervade anche la storia di ciò che è stato apparentemente considerato tempo libero pubblico. Questo avviene in contrasto diretto con la sua immagine di spazio neutrale, apolitico e non commerciale, mirato ad "allontanarsi da tutto". Mentre cominciava a diffondersi il concetto di tempo libero inteso come bene pubblico, il processo legale del *redlining* (pratiche commerciali, in particolare prestiti bancari, tese a discriminare alcune etnie, *ndt*) garantiva contemporaneamente la segregazione spaziale delle città. Per quanto oggi abbia un'utenza più diversificata, il roseto Morcom di Oakland doveva essere, al momento della sua costruzione, uno spazio bianco (su una cartina degli anni Trenta che mostrava le classificazioni dei quartieri usate per il *redlining*, il roseto si trova in una zona classificata "B", mentre le parti est e ovest di Oakland erano classificate "D" e portavano un'indicazione di "alto rischio di credito", perché erano abitate in prevalenza da non bianchi).

Il concetto di tempo libero degli anni Trenta non si limitava a rientrare nel campo della gerarchia sociale. Riproduceva e rafforzava attivamente quella gerarchia. Doveva essere per forza così, nel momento in cui l'offerta di sicurezza e "libertà dalle preoccupazioni" a favore di un gruppo implicava l'esclusione tacita e violenta di altri gruppi. La sicurezza e la purezza erano sinonimi di bianco e abile. Il loro miglioramento significava più bianco e più abile. Anzi, proprio *perché* gli spazi di svago sia pubblici che privati erano associati con la libertà, da essi si generava la paura dello spettro di un mescolamento interraziale. La storica Victoria W. Wolcott scrive che "già prima della codifica delle leggi di Jim Crow negli anni Novanta dell'Ottocento, i bianchi tendevano a imporre la separazione razziale negli spazi ricreativi più che altrove". Nel film *A Chance to Play* compaiono pochissime persone non bianche.

Nelle strutture ricreative il tempo veniva usato come strumento di segregazione. Nell'America dell'inizio del ventesimo secolo, i padroni e lo staff di alcuni parchi di divertimento permettevano l'ingresso ai non bianchi solo un giorno alla settimana, spesso il lunedì, o un giorno all'anno, almeno in un caso, durante il *Juneteenth* (il 19 giugno, festa federale che commemora la liberazione degli schiavi afroamericani, *ndt*). Nella cittadina di Ironton, in Ohio, l'unica piscina comunale era aperta ai neri solo il lunedì per quattro ore, nonostante fosse stata costruita con i fondi federali della Works Progress Administration a cui erano andati anche i soldi dei contribuenti neri. Anche l'anno veniva classificato in giorni di visita "premium" e "meno premium", e alcuni parchi accettavano i visitatori neri solo nelle cosiddette "giornatacce" delle stagioni meno belle. Tali restrizioni caratterizzavano il modo in cui molte persone vivevano il proprio tempo "libero". Nella sua autobiografia, Jackie Robinson ricorda l'irritazione che queste restrizioni provocavano nel suo gruppetto di amici, ragazzini neri, giapponesi e messicani: "Potevamo andare a nuotare nella piscina comunale (di Pasadena) solo il martedì, e una volta uno sceriffo ci portò in carcere, puntandoci una pistola, perché eravamo andati a fare il bagno nel laghetto artificiale". Sammy Lee, un tuffatore coreano-americano che avrebbe vinto la medaglia d'oro olimpica nel 1948 e nel 1952, era stato escluso da quella stessa piscina di Pasadena – tranne il martedì – e fu costretto a costruire un trampolino e una vasca di sabbia per allenarsi negli altri sei giorni della settimana.

Alla fine, molti proprietari di strutture diventate obiettivo di manifestanti o di organizzazioni come la National Association for the Advancement of Colored People (NAACP, l'Associazione nazionale per la promozione delle persone di colore, *ndt*) si limitarono a lasciar deteriorare le strutture, a chiuderle o a venderle a costruttori del posto. Nel suo libro sullo svago segregato negli Stati Uniti, Wolcott afferma che la nostalgia per l'"età dell'oro" perduta dello svago pubblico, che io stessa involontariamente ho esibito, è depurata e priva della memoria di questa storia. A volte, però, la storia riaffiora in modi imprevisti. Wolcott scrive che nel 2005, alcuni imprenditori edili di Stonewall, Mississippi, notarono del cemento che spuntava dal terreno di una delle loro proprietà, e finirono così per scoprire una serie di eventi passati: "Scavi ulteriori svelarono l'esistenza di una piscina con tanto di piastrelle a mosaico e luci subacquee. Nei primi anni Settanta, gli amministratori della città avevano sotterrato di corsa la piscina piuttosto che permettere ai neri di fare il bagno insieme ai bambini bianchi".

L'idea che uno spazio di svago sicuro sia uno spazio bianco continua a riaffiorare in modi sempre nuovi, tra cui online. Nel 2020, quando una donna bianca chiamò la polizia trovandosi di fronte lo scrittore scientifico Christian Cooper che stava studiando gli uccelli a Central Park, Corina Newsome, Anna Gifty Opoku-Agyeman e altri organizzarono la *Black Birders Week*. Sui social media, durante degli incontri e negli articoli, molte persone raccontarono le proprie esperienze di disagio e aggressioni in quella che era stata sempre un'attività ricreativa prevalentemente bianca, maschile e della classe media. L'artista Walter Kitundu, che ha avuto più di un alterco con la polizia mentre faceva birdwatching, ha raccontato al *Washington Post*: "Non mi viene in mente niente di più salubre che stare sotto a un albero a guardare un colibrì che costruisce il nido, ma penso che se le nostre attività non rientrano nel quadro delle possibilità che sono state stabilite per noi dall'immaginario bianco, allora siamo in pericolo" (una volta, un uomo in un parco chiamò la polizia per denunciarlo, abbastanza vicino a lui da farsi sentire, e aggiunse: "La polizia si occuperà di te". Kitundu allora appese dei volantini con una foto di se stesso tutto bardato di attrezzatura fotografica e la scritta: "ATTENZIONE! Avete visto quest'uomo?". Il testo spiega che "è un uomo nero e anche un fotografo di uccelli. Anche se questa è una combinazione rara, state tranquilli che di solito non è considerato PERICOLOSO". Il volantino reca anche "vere foto scattate da quest'uomo"). Ma quando i contenuti della #blackbirdersweek (compreso l'articolo del *Washington Post*) vennero postati sui gruppi online di birdwatching, capitò che venissero segnalati o rimossi, oppure la persona che li aveva postati veniva bloccata del tutto, versione moderna della piscina sepolta.

Ho ripensato a questo fenomeno quello stesso anno, quando l'organizzazione non profit Save the Redwood League (gruppo che si batte per il salvataggio delle sequoie, *ndt*) ha pubblicato una dichiarazione a proposito dei ruoli ricoperti da uno dei suoi fondatori nel movimento americano di eugenetica. Per quanto possa sembrare ridicolo, Madison Grant associava le sequoie alla razza nordica ed equiparava la minaccia alla loro sopravvivenza alle minacce contro la purezza razziale. Era l'autore di *The Passing of the Great Race*, libro che ha avuto un'influenza diretta sulle politiche del partito nazista. La maggior parte dei commenti sul sito della Save the Redwood League a proposito di questa ammissione erano positivi, si esprimeva sollievo per il solo fatto che il problema fosse stato affrontato. Ma uno dei commentatori non era contento. Definendo la dichiarazione "fuori luogo" e insistendo che "il colore della pelle ha lo stesso significato di quello dei capelli o degli occhi", scriveva: "Per me, il parco Redwood è stato un luogo speciale di pace, a prescindere dalle politiche identitarie, e sento che questa sacralità è stata violata dai recenti post sul vostro sito... La mia speranza è che la Lega continui a preservare il santuario che Redwood era destinato a essere – libero dalla retorica identitaria divisiva che ha già spaccato il resto della società". Le parole *pace*, *sacralità* e *santuario* sollevano una domanda: santuario per *chi*? Per non parlare della visione antistorica di un luogo "destinato a essere", come se avesse avuto sempre quell'aspetto e non contenesse storie di violenza, saccheggi e omicidi. Scrittori come Mark David Spence, autore di *Dispossessing the Wilderness: Indian Removal and the Making of the National Parks*, ricostruisce come la creazione dei parchi nazionali e delle aree protette negli Stati Uniti non solo aveva violato i trattati con le tribù indigene, ma aveva anche costruito l'idea americana di "vera natura selvaggia" o di "territorio vergine".

Dopo averlo letto, mi sono trovata a ripensare a lungo al commento di quell'uomo sul sito di Save the Redwoods League. C'era qualcosa in esso, il modo in cui sembrava mettere la testa sotto la sabbia, che mi costrinse a fare i conti con ciò che significa davvero tempo libero. "A cosa serviva" il tempo libero, oltre che a riposarsi dal lavoro? Anch'io avevo usato termini come santuario e pace interiore nel mio primo libro, osservando il roseto di Oakland isolato su una collina lontano dal caos circostante. Ma l'insistenza di quell'uomo sul santuario aveva reso sbagliata e assurda quell'idea, come un frigorifero in mezzo al deserto.

Dopo esserci lasciati il cancello alle spalle, ci fermiamo in quello che ricordavo essere un laghetto. Si è completamente prosciugato, come non l'avevo mai visto, e al posto dell'acqua c'è una foresta in miniatura di strane piante, forse chenopodi. Ero abituata a vedere un sacco di uccelli in questo posto, e adesso c'è un'immagine che mi tormenta da mesi, quella di un pesce morto in un laghetto simile a una trentina di chilometri da qui, un laghetto che si stava prosciugando a causa della siccità. Restiamo seduti su una panchina finché riusciamo a resistere a degli insetti neri, piccoli ma insistenti. Un picchio muratore petto bianco (che mangia gli insetti) ci viene a trovare per un momento, emette qualche richiamo nasale simile a un eearn, *e poi sparisce. Questa panchina, dedicata a una persona deceduta da poco, è stata messa qui affinché gli umani si godano il laghetto. Non è proprio ciò che stiamo facendo noi adesso, considerata la vista, ma preferisco stare qui che nel centro commerciale.*

Sono tornata a chiedermi *a cosa serve* il tempo libero durante un'escursione di birdwatching vicino a Pescadero, una cittadina costiera a sud di San Francisco. Proprio all'inizio della mia passeggiata tra le rocce, ho notato una forma strana sulla sabbia. Era uno svasso morto, e non sarebbe stato il primo uccello marino morto e portato dalla corrente che avrei visto quel giorno. Fu un'immagine dolorosa, anche se so che molta gente vede di continuo cose assai peggiori. Con il telefono, che aveva appena una barra di connessione, cercai "uccelli marini morti nel 2021 a Pescadero" e scorsi una serie di articoli sulla morìa di uccelli marini in tutto il paese. Nel corso della giornata fui assillata dal pensiero dei cambiamenti climatici e delle perdite. Notai che le piante erano fiorite più presto del solito e rimuginai sulla mancanza di pioggia di quell'inverno. Quando arrivò il tramonto mi sedetti su un tronco sulla spiaggia, sopraffatta dalla tristezza, guardando l'oceano come se potesse darmi delle risposte. Mi rispose solo con il suo solito fragore: un altro giorno, un'altra serie di onde.

Quello era tempo libero? Probabilmente no, almeno secondo gli standard tradizionali. L'idea di svago inteso come santuario incontaminato avrebbe significato la cancellazione degli uccelli morti, un po' come quando cancelliamo gli aspetti "irrilevanti" o sgradevoli dei luoghi di svago commerciale. La spiaggia doveva essere rappresentata come "era stata concepita", senza tempo, senza alcun segno delle invasioni di lumache o della progressiva sparizione delle trote. Non avrei dovuto sapere nulla degli Amah Mutsun, la tribù locale i cui discendenti, deportati a forza nelle missioni di San Juan Bautista e di Santa Cruz, adesso stavano lavorando proprio in quei territori per ripristinare gli equilibri naturali. Avrei dovuto essere "insensibile al colore" della pelle di quelli che venivano nel parco. In altre parole, la situazione avrebbe dovuto essere una cartolina – e io il suo acquirente – invece di un luogo e un momento pulsanti, viventi, soggetti allo stesso dolore e alla stessa ingiustizia che troviamo in qualsiasi altro posto.

Anche se non mi aveva regalato serenità, quel viaggio mi diede delle conferme e un senso di responsabilità. Il dolore non aveva intaccato il mio amore per gli uccelli, non aveva reso meno bello l'oceano, aveva piuttosto fatto sì che guardandoli crescesse in me un desiderio profondo di vedere le cose cambiare. In questo senso, in quel mio giro non potevo paragonarmi a un consumatore che compra un prodotto, e neanche a un tranquillo visitatore di un parco, ma piuttosto a un essere tormentato che viene a contatto con un mondo tormentato. E, soprattutto, questo contatto era avvenuto *col tempo*. Era il contrario di una cartolina, perché una fotografia sarebbe stata subito obsoleta, e perché c'erano tante cose che un obiettivo non avrebbe potuto ritrarre. Era stata un'esperienza complessa e dolceamara, che si era sviluppata negli interstizi tra il tempo ecologico, i miei ricordi personali, le storie di ingiustizia, e le preoccupazioni per il futuro: il tutto investito da una momentanea traiettoria di luce.

Forse è proprio questo che Pieper intendeva quando parlava di tempo "verticale": non solo nel senso di opposto all'orizzontale, ma anche di un tempo che si addentra in profondità nei recessi della storia, persino quando si estende verso un ideale infinito e utopistico. Se mai il concetto di tempo libero può avere un'utilità, per me sarebbe la seguente: un'interruzione, una pausa, un barlume sia di verità che di qualcosa di completamente diverso da ciò che vediamo normalmente. Il tempo libero è estraneo non solo al mondo del lavoro, ma anche al mondo normale, di tutti i giorni. Se ho la possibilità di rallentare, ciò che trovo non è la lentezza in sé, ma semplicemente quello che non ha mai smesso di accadere, però al di fuori della mia percezione.

Durante la pandemia di COVID-19, molti di coloro che potevano restare a casa manifestarono disagio nel trovarsi all'improvviso a fare i pantofolai. In certi contesti, quel disagio è stato interpretato come una necessità di sentirsi produttivi, ma io penso che fosse qualcosa di diverso, almeno in alcuni casi. Penso che molti si sentissero in colpa perché si stavano godendo la pace e la comodità sapendo che altre persone vivevano esattamente l'esperienza opposta in quegli stessi momenti. Forse non volevano tanto essere "produttivi" solo in nome della produttività – come se non riuscissero a interrompere i movimenti del lavoro tipo l'Operaio di Charlie Chaplin in *Tempi Moderni* – ma piuttosto volevano *fare* qualcosa e avrebbero preferito che il proprio tempo libero potesse avere un senso o essere d'aiuto.

Se pensiamo a un tipo di tempo libero che sfida l'ordine corrente anziché rafforzarlo, riusciamo a vederlo non come una fuga rarefatta, ma come un qualcosa di profondamente connesso all'immaginazione politica. Se il tempo libero è stato un santuario apolitico per coloro che beneficiavano delle sue regole, è invece sempre stato politico per quelli che ne erano svantaggiati e per tutti coloro i quali la possibilità di una vita dignitosa e godibile è diventata inevitabilmente una questione di giustizia. Mi viene in mente una cosa che disse Mark Hehir, un attivista per i diritti dei disabili della Bay Area, quando gli ho chiesto cosa preferisse delle camminate. Anche per Mark, la "classica esperienza romantica del passeggiare da soli" non è accessibile. Nel 1996 gli è stata diagnosticata una distrofia muscolare e ora utilizza una sedia a rotelle e un respiratore, il che richiede che vada sui sentieri sempre insieme a qualcuno. Mark mi ha risposto: "Quando inizio una passeggiata, non di rado dico a me stesso che sono a casa". Però quella sensazione di sentirsi a casa nella natura per Mark ha voluto dire un processo di *renderla casa*, con anni di studio sui sentieri e verifiche con gli addetti dei parchi, prima in modo spontaneo e adesso come collaboratore ufficiale per le disabilità dei parchi della contea di Santa Clara.

Sono molto importanti gli sforzi che le istituzioni hanno fatto in passato e continuano a fare per rendere più inclusivi gli spazi pubblici di svago, e molte di queste organizzazioni hanno compiuto passi importanti in questa direzione. Persino considerando la loro storia complicata, sono molto legata ai parchi pubblici, che durante la pandemia mi hanno salvato la vita (e probabilmente le vite di molti altri che non avevano a disposizione degli spazi aperti in casa). Ma vale anche la pena ricordare la storia degli spazi di svago meno visibili, a volte intrinsecamente politici: le chiese, le mense, i cortili, le sedi sindacali, i locali gay, gli orti di quartiere, e tutti i tipi di luoghi d'incontro dell'attivismo. A volte fragili, effimeri, privi di fondi e clandestini, questi spazi sono serviti non solo a dare serenità, convivialità e cure, ma anche a creare potere, non foss'altro perché la loro stessa esistenza contraddice ciò che li circonda.

Consideriamoli pure dei santuari, ma non nel senso di posti dove nascondere la testa sotto la sabbia, quanto piuttosto luoghi in cui si tengono in vita linguaggi diversi riguardo al tempo e all'esistenza. Rappresentano un'emanazione del concetto di casa, un "qualcosa altrove" che ha valore di per sé, come una realizzazione a livello collettivo dello stato mentale di Pieper. In un'intervista del 2021, la scrittrice e ricercatrice di studi afroamericani Saidiya Hartman descrive come sia possibile creare una casa al di fuori delle gerarchie sia economiche che sociali: "Spesso la gente pensa ai servizi di cura come a qualcosa di incredibilmente privatizzato. La cura di noi stessi è in parte il modo in cui distruggiamo questo mondo e ne creiamo un altro. Ci aiutiamo l'un l'altro a vivere in un contesto sociale che sarebbe altrimenti invivibile e crudele".

Il lavoro della poetessa, artista performativa e attivista Tricia Hersey è un esempio di come la comunità possa offrire solidarietà condivisa, ma è anche una forma di lentezza politica che non consolida il sistema, in aperto contrasto con l'idea di "rallentamento" della vita. La sua organizzazione, chiamata Nap Ministry, comprende scrittura, laboratori, performance, ed esperienze di sonnellini collettivi. "Il riposo non è un bell'oggettino di lusso che ti concedi come se fosse un premio extra dopo che hai lavorato come una macchina e sei distrutto", ha twittato Hersey in ottobre. "Il riposo è la tua via per la liberazione. Un portale per la guarigione. Un diritto".

Hersey usa i social media per lavoro ma critica il modo in cui incoraggiano una cultura della frammentazione che ha radici storiche nel capitalismo e nel suprematismo bianco. Parlando di quanto ci si stanchi anche solo a guardare i creator che producono "meme, infografiche, reel, sfide di danza su TikTok [*sic*], scenette buffe e spiritose e dirette Instagram", Hersey twitta: "State tutti sfornando roba ogni secondo e solo guardarvi mi spinge sul divano per fare un sonnellino". Hersey sa bene che le sue parole e le sue idee vengono cooptate dal movimento bianco capitalista del benessere (che evidentemente vede nei suoi post del materiale potenzialmente Insta-bae). Si tratta di un paradosso particolarmente crudele perché il Nap Ministry ha portato alla luce proprio la questione degli schiavi privati del sonno e il fatto che fossero considerati corpi mercificati. Per Hersey, il riposo è allo stesso tempo "una pratica spirituale, una questione di giustizia razziale e di giustizia sociale".

In uno spot di quattro minuti per la trasmissione di NPR *All Things Considered*, Hersey viene intervistata sul suo ruolo di autoproclamatasi ministra dei sonnellini. "Come spiega alle persone in che modo riuscire a farlo davvero, specialmente se pensano di non potersi riposare?", le chiede il conduttore.

Hersey risponde: "Mi piace reimmaginare il riposo al di fuori di un sistema capitalista e colonialista. Perciò voglio pensare al riposo come a qualcosa di sovversivo e inventivo: chiudere gli occhi per 10 minuti, stare più a lungo sotto la doccia, fantasticare, meditare, pregare. Così possiamo trovare il riposo ovunque, perché là dove sono i nostri corpi possiamo trovare la liberazione, perché il nostro corpo è un luogo di liberazione. Perciò il momento di riposarsi è adesso. Possiamo sempre...".

"La devo interrompere qui", le dice il conduttore a quel punto, tagliandola. Avevano finito il tempo.

Dopo aver lasciato il laghetto, sul sentiero ci imbattiamo in una fila precisa di querce e sequoie piantate. Non ci sono recinzioni ma, giusto al di là degli alberi, l'erba secca e incolta all'improvviso lascia il posto a un prato ben irrigato che si estende a perdita d'occhio. È il Palo Alto Hills Golf and Country Club. Quando andiamo a cercarlo online, il sito del club non dice subito i prezzi, ma quello che puoi avere in cambio di una quota iniziale mensile e grazie alle giuste conoscenze: il golf, una piscina, il tennis, un centro fitness, e un sacco di attività per i bambini. Non sono mai stata in un country club, per cui me lo immagino un po' come quello della sitcom Curb Your Enthusiasm. *Forse per evitare questo tipo di paragoni, il sito ci rassicura che "in questo club multiculturale, dove regna la diversità e c'è qualcosa da fare per tutti, ogni giorno è segnato dal cambiamento, dall'innovazione, dal divertimento e dalle amicizie". In cima alla pagina c'è una testata con l'immagine di un grande orologio all'aperto, sul prato del club, e la scritta in sovraimpressione: "TEMPO BEN SPESO".*

Il concetto di tempo libero è sempre stato ambivalente. Storicamente, chi ha promosso e studiato il tema si divide in una delle due categorie: quelli che Rojek definisce i pragmatici e i visionari. Pieper era un visionario, ma il visionario per eccellenza è stato Aristotele. Secondo lui, la separazione tra il mondo del lavoro e quello del tempo libero era così importante che nessuna attività condotta con un fine pratico, compreso il gioco, poteva essere considerata svago. Esso poteva essere solo filosofico: contemplare, deliberare e interrogarsi sulla natura delle cose, attività che secondo lui erano le vocazioni più elevate a cui l'uomo possa aspirare.

Eppure anche la definizione di tempo libero data da Aristotele implica un'infrastruttura che richiede lavoro: l'antica Grecia era una società schiavista. Facendo una netta distinzione tra diversi tipi di raziocinio, Aristotele pensava che alcune persone nascessero senza un'alta capacità di riflessione, il che li rendeva "schiavi naturali". In particolare, notava come questa caratteristica si verificasse nei non greci, il che risultava piuttosto conveniente dal momento che la maggioranza degli schiavi in Grecia era non greca. Aristotele ammetteva la possibilità che una società dotata di macchine produttive autonome non avrebbe avuto bisogno di schiavi ma, nel frattempo, era un bene che esistessero degli schiavi naturali. Era un bene perché la polis ideale avrebbe così goduto di tempo libero, e affinché alcuni uomini avessero del tempo libero, altri dovevano lavorare. Inoltre, gli schiavi – incapaci di discernere in modo indipendente – avrebbero tratto beneficio dal lavorare sotto l'egida di qualcuno che *era* in grado di farlo, e le loro vite si sarebbero arricchite di senso grazie al contributo dato alle attività di svago del padrone. Questo modello di naturale inferiorità e reciproco beneficio sarà poi evocato più e più volte in funzione del colonialismo, della schiavitù e dell'assoggettamento delle donne (a questo proposito, Aristotele scrive nella *Politica*: "E invero il libero comanda allo schiavo in modo diverso che il maschio alla femmina, l'uomo al ragazzo, e tutti possiedono le parti dell'anima, ma le possiedono in maniera diversa: perché lo schiavo non possiede in tutta la sua pienezza la parte deliberativa, la donna la possiede ma senza autorità, il ragazzo infine la possiede, ma non sviluppata". Più tardi, questa gerarchia sarebbe stata vista nell'ottica cristiana. In un sermone a favore dello schiavismo del 1856 negli Stati Uniti, un pastore presbiteriano del sud sostenne che l'istituzione rifletteva semplicemente l'ordine naturale cristiano, e citò una frase del libro della Genesi, rivolta a Eva: "I tuoi desideri si volgeranno verso tuo marito ed egli dominerà su di te". Il pastore aggiunse: "È lì, in quella legge, l'inizio del governo ordinato da Dio. Lì è l'inizio del dominio del superiore sull'inferiore, destinato all'obbedienza...").

L'unica infrastruttura di svago presente in questo caso è quella della gerarchia sociale, in cui gli schiavi sono considerati estranei allo svago che loro stessi hanno reso possibile. Questo è il nocciolo della questione riguardo alla divisione del lavoro di cui parlavo nel capitolo 1, per cui non solo si valuta di meno il tempo di alcuni rispetto a quello di altri, ma se ne assume l'esistenza solo *in funzione* del tempo di altri. Quest'ottica si è perpetuata anche con i cambiamenti nel mondo del lavoro. Nel pieno di un'ondata di autoformazione della classe operaia nel nord degli Stati Uniti, un democratico jacksoniano salutò la tendenza con la speranza che: "In materia di acquisizioni letterarie, il contadino più povero dovrà stare alla pari con i suoi vicini più ricchi". Confutandolo, la direzione della *National Gazette* di Philadelphia sottolineò che le divisioni di classe assicuravano una cultura superiore e anche la stabilità. "Il 'contadino' deve lavorare durante le ore della giornata che il suo vicino ricco può dedicare alla cultura astratta...; il meccanico non può abbandonare le sue mansioni per dedicarsi a generici studi; se lo facesse... tutte le classi mostrerebbero presto segni di apatia, decadimento, povertà [e] malcontento".

In altre parole, il tempo libero inteso come categoria distinta di tempo può nascere solo dal contrasto con il tempo di lavoro, che qualcun altro possiede. Contestando la tesi secondo cui lo svago venne "inventato" nella prima Europa moderna da una classe agiata annoiata in cerca di novità, lo studioso Joan-Lluis Marfany ipotizza che "le società di cacciatori-raccoglitori o di agricoltori primitivi non avevano forse motivo di usare le nozioni contrapposte di 'lavoro' e 'tempo libero', ma si fatica a credere che questa contrapposizione non si materializzi nel momento in cui... viene introdotta una qualche forma di differenziazione socioeconomica", per esempio, la servitù debitoria o il lavoro salariato. Se per la classe agiata il tempo libero è fonte di noia, per tutti gli altri la fonte di noia è il lavoro, e i lavoratori non hanno problemi nel decidere cosa fare col poco tempo libero che gli è concesso. E questo non è mai del tutto cambiato. Scrive Marfany che "la cosa più sorprendente è che le forme più popolari sono ancora le stesse di cinque, sei, sette secoli fa: giocare a certi giochi, bere, ballare, chiacchierare del più e del meno all'ombra o vicino a un fuoco. La gente gioca a dama a Bryant Park a New York così come ci giocava nella piazza di Bagà".

Se davvero il tempo libero "si dispone perpendicolare rispetto al lavoro", allora l'esistenza del tempo libero è quantomeno l'inizio di un approccio a una vita al di fuori del lavoro, contro il consumo che giustifica il lavoro e contro la visione delle persone come depositarie di ore di lavoro. Infatti, molto prima che Keynes si preoccupasse del tempo libero, nei movimenti americani che si battevano per la riduzione dell'orario di lavoro si cominciava già a interrogarsi su quanto il lavoro dovesse prevalere nelle vite dei lavoratori. Nel diciannovesimo secolo, la richiesta di tempo libero implicava anche chiedersi sostanzialmente se i lavoratori esistessero per i capitalisti o per loro stessi. Quanta della preziosa esistenza di ciascuno era in possesso del capitale?

In questo caso, il tempo libero era considerato tutt'altro che una cosa inerte. Gli attivisti, mettendo insieme la richiesta di orari di lavoro più brevi con la campagna contro il lavoro minorile, immaginavano un tempo libero che era di per sé dinamico: doveva essere uno spazio non solo di divertimento, ma anche di autoistruzione e organizzazione, che avrebbe portato a richieste ancora più elevate e a un maggior potere politico. Al contrario dei riformatori sociali degli anni Trenta, i leader sindacali del diciannovesimo secolo non temevano gli effetti potenziali di questo tempo così recuperato. Alla fine di quel secolo, Ira Steward, che si era distinto tra questi leader per una visione inclusiva dal punto di vista razziale con la "fratellanza del lavoro", fu uno dei più importanti promotori della riduzione dell'orario. Descriveva il tempo libero come "un vuoto – un negativo – un pezzo di carta bianco". Ottenere la giornata di otto ore non era l'obiettivo principale, ma piuttosto "un *primo* passo indispensabile": avrebbe dato ai lavoratori il tempo necessario per trovare altri modi di liberarsi, e "rendere impossibile, al momento delle elezioni, la coalizione tra il lavoro ignorante e il capitale egoista". Come abbiamo già visto in altri esempi di tempo libero politicizzato, il "vuoto" di Steward non era tanto un'imbottitura in grado di mantenere a galla le gerarchie quanto piuttosto un gas che espandendosi portava con sé il potenziale di nuove fratture nel sistema.

Questi crescenti impulsi e richieste di libertà si manifestarono di nuovo tra i lavoratori americani negli anni Settanta, prima che le politiche neoliberiste e la globalizzazione indebolissero il lavoro organizzato. Peter Frase scrive che il "compromesso fordista", in cui il lavoratore accetta le richieste del padrone in cambio di aumenti salariali, si rivelò insoddisfacente per entrambe le parti. I capi d'azienda si trovarono di fronte un movimento sindacale potente, e i lavoratori scoprirono che a loro non bastava solo avere più soldi e gli orpelli dello svago – volevano prima di tutto non dover vendere il proprio tempo. Citando la descrizione di Jefferson Cowie del *blue-collar blues* (la malinconia dell'operaio, *ndt*), Frase sostiene che questo malcontento metteva in luce il vero desiderio delle tute blu: "avere più tempo libero, controllare il processo produttivo, liberarsi dal lavoro salariato". O, come dice il personaggio di Harvey Keitel nel film *Tuta blu* del 1978: "Comprati una casa, un frigorifero, una lavasciuga, una TV, uno stereo, una moto, una macchina. Comprati questa merda, comprati quella merda. Ti ritrovi solo con un mucchio di merda".

Nella sua forma meno utile, il concetto di tempo libero riflette un processo umiliante: si lavora per comprare una momentanea libertà e per poi diligentemente respirare l'aria nelle piccole boccate che il piano orizzontale del lavoro ci concede. Il riposo e lo svago vengono applicati come una forma di manutenzione, la macchina del tempo libero aggiunta alla macchina per il pasto. La poesia di Barbara Luck del 1981 *The Thing That Is Missed* esprime tutta l'assurdità di questa "libertà":

The thing that is missed is
time without plans,
time that invents itself
like children with summer vacation,
day after day of it,
not one free square
on your mark get set go
Have FUN-dammit-FUN
RUN-dammit-RUN

Time's up.
Back on the line.
Well did you have fun?
Not too much fun?
Too hectic?
More relaxing to work
isn't it...
heh heh heh heh

(Quel che manca è un tempo senza programmi, un tempo che si reinventa, come bambini in vacanza d'estate, un giorno dopo l'altro, non una casella libera, pronti al vostro posto via, DIVERTITEVI-accidenti-DIVERTITEVI, CORRETE-accidenti-CORRETE. Il tempo è scaduto. Tornate in riga. Be', vi siete divertiti? Mica tanto divertiti? Troppa agitazione? È più riposante lavorare, non è vero... ehehehehe, *ndt*).

Nella sua versione più proficua, però, il tempo libero è uno strumento intermedio per contestare i vincoli del lavoro che lo circonda. Come uno stent in una cultura che non sopporta nulla che somigli al vuoto, può aiutare a creare quella frattura verticale nella dimensione orizzontale del lavoro e del non-lavoro – quella pausa critica in cui il lavoratore si domanda perché stia lavorando così tanto, dove sia possibile elaborare il lutto collettivo, e dove i contorni di qualcosa di nuovo inizino a essere visibili.

Ora che ci siamo abituati al ritmo di questo luogo, cominciamo a notare i segni di insediamenti e rifugi, a volte in collaborazione con gli umani: tracce di cervi, orme di lince, cassette per gli uccelli, buchi di serpenti nel terreno, buchi dei picchi negli alberi, nidi di neotomi (che prima avevamo scambiato per mucchietti di ramoscelli). Dei piccoli cilindri nell'erba si rivelano germogli di quercia protetti, parte di un tentativo di ripristino delle foreste di querce in questi luoghi. Altri esseri, altre vite. Un coniglio di boscaglia ci guarda passare da un fragile piedistallo di finocchietto secco e poi corre via verso il letto del torrente. Lui non sa cosa significhi "parco", e per un momento non lo sappiamo neanche noi.

Mentre scrivevo questo capitolo, ho avuto una conversazione con Niki Franco, un'attivista abolizionista e artista che vive a Miami. Mi ha parlato di come lei e i suoi amici fossero oggetto di controlli aggressivi da parte della polizia nei parchi nazionali e di come a volte lei non riesca neanche a godersi il proprio giardino, invaso com'è dal suono delle sirene della polizia. Ci siamo chieste se una cosa come il tempo libero sia possibile in un mondo saturo di patriarcato, capitalismo, e vecchio e nuovo colonialismo. Poi mi è venuto in mente di farle la stessa domanda di quello studio del 1934 sullo svago: riusciva a farmi un esempio recente di un momento in cui aveva vissuto uno stato mentale di svago?

Niki mi ha risposto rievocando le passeggiate settimanali fatte con dei suoi cari amici durante un lungo soggiorno a Porto Rico. L'esperienza era stata tutt'altro che "apolitica": aveva costantemente avvertito la consapevolezza che Porto Rico fosse la più antica colonia del mondo e sotto l'occupazione americana. Non riusciva a scindere Porto Rico dallo strazio di averla vista da Miami mentre l'uragano Maria la devastava, una tempesta da cui molti dicevano che l'isola non si sarebbe mai più ripresa. Ma in quelle passeggiate – grazie alla pura forza della gratitudine, della compagnia degli amici fidati, dell'abbraccio sensoriale della foresta pluviale e dei suoi uccelli – per qualche misterioso motivo, "era come se tutto il resto non esistesse":

Mi era accaduto qualcosa che mi permetteva di fare un passo indietro e avvertire l'importanza della nostra esistenza, ma anche quanto siamo piccoli. Come se tornassi alla nostra umanità... e può sembrare un po' eccessivo, ma è quello che sentivo. E anche solo rendersi conto che la mia esistenza non è solo legata al mio lavoro, ai social media e a tutto quel che c'è nel mezzo – le cose che accadono – è un po' come dirsi: *Oh, wow, sono un essere vivente in questo momento nel tempo. E wow, pure con tutte le cavolate, sono veramente e profondamente grata di essere viva.*

Circa un mese dopo questa conversazione, mi è capitato di andare nel deserto del Mojave durante una tempesta di vento di Santa Ana. Quelli di Santa Ana sono venti incredibilmente forti e secchi che soffiano dall'altopiano desertico verso la costa. Le raffiche raggiungono i sessantacinque chilometri all'ora e nel folklore locale sono famigerati perché si dice che rendano le persone agitate e violente. Per i primi due giorni, la vita era fatta di vento: lo ascoltavo, mi turbava, cercavo di starne alla larga. Ma al terzo giorno, il vento cessò e, quasi immediatamente, comparvero gli uccelli residenti: picchi arlecchino, passeri corona bianca, corridori della strada, mimi rossicci, e fibi di Say. Riempirono il nuovo silenzio con i loro canti. Notai un piccolo uccello misterioso volare avanti e indietro verso un nido proprio fuori dalla casa in cui alloggiavo. L'uccello aveva fatto una scelta oculata: invece di costruire il nido nei cespugli di creosoto circostanti, lo aveva fatto su un giovane albero di palo verde, che aveva dei rami così folti e abbondanti da aver resistito alle raffiche di vento a ottanta chilometri orari che avevano spazzato via i mobili del patio.

Al quarto giorno, il vento tornò. Era violento come prima. Ma io ricordavo quella pausa clemente e tutto ciò che dentro quella pausa avevo sentito e visto: adesso sapevo com'era il deserto senza il vento. Pensai al tempo verticale di Pieper, che "si dispone perpendicolare rispetto al lavoro", a quelle interruzioni fondamentali che ricadono sempre sul tempo orizzontale, e agli uccelli che Niki aveva sentito in quella breve concessione di gratitudine e meraviglia, prima di tornare al paesaggio dello strazio. Quali canzoni riusciamo a sentire quando il vento si ferma? Cos'è stato tenuto in vita durante il tempo sottratto al lavoro e protetto dalle distruzioni incessanti – quali prese di coscienza, quali modi di relazionarsi, quali altri mondi immaginati, quali altri sé?

Quali altri tipi di tempo?

QUATTRO

Rimettiamo il tempo al suo posto

UNA SPIAGGIA VICINO A PESCADERO

"D'un tratto, dal margine inferiore del disco vuoto e nero del sole spento deflagra un punto di splendore perfetto. Salta. Arde. È inconcepibilmente violento, insopportabilmente luminoso, una cosa (mi vergogno a dirlo, ma tant'è) simile a una parola. E il mondo riparte."
HELEN MACDONALD, "Eclissi"

Lasciando il parco diretti a ovest, attraversiamo l'antica faglia di Sant'Andrea. Anche se non riusciamo a vederla, avvertiamo che sul versante opposto c'è qualcosa di diverso. Dietro di noi è scomparso il dolce paesaggio collinare e la strada si incanala su per i tornanti all'ombra di sequoie, abeti di Douglas, tanoak, aceri dell'Oregon. Ogni tanto incontriamo un cartello scritto a mano per ringraziare i vigili del fuoco. Mi ricorda l'enorme cicatrice degli incendi dello scorso anno che non riusciamo ancora a vedere. Superiamo una parte della collina che è stata coperta da un'armatura di pietre per impedirle di crollare, una strada chiamata Memory Lane, e un emporio solitario che risale al 1889.

Anche se l'ultimo tratto di autostrada è privo di alberi e assolato, una coltre grigia ci si para davanti. Ci avvolge quando arriviamo alla costa, e il mare color blu ardesia ci appare con la sua aria di paurosa inappellabilità. Parcheggiamo e ci avviciniamo a una scogliera su cui una robusta cortina di erba cristallina si muove a malapena nel vento. Nonostante le onde che si infrangono sullo strapiombo sotto di noi e i richiami sporadici dei gabbiani, il nostro sguardo è attratto soprattutto verso ovest, verso quell'orizzonte immutabile e che nulla, neanche una nave, sta incrinando. Laggiù l'oceano sembra congelato.

A giudicare dai social media, l'inizio della pandemia di COVID-19 ha provocato un distacco dalle forme comuni di misurazione del tempo. Man mano che diminuiva il traffico di chi andava al lavoro, si cancellavano gli eventi sociali, e la gente lavorava da casa, il tempo si faceva sempre più denso: ce n'era troppo, ma era anche diventato omogeneo. Giravano battute sull'apparente arbitrarietà del tempo:

> James Holzhauer @James_Holzhauer - 17 marzo 2020
> Meno male che ho messo tutti i miei orologi avanti di un'ora prima che il tempo diventasse un concetto senza senso.
>
> jello @JelloMariello - 28 marzo 2020
> la quarantena ci ha davvero incasinato il concetto di tempo… mi vengono delle crisi da 2 di notte in piena luce delle 10 del mattino, uhm
>
> Seinfeld Current Day @Seinfeld2000 - 7 aprile 2020
> io che corro in strada alle 3 del mattino dopo aver perso ogni cognizione del tempo [segue l'immagine di George Costanza che grida in mezzo alla strada: "È giugno!"]
>
> Mauroy @_mxuroy - 9 aprile 2020
> Nel caso qualcuno avesse dei dubbi, oggi è giovedì, 47 aprile.

All'epoca stavo sperimentando una mia personale forma di bizzarria temporale. Tenevo due lezioni su Zoom nella stessa stanza in cui dormivo. I miei studenti si collegavano da posti lontani, come il Kenya, la Corea del Sud o la costa est degli Stati Uniti. I giorni feriali quasi non si distinguevano dai festivi. La differenza tra lavoro e tempo libero si riduceva spesso a due diverse schede sul mio browser. Quando non lavoravo alla preparazione delle lezioni o a questo libro, e quando non ero su Zoom con un'amica, andavo con il mio fidanzato Joe a fare una delle poche passeggiate intorno all'isolato, così esasperatamente tutte uguali. Tutte le sere mangiavamo davanti alla TV, spesso guardando un episodio di una serie lunga, come *I Soprano*. Con ciò non voglio dire che fosse una situazione particolarmente difficile. Ma, proprio come i meme sulla pandemia, il tempo che stavo vivendo era ripetitivo, costante e sembrava dipanarsi in un vuoto. E poi, in quel momento non si riusciva a intravedere la fine della pandemia. Sembrava dovesse essere così per sempre: scatole di tempo da riempire nella scatola della mia stanza, all'infinito.

In tutto ciò, cominciai a guardare una webcam in diretta di Explore.org, puntata su un nido d'aquila a Decorah, in Iowa. A marzo, l'aquila aveva già deposto le uova, e ogni tanto veniva a controllarle o a mandare via qualche intruso fuori inquadratura. Poco dopo cominciai a guardare un'altra webcam, che inquadrava dei falchi pellegrini sulla Sather Tower dell'università di Berkeley. E poi un'altra, puntata sui falchi pescatori intenti a nidificare su una gru di un cantiere navale a Richmond, circa mezz'ora a nord da casa mia. In ogni nido le uova si schiusero alla fine di aprile, e tutti i piccoli crebbero rapidamente, trasformandosi da buffe palline soffici in qualcosa di simile ai loro genitori. Misi le webcam sulla barra dei preferiti con i tasti rapidi del browser, e a volte tenevo aperte le finestre su un angolo dello schermo, da dove emanavano una sensazione rassicurante e protettiva. La sera tardi mi capitava di guardare la webcam buia dei falchi pescatori e cercavo di convincermi: *è notte, è ora di andare a dormire*.

Nel settembre 2020, quando si aggravarono gli incendi nella nostra zona, al punto che prima di uscire bisognava controllare l'indice di qualità dell'aria (AQI) e la mappa dei venti, mi spostai su un'altra finestra: una mappa animata delle correnti su Windy.com. Finivo fatalmente per allargarla e guardavo i venti locali turbinare in traiettorie più ampie lungo la costa, andando ad alimentarne altre ancora più grandi sull'Oceano Pacifico. Presto mi ritrovai a osservare venti da cento chilometri orari sulle coste dell'Antartide. Ovviamente avrei potuto immaginare da sola che sulle coste dell'Antartide c'è vento, ma la cosa importante era il modo in cui ci ero arrivata: seguendo dei tragitti dal punto in cui me ne stavo ingobbita sul computer. Zoomando avanti e indietro, riflettevo su tutta quell'aria che ne spingeva altra intorno. Quei turbinii viola avevano qualcosa in comune con i turbinii verdi di casa mia.

E poi c'era la finestra vera e propria. Senza ancora capirne bene il motivo, tirai fuori il vecchio treppiedi, ci montai su la macchina fotografica e la puntai fuori dalla finestra, poco sopra le case al di là della strada, in modo che la visuale fosse quasi completamente occupata dal cielo. Per alcuni mesi, più volte al giorno, passavo lì davanti e premevo il pulsante dell'otturatore, per poi scorrere le foto in quello che era diventato un time-lapse fai da te. Si dà il caso che qui da noi marzo sia il mese che offre le più svariate sfumature di cielo. Nella mia stanza il tempo sembrava sempre uguale, ma nelle foto pioveva, c'era il temporale, e la nebbia avanzava da San Francisco. A volte le nuvole erano enormi e ben definite. Altre volte, lontane e vaporose. A metà giornata il cielo poteva essere di un azzurro scuro, profondo. Nel pomeriggio si addolciva in una sfumatura indescrivibile tra il viola e il rosa.

Il lavoro e la vita online erano *Il giorno della marmotta*, mentre tutto ciò che intravedevo nella giornata attraverso questi frammenti mi appariva molto diverso. Iniziava a ricordarmi qualcosa che avevo notato quando avevo diciassette anni. Nei miei diari dell'epoca, in cui di solito mi lamentavo per la noia o per i troppi compiti a casa, ogni tanto mi appuntavo anche di aver visto qualcosa che definivo "questo". "Questo" non era né un oggetto presente nell'ambiente né una mia emozione interna (ammesso che fosse possibile qualcosa del genere). Era invece una specie di *gestalt*, una forma sempre inattesa ed effimera, come quando cogliamo un profumo o qualcosa per una frazione di secondo e ci ricorda qualcos'altro di più grande. Anche se lo descrivevo in modo imbarazzato e incompleto – era sempre qualcosa che "non era lì", o un momento "al di fuori del tempo" – continuavo lo stesso a documentare quegli incontri, e scrivevo che la me del futuro avrebbe saputo esattamente di cosa stessi parlando.

3 NOVEMBRE 2003
Ultimamente, questo... anonimo, non meglio identificato "altro", per (grave) mancanza di termini migliori, mostra la sua faccia più spesso del solito. Rischierei di distruggerlo con una descrizione inadeguata. È come cercare di descrivere un colore che non si è mai visto. Non ho il vocabolario.

8 NOVEMBRE 2003
Questo posto è estraneo, non solo come luogo ma come tempo. È una distanza infinita nel futuro, o nel passato. Ha qualcosa di profondamente diverso. Quasi extraterrestre, ma non da un altro pianeta.

21 NOVEMBRE 2003
L'ho visto all'incrocio tra Junipero Serra Freeway e Stevens Creek Boulevard, sulla corsia di sinistra venendo da scuola. Solo per una frazione di secondo, mentre ero distratta. Mi ricorda davvero qualcosa. Un dejavou (spelling?) indotto da alcune caratteristiche.

9 DICEMBRE 2003
L'ho trovato sul giornale, un cratere vicino alla Bolivia e al Cile, descritto da un membro della spedizione come "l'essenza della Terra" e "straordinario, grandioso".

22:43, DATA SCONOSCIUTA
L'ho trovato di nuovo mentre andavo alla biblioteca di Saratoga. C'è un sole fortissimo e le montagne sembrano 5 volte più alte del solito. Mi trovo in due posti contemporaneamente. Uno è Saratoga e l'altro è molto, molto lontano.

DATA E ORA SCONOSCIUTE
È qualcosa di assai più grande di quanto io possa spiegare, più grande della mia percezione. Qualcosa che si rivela attraverso certe cose, ed è davvero non-americano, non-niente.

Solo in età adulta ho cominciato ad avere un'idea più chiara di cosa significasse "questo". Il primo indizio che ho trovato in letteratura è stato il libro del 1907 di Henri Bergson, *L'evoluzione creatrice*. Per Bergson, il tempo era durata, qualcosa di creativo, che si sviluppa, ed è piuttosto misterioso, anziché astratto e misurabile. Secondo lui, tutti i problemi che incontriamo nel concepire la vera natura del tempo originano dal fatto che tentiamo di immaginare dei momenti separati e disposti nello spazio uno accanto all'altro. Nota poi che questo "spazio" non è uno spazio ambientale concreto, ma qualcosa di puramente concettuale: immagina il reticolato verde su fondo nero che a volte si vede nei non-spazi virtuali dei film di fantascienza, e pensa ai momenti in questo tipo di spazio come ai dei cubi che esistono in quello spazio (questa concezione ha anche fornito le basi per il concetto di tempo fungibile di cui ho parlato nei capitoli 1 e 2). Bergson pensava che la nostra predisposizione a interpretare il tempo in questo tipo di termini spaziali derivasse dalla nostra esperienza nel maneggiare la materia inerte. Volevamo vedere il tempo allo stesso modo, come qualcosa che si può sezionare, impilare, e spostare (il tempo astratto e lo spazio astratto sono questioni ricorrenti per Bergson. Ne *L'evoluzione creatrice* scrive che "una dimensione di questo genere non è mai percepita, ma solo concepibile". In *Materia e Memoria*, descrive il tempo e lo spazio astratti come qualcosa di simile a una tovaglia da picnic stesa su un presente in costante mutamento, uno "schema per la nostra futura azione sulla materia". Bergson ammette che gli umani hanno bisogno di questi strumenti percettivi. Il problema non è il fatto che li usino, ma il fatto che li considerino la struttura della realtà).

Bergson non fa sua l'idea di tempo in termini di metafora dello spazio astratto, concetto che trova "strabiliante... una sorta di reazione contro quell'eterogeneità che è il fondamento stesso della nostra esperienza". La sua concezione del tempo è invece basata su successioni, fasi e forze compenetrate e sovrapposte. Ne *L'evoluzione creatrice*, il modello che usa per questo tipo di movimento è l'evoluzione biologica, un processo di sviluppo fatto di ramificazioni e sovrapposizioni in cui ciascun passaggio deve essere prossimo al precedente, ma non vi è nulla di deterministico. L'altra immagine che trovo utile nel concetto di tempo di Bergson è quella della lava che scorre su un terreno relativamente piatto, in cui il bordo esterno del flusso è vivo e dinamico. Certo, si può sempre guardare indietro e percepire il percorso continuo che la lava ha seguito per arrivare dov'è ora, ma questo non vuole affatto dire che la lava fosse destinata a finire lì. Né ci permette di prevedere con esattezza dove andrà. Sarebbe inutile cercare di isolare momenti specifici in questo processo, come se si separassero dei cubi nello spazio.

Nel frattempo, mentre tu stai lì a pensarci, il bordo vivo della lava continua a muoversi in avanti verso il futuro, che è prossimo in ogni momento presente ma contiene anche la storia di tutto ciò che è accaduto prima. Un altro esempio potrebbe essere quello del seme, caduto da una singola pianta in una generazione di piante, e che contiene le istruzioni per la pianta futura. Il tempo così com'è espresso in questi processi – che Bergson spiega utilizzando quello che lui chiama *élan vital* (spesso tradotto con "slancio vitale" o "linfa vitale") – non è una quantità astratta da calcolare e misurare. Al contrario, è un'altra irreversibile rotazione del caleidoscopio, un qualcosa che porta con sé divisione, riproduzione, crescita, decomposizione, e complessità. Anche il vecchio detto "non ci si può bagnare due volte nello stesso fiume" rende abbastanza bene ciò che Bergson sta descrivendo, specialmente se si va avanti a considerare i mutamenti nell'evoluzione del fiume, il canyon che magari il fiume sta scavando lentamente, e forse persino i processi cellulari dei nostri piedi.

Eppure, per quanto intuitiva possa sembrarmi questa articolazione del tempo, trovo spesso difficile liberarmi delle comuni, astratte e spaziali metafore del tempo: il tempo inteso come un percorso lineare di unità temporali uniformi, separate, affiancate. Un conto (già abbastanza disorientante) è imparare la specificità storica del senso temporale predefinito che alberga in noi, un altro conto è riuscire a mollare la presa su una vecchia maniglia concettuale che si è consumata fino a prendere la forma della nostra mano. Questa difficoltà va a toccare qualcosa di ancora più generale del senso del tempo che mi è stato inculcato con gli orari scolastici, i test cronometrati, e le pagelle. In quel caso si trattava solo di parti o sintomi di una cultura più ampia in cui ero cresciuta e che continuavo a nutrire. Dietro tutto ciò, c'è un modello di tempo lineare e basato su metafore spaziali astratte. È un dato di fatto assodato, così come lo è la convinzione che, se accendo la TV in qualsiasi luogo mi trovi, la maggior parte della gente parlerà in inglese. In realtà, è un concetto così profondamente radicato che qualsiasi cosa diversa mi appare "fuori dal tempo".

Prendi il grafico qui sotto, che confronta il tempo della meridiana con quello dell'orologio standard. Mostra in quali parti dell'anno il tempo indicato da una meridiana va in avanti rispetto all'orologio standard, e in quali parti dell'anno va indietro. C'è una differenza perché, come scrive John Durham Peters, "la meridiana riproduce direttamente dei fatti naturali, producendo giorni e ore che si espandono e si contraggono mentre la terra compie il suo giro ellittico intorno al sole; invece l'orologio è uno stabilizzatore degli umori del sole, in grado di regolare le sue oscillazioni annuali all'interno di unità medie di ventiquattro ore, e di continuare a ticchettare a prescindere che ci sia il sole o sia nuvolo". È la differenza tra l'osservazione fondata sul posizionamento fisico e il sistema astratto e standardizzato della cui evoluzione abbiamo parlato nel capitolo 1.

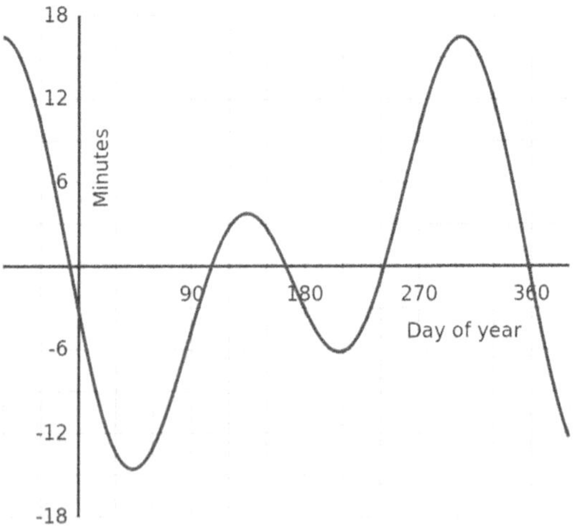

Il grafico mostra entrambe le misurazioni del tempo, ma non sono uguali. Il tempo della meridiana è descritto *nei termini* del tempo d'orologio, che sono considerati i termini di paragone stabiliti. È come se, per dirla con l'antropologo Carol J. Greenhouse, "l'orologio fosse di per sé la materializzazione di un qualche senso universale del tempo". Il tempo d'orologio non è l'unica forma di misurazione del tempo di cui disponiamo, ma è certamente preponderante nel modo in cui molti di noi pensano all'"oggetto" tempo. Ed è stato grazie al rispetto del tempo d'orologio che i colonialisti, gli antropologi e in generale gli osservatori occidentali contemporanei hanno potuto considerare le culture indigene non occidentali come prive, o al di fuori, del tempo.

In *Time Blind: Problems in Perceiving Other Temporalities*, Kevin K. Birth scrive delle barriere linguistiche che insorgono quando pensiamo al tempo. Cita uno studio del 2011 in cui i ricercatori dell'Università americana di Portsmouth e dell'Università brasiliana della Rondônia scoprirono che gli Amondawa, un gruppo di indigeni dell'Amazzonia, per parlare del tempo usavano delle metafore e un linguaggio difficili da spiegare a un pubblico occidentale utilizzando una prospettiva occidentale. Per provare a scongiurare errori di traduzione al momento della divulgazione al pubblico, gli autori della ricerca scrissero: "Sconfessiamo con forza ogni interpretazione dei dati qui presentati volta a esoticizzare gli Amondawa definendoli 'popolo senza tempo'". E invece i media finirono regolarmente col distorcere la ricerca per offrire l'immagine di "primitivi" fuori dal tempo. Ne sono un esempio i titoli che vennero fatti, con un linguaggio che stava a indicare una mancanza piuttosto che una differenza: "La tribù senza tempo" (*New Scientist*), "La tribù degli Amondawa non ha un concetto astratto del tempo" (BBC), "La tribù dell'Amazzonia che non ha parole per definire il tempo" (*Australian Geographic*).

La miglior descrizione di questo problema che ho trovato finora viene da un libro di Tyson Yunkaporta, che si trova a cavallo dei due mondi perché è un accademico, un critico d'arte e membro del clan Apalech del Queensland, in Australia. In *Sand Talk: How Indigenous Thinking Can Save the World*, scrive:

> Spiegare le nozioni di tempo degli aborigeni è un esercizio futile perché in inglese le puoi descrivere solo come "non lineari", il che tira subito una grossa riga sopra la nostra sinapsi. Non registriamo il "non", solo il "lineare": questo è l'unico modo in cui

elaboriamo la parola, l'unica forma che essa assume nella nostra mente. Peggio ancora, si può solo descrivere il concetto dicendo ciò che non è, piuttosto di ciò che è. Nelle nostre lingue non abbiamo una parola per non lineare, innanzitutto perché nessuno considererebbe mai di viaggiare, pensare o parlare seguendo un rettilineo. Il percorso tortuoso è l'unico modo di concepire il percorso, e per questo non esiste una parola apposita.

Il tentativo di superare questa barriera e concepire il tempo in modo diverso – non come una sorta di alternativa esotica o vacua congettura, ma in un modo profondamente *sentito* – è difficile e affascinante. Ed è anche urgente, un tema rilevante dal punto di vista politico ed ecologico. I concetti di tempo sono profondamente connessi al modo e al luogo in cui consideriamo le azioni, comprese le nostre. È importante soprattutto adesso, nel momento in cui il mondo invoca non solo azione, ma anche un modello meno umanocentrico di chi e cosa debba ricevere rispetto e giustizia.

Per anni, leggendo di questi diversi concetti di tempo, sono riuscita ad afferrarli a livello astratto, intellettuale. Ma mi ci è voluto di più per collegarli con la mia personale esperienza del "questo". Se qualcosa ho imparato negli ultimi anni della mia vita, è la differenza tra il pensare qualcosa e crederci. Un conto è osservare i processi in natura, un altro è fare i conti con il fatto che, come nota Birth, l'assunto del tempo uniforme è presente nelle nostre osservazioni sin dall'inizio. Così come accade quando un'immagine tridimensionale spunta fuori da un "occhio magico", potrebbe succedere che, con qualche sforzo, riusciamo a invertire la supremazia di schemi e meridiane. Ma come riuscirci?

Non possiamo farlo da quassù. Dobbiamo andare laggiù, sulla spiaggia.

Un torrente sta lentamente erodendo una parte della scogliera su cui ci troviamo, formando una piccola gola. Scendiamo cauti lungo le pareti color caramello punteggiate di indomite piante grasse. Nei punti in cui le pareti bloccano il vento, si leva un profumo di alghe, e dobbiamo scacciare i moscerini della sabbia. Ogni tanto da dietro le rocce nere si solleva in mare aperto un'enorme esplosione di bianco, ricordandoci che dobbiamo stare attenti alle onde anomale.

Quaggiù il sibilo e gli scrosci dell'oceano sono parecchio più rumorosi. La sabbia della spiaggia scricchiola sotto i piedi, in realtà è qualcosa di più simile a una sabbia primordiale. A terra, riusciamo a vedere ciottoli di mezzo centimetro di diametro in tanti colori diversi – rosso scuro, grigio, arancione, bianco sabbia, bianco opalescente, verde – con dei pezzettini di conchiglie bianche mischiati dentro. Se ne prendi in mano un mucchietto puoi dividerli per forma: bozzoli, pasticche, schegge, sfere, chicchi.

Nel mucchio ci sono selce, quarzo, siltite e arenaria. L'identità di un sasso è inscindibile dal tempo e dallo spazio. Per esempio, per diventare una selce "dovevi essere lì" milioni e milioni di anni fa, fuori al largo, di solito in una zona di risalita delle acque profonde, in acque basse dove dei microscopici organismi marini chiamati radiolari seminavano scheletri di silicio sul fondo. Nell'èra mesozoica, questo materiale formò la selce, che poi si ruppe, venne erosa e si riciclò in sassi più e più volte. Quando il fondo del mare venne sollevato per l'ultima volta dall'attività tettonica, durante il Pleistocene – un'epoca in cui sulle terre sovrastanti scorrazzavano felini dai denti a sciabola e terribili lupi – i sassi si erano già inglobati con il resto del materiale che componeva il fondale. La terra così sollevata venne erosa da altre onde, e i sassi si liberarono (andando a formare la ghiaia su cui ci troviamo noi oggi), mentre il resto veniva trascinato via in mare. Ovviamente, non è un processo finito. Davanti a noi, i sassi stanno pian piano lasciando il posto alla sabbia, levigati da ogni onda che arriva.

Guarda di nuovo i sassi. Sia chiaro: non sono né segni né simboli del tempo. No, sono davvero due cose contemporaneamente: il fondo marino risalente all'ultima èra glaciale, e la sabbia futura.

Scaviamo un po' tra i sassi. Con le mani tocchiamo qualcosa di liscio. Se spostiamo i sassi da una parte, emerge una superficie segnata orizzontalmente da scanalature. Coincidono con una serie di rocce striate più grandi che si trovano tutt'intorno a noi. Le striature corrono tra le scogliere da cui siamo appena scesi. Ogni striscia è uno strato di sedimento depositato sott'acqua tra i cento e i sessantacinque milioni di anni fa, molto tempo prima che arrivassero i sassi. Di solito immaginiamo le stratificazioni come formazioni dall'alto in basso, ma al contrario di quanto avvenuto con i sedimenti delle scogliere alle nostre spalle, l'attività tettonica ha ripiegato questo insieme di depositi di sessantatre gradi rispetto alla sua posizione originaria. Il che significa che il tempo, in queste rocce, scorre in diagonale rispetto alla spiaggia.

La sosta che facciamo qui ci dà un'idea molto diversa del concetto di essere "nel tempo". Non siamo degli avatar che si spostano su una casella vuota del calendario, ma ci troviamo piuttosto in cima all'esito materiale di processi che durano milioni di anni, sia nel passato che nel futuro. Improvvisamente, tutto ciò che osserviamo è intriso di tempo concreto: non solo i sassi, le rocce, e le scogliere, ma anche il lento movimento della nebbia verso sud; l'irripetibile espressione di correnti e di venti creata da ogni onda; l'attività frenetica dei moscerini della sabbia; la dispersione di aria e di acqua attraverso i nostri corpi; e persino le sostanze chimiche che guizzano tra le nostre sinapsi mentre formuliamo questi stessi pensieri. Neanche esse si ripeteranno mai, e anch'esse rendono nuovo il mondo.

Le rocce ci insegnano l'inscindibilità del tempo dallo spazio (quando dico "spazio" in questo caso, parlo dello spazio ambientale non dello schema di Newton). La geologa Marcia Bjornerud lo definisce "pienezza temporale" e scrive: "Noto che gli eventi del passato sono ancora presenti... Quest'impressione dà un'idea non tanto di atemporalità quanto di pienezza temporale, un'acuta consapevolezza di come il mondo è fatto dal, anzi in realtà fatto di, tempo". Con una frase che mi ricorda in egual misura gli strati rocciosi, gli anelli dei tronchi d'albero e le lastre della perla dentro una conchiglia, Bergson scrive che "laddove c'è qualcosa di vivo, c'è – aperto da qualche parte – un registro in cui il tempo viene inscritto". Il fatto che questi registri ci risultino estranei può essere in parte attribuito all'ignoranza o alla mancanza di accesso al mondo naturale. Ma la vera difficoltà, in questo caso, riguarda anche il modo in cui pensiamo al tempo e allo spazio. Per Bergson, il tempo astratto e lo spazio astratto sono concetti che emergono insieme. Nella nozione di pienezza temporale suggerita da Bjornerud, tentare di separare il tempo dallo spazio è insensato. Credo che anche Bergson, guardando una spiaggia, vedrebbe una cosa piena di tempo.

Così come il concetto del tempo come denaro, l'astrazione e la separazione del tempo dallo spazio si sono verificate in un momento relativamente recente e in un contesto culturalmente specifico della storia umana. La massima espressione di quest'idea venne raggiunta con la teoria dell'"universo a orologeria" di Isaac Newton, in cui si verificano eventi e interazioni tra entità distinte e limitate: una sorta di universo di cause ed effetti come palle da biliardo, che potrebbe essere interamente descritto e previsto se avessimo abbastanza informazioni. Ma questo concetto non ha avuto vita lunga nel campo della fisica: circa due secoli e mezzo dopo che Newton aveva scritto i suoi *Principia Mathematica*, Einstein teorizzò l'esistenza dello spazio-tempo, e pensatori come Bergson e Alfred North Whitehead intaccarono da varie angolazioni il concetto di tempo astratto. Eppure l'ideale newtoniano si mostrò resistente. L'attivista per i diritti della riserva indiana di Standing Rock, lo storico e teologo Vine Deloria Jr. nota che, nonostante gli sviluppi nella fisica e nella filosofia quantistica, "gran parte della società occidentale ha mantenuto una mentalità newtoniana, mentre i pensatori e i filosofi abbandonavano la credenza che la natura abbia un'esistenza 'al di fuori'" (in un articolo del 1992 per *Winds of Change*, Deloria spiega come la relatività nella fisica abbia legami con l'ontologia dei nativi americani: "Per gli indiani americani... non era necessario postulare l'esistenza di un mondo ideale o di forme perfette che lo spazio o il tempo non toccano, o ipotizzare che spazio, tempo e materia siano qualità intrinseche e assolute del mondo fisico che, quando propriamente descritto in termini matematici, può spiegare con esattezza l'universo". E aggiunge che "per la maggior parte delle tribù indiane era sufficiente capire il modo in cui le cose viventi si comportavano"). Vale ricordare qui che questa resistenza non è attribuibile solo a un'inerzia culturale: il tempo astratto, newtoniano, è il tipo di tempo che può essere misurato, comprato e venduto. Il lavoro salariato richiede che il tempo venga considerato un "oggetto" separato dai corpi e dal contesto ambientale.

Per capire la specificità culturale del tempo astratto e dello spazio astratto, aiuta confrontare la "mentalità newtoniana" con il modo in cui Deloria e altri hanno descritto la realtà nelle cosmovisioni indigene. Le stagioni ci forniscono un esempio di contesto in cui tentare di separare il tempo dallo spazio risulterebbe insensato dal punto di vista funzionale. Come nota Nanni, il fatto di rendere astratto il tempo diede agli europei la possibilità di "portare con sé le quattro stagioni, sovrapponendole alle stagioni locali ovunque andassero intorno al globo", anche se in molti posti non c'erano (e non ci sono) le quattro stagioni. Al contrario, ogni luogo possiede una serie di fasi che corrispondono alle caratteristiche ecologiche di quel posto specifico. Per esempio a Kulin, quella che oggi chiamiamo Melbourne, "si riconoscevano sette stagioni, tutte di durata diversa, a seconda del comparire di flora e fauna specifiche": "la stagione del canguro-mela, corrispondente grosso modo al mese di dicembre, la stagione secca (all'incirca gennaio-febbraio), la stagione dell'anguilla (verso marzo), la stagione del vombato (tra aprile e agosto), la stagione delle orchidee (settembre), la stagione dei girini (ottobre), e la stagione dei prati fioriti (verso novembre). C'erano altre due stagioni più lunghe, che si sovrapponevano alle altre: il fuoco (all'incirca ogni sette anni) e le inondazioni (circa ogni 28 anni)".

Non c'è una ragione intrinseca per cui una stagione debba avere una determinata durata, ancor meno che ce ne siano quattro di durata uguale che si escludono a vicenda. Fino a relativamente poco tempo fa, denominazione e individuazione di stagioni o entità stagionali era l'indicazione di una qualche azione da compiere: raccolto, caccia, vendemmia (nella parola inglese *season*, stagione, si ritrova un riferimento all'utilizzo delle stagioni, perché deriva dal latino *satio*, dal verbo *serere*, "seminare"). Allo stesso modo, nessun elemento di una stagione può essere preso e isolato dallo spazio, dal tempo o da altre componenti: in questo caso non troveremo delle palle da biliardo perfette, solo una rete di processi correlati e sovrapposti. Yunkaporta scrive della quercia setosa australiana, il cui nome originale e uso medico possono essere capiti solo in un contesto spazio-temporale esteso: "Nelle lingue aborigene la quercia setosa ha lo stesso nome che si usa per l'anguilla, il che ci indica che è il momento giusto per mangiarla. In quella stagione il grasso d'anguilla è medicamentoso e serve a curare la febbre" (Deloria fa un altro esempio di questa misurazione del tempo: le tribù che vivevano sul fiume Missouri piantavano le colture di mais e poi le lasciavano lì per trasferirsi a metà estate sugli altipiani e in montagna. Avevano imparato a usare l'asclepiade come "pianta-spia", e sapevano che quando i baccelli avevano raggiunto un certo stadio, era arrivato il momento di tornare a valle e raccogliere il mais).

Il luogo comune vuole che la Bay Area "non abbia le stagioni", se paragonata ad altri luoghi. Probabilmente fa questo effetto soprattutto a chi proviene da posti come il Midwest o la costa orientale, dove gli inverni sono rigidi, gli sbalzi di temperatura più ampi, e può capitare che gli eventi climatici interrompano il ritmo della vita quotidiana. Ma anch'io, che sono cresciuta qui, ho interiorizzato questa visione errata della Bay Area, che mi ha resa a mia volta insensibile ai cambi di stagione.

Poco tempo fa, una persona con cui ho parlato, che aveva vissuto a lungo sulle Montagne di Santa Cruz, teorizzava che da noi ci sia uno "sviluppo" costante e graduale, piuttosto dei cambiamenti bruschi. Negli anni ho imparato a riconoscere così le stagioni: l'adelinia arriva sempre prima dell'iris di Douglas, che viene prima del *monkeyflower*. I moriglioni dorsotelati arrivano d'inverno, le eleganti sterne d'estate. Con l'avanzare della siccità e l'aumento delle stagioni degli incendi, sono entrata sempre più in sintonia con le stagioni umide, con le piogge di febbraio e marzo e con quello strato di nebbia che d'estate scende sulla costa. Se, come dice Deloria, ogni luogo mostra una "personalità", essa è composta tanto dal *quando* quanto dal *chi*: un nastro di sviluppi sovrapposti come le tracce di una canzone. In ogni luogo diverso, questa canzone suona lievemente diversa: persino sulle Montagne di Santa Cruz ho potuto notare come il versante di una montagna coperto di arbusti mostri un'evoluzione diversa rispetto al versante coperto dalle sequoie.

Il corollario di un tempo fungibile è uno spazio fungibile: i metri quadrati di una proprietà o un ostacolo che dobbiamo affrontare per arrivare alla nostra destinazione. Molte persone, che sia per mancanza di interesse, o di tempo, o di accesso a spazi aperti sicuri, o una qualche combinazione dei tre fattori, faticano a identificare il profilo vivo – quello che Deloria definisce la "personalità" – dello spazio in cui vivono, o il terreno sottostante al centro commerciale. Nel saggio "Indigenizing the Future: Why We Must Think Spatially in the Twenty-first Century", Daniel R. Wildcat, un membro Yuchi della Nazione Muscogee dell'Oklahoma, si chiede "cosa accadrebbe se gli esseri umani tornassero a considerare i luoghi – la dimensione spaziale – in cui viviamo come costitutivi della nostra storia, come il tempo o la dimensione temporale". È una domanda vitale che spinge contro la gabbia del tempo fungibile come le radici di un albero sotto il marciapiede, soprattutto nel momento in cui per un numero sempre crescente di persone diventa difficile vivere nello stesso posto a lungo. Cosa ne sarebbe della nostra visione del tempo se riuscissimo a vedere meglio i nostri *dove*?

Avanziamo ancora in questo posto, fino a un punto in cui si sono raccolte le pozze di marea tra le rocce sedimentarie che abbiamo appena visto scavando tra i sassi. Nel parcheggio un cartello informava che "il modo migliore per osservare le specie delle pozze di marea è sedersi in silenzio finché gli animali non emergono dai loro nascondigli e riprendono le normali attività". Ci appostiamo lungo una delle pozze più profonde e fissiamo quella che sembra essere una scena immobile: sabbia, e rocce levigate dall'acqua e coperte di alghe, piccole alghe rosse e nere, e delicati merletti marini fluttuanti.

Dopo qualche istante, alcuni oggetti scuri e tondi, che credevamo essere sassi, si rivelano essere lumache. Alcune stanno ferme, mentre altre caracollano sullo stretto e accidentato fondo marino. Compare un granchio largo un paio di centimetri. Quando è arrivato un po' troppo vicino a una certa roccia, spunta un granchio più grande e ne segue una breve e quieta battaglia tra granchi, un dramma in miniatura che si svolge su una scala completamente diversa rispetto alle onde che continuano a infrangersi in sottofondo. Più a lungo restiamo a guardare, sempre più drammi compaiono tra le rocce.

In un saggio del 1973 intitolato "Approcci di cosa?", lo scrittore francese Georges Perec ha coniato il termine *infraordinario*. Scriveva che i media e la percezione pubblica del tempo si concentravano sullo *stra*ordinario, le cose al di fuori dell'ordinario, come i cataclismi e le rivoluzioni. L'*infra*ordinario era invece lo strato all'interno o subito sotto l'ordinario, e per riuscire a vederlo bisognava essere capaci di vedere attraverso l'abituale. Non era una cosa da poco, dato che l'invisibilità è parte connaturata dell'abitudine. "Non si tratta neanche più di un condizionamento, questa è anestesia", scrive Perec. "Dormiamo la nostra vita di un sogno senza sogni. Ma dov'è la nostra vita? Dov'è il nostro corpo? Dov'è il nostro spazio?".

Essendo chiaramente una persona dedita a rendere alieno ciò che ci è familiare, Perec scrisse un romanzo di trecento pagine senza usare la lettera *e*. Aveva anche dei sistemi tutti suoi per trovare l'infraordinario. In *Tentativo di esaurimento di un luogo parigino*, scelse come oggetto di studio Place Saint-Sulpice, una grande piazza vicino al centro della città. Ci andò per diverse volte al giorno, per più giorni, sedendosi in una serie di caffè e su una panchina, ed elencando tutto ciò che notava. L'elenco ha un che di incantatorio, con sfumature da verbale di polizia.

> Un furgoncino delle poste.
> Un bambino con un cane
> Un uomo con il giornale
> Un uomo che ha una grande "A" sul maglione
> Un camion di "Que sais-je?": "La collection Que sais-je? a réponse à tout" (La collana 'Que sais-je?' ha una risposta a tutto)"
> Uno spaniel?
> Un 70
> Un 96
> Le corone mortuarie vengono portate fuori dalla chiesa.
> Sono le due e mezza.

Passano un 63, un 87, un 86, un altro 86 e un 96.
Un'anziana signora si mette la mano a visiera per vedere che numero di autobus
sta arrivando (dall'aria delusa posso dedurre che vorrebbe prendere il 70)
Fanno uscire la bara. Ricominciano i rintocchi a morto.
Il carro funebre se ne va, seguito da una 204 e da una Mehari verde.
Un 87
Un 63
I rintocchi smettono
Un 96
Sono le tre meno un quarto.

Nell'introduzione a questo pezzo, Perec elenca brevemente i punti di normale interesse di Place Saint-Sulpice, come il municipio, un commissariato di polizia, e "una chiesa ai cui lavori hanno partecipato Le Vau, Gittard, Oppenord, Servandoni e Chalgrin". Perec non era interessato a questi, perché erano ben identificabili. Scrisse che il suo intento "è stato piuttosto quello di descrivere il resto: ciò di cui normalmente non si prende nota, ciò che non si osserva, ciò che non ha importanza: ciò che succede quando non succede niente, se non il tempo, le persone, le macchine e le nuvole".

Ciò che succede quando non succede niente. Di certo Perec era consapevole dell'ironia di questa frase, perché non è mai vero che non succede niente. Il tempo, le persone, le auto, e le nuvole sono tutte cose in movimento. Anche se ci ritrovassimo su un grande spiazzo di cemento in mezzo al deserto, saremmo circondati comunque da un turbinio di particelle aeree, dal movimento del sole sopra di noi, da una placca tettonica che si sposta, e dall'invecchiamento della mente e del corpo che usiamo per percepire queste cose. Nella postfazione del traduttore a un'edizione del 2010 di *Tentativo di esaurimento di un luogo parigino*, Marc Lowenthal sottolinea quel "tentativo" nel titolo di Perec, e scrive che "il tempo, inarrestabile, lavora contro il progetto [di Perec]... Ogni bus che passa, ogni persona che gli cammina davanti, ogni oggetto, cosa, o evento, alla fine qualsiasi cosa accada o non accada ha come unica funzione la stessa di tanti cronometri, segnali, metodi e indicazioni per segnare il tempo, per erodere la permanenza".

Per quattro anni di seguito, ogni semestre, ho dato ai miei studenti di design lo stesso compito in classe, vagamente ispirato dal testo di Perec. Chiedevo loro di uscire dalla classe per un quarto d'ora e annotare ciò che vedevano. Una volta rientrati, discutevamo non solo di ciò che avevano notato, ma anche del perché pensavano di aver notato quelle cose. Il più delle volte facevano questo esercizio all'interno del campus, e tendevano a notare soprattutto le interazioni sociali umane. Ma quando diedi questo esercizio nell'aprile 2020, molti di noi non si trovavano nel campus. Nella maggior parte dei casi, si collegavano su Zoom dalle case dei genitori o degli amici e, per il compito, guardavano fuori dalla finestra o uscivano in giardino. Tornavano per discutere del loro quarto d'ora di studio, ed emergeva un tratto evidente: molti di loro avevano notato gli uccelli. Non solo, avevano notato di non aver mai notato quegli uccelli prima d'allora, almeno non in quei posti.

Le loro osservazioni erano forse sintomatiche di un più ampio trend: le persone durante la pandemia erano rimaste in casa, e quindi gli uccelli avevano cominciato a essere più visibili. In un pezzo intitolato "The Birds Are Not on Lockdown, and More People Are Watching Them", il *New York Times* intervistò Corina Newsome, che sottolineò come l'inizio dei lockdown fosse coinciso con la migrazione stagionale. Ipotizzò che l'osservazione degli uccelli "ci dà la pace e la calma per capire che anche se i nostri ritmi si sono spezzati, esiste un ritmo più grande che continua e va avanti". Nel 2021, la banca dati online eBird registrò un 37 per cento di aumento di utenti che postavano osservazioni, con un giorno record nel maggio 2020. A giugno 2020 gli acquisti di binocoli erano aumentati del 22 per cento rispetto all'anno precedente, e nell'agosto dello stesso anno, il negozio specializzato Lizzie Mae's Bird Seed riportò un 50 per cento di aumento nelle vendite di becchime e accessori per il birdwatching. Nell'aprile 2020, Merlin, la app di identificazione degli uccelli del laboratorio di ornitologia della Cornell University, ebbe un aumento record di download mensili.

Questo aumento di partecipazione è in parte attribuibile allo sforzo, tuttora in corso, di attirare verso il birdwatching un pubblico più diversificato in termini di età, classe ed etnia. Ma una parte del fenomeno è dovuto al fatto che alcuni erano rimasti bloccati in casa a guardare regolarmente fuori dalla finestra, o all'altro capo dell'obiettivo: entro maggio erano raddoppiate le visite alle webcam della Cornell puntate in diretta sugli uccelli. Per coloro che avevano già l'abitudine di osservarli, la pandemia rappresentò un cambiamento perché, invece di andare a cercare le specie rare nelle riserve naturali, cominciarono ad apprezzare "ciò che succede quando non succede niente", o le minime attività di uccelli che erano da sempre nelle vicinanze. Infatti, i tassi di osservazione su eBird di uccelli nelle aree suburbane registrarono un aumento significativo a seguito degli obblighi di isolamento. In Idaho, dopo il lockdown statale, c'è stato un aumento del 66 per cento degli invii su eBird di check-list degli avvistamenti e un raddoppio delle segnalazioni di "specie residenziali comuni", tra cui la ghiandaia, la cinciallegra e il rampichino bruno, "una specie mimetica che diventa più facile da individuare quanto più tempo si passa a guardare fuori dalla finestra".

In realtà, quello del rampichino bruno mimetico è uno dei migliori esempi di qualcosa che viene allo scoperto grazie a un'attenzione prolungata e localizzata. Lungo circa 12 centimetri e del peso di soli 9 grammi, ha un piumaggio screziato color cioccolato e bianco, che si mimetizza bene con i tronchi d'albero. Inoltre, quest'uccello non sta spesso sui rami come fanno altri, ma resta aggrappato sul fianco del tronco, avanzando o retrocedendo con movimenti furtivi e saltellanti. Scherzavo solitamente con gli amici sul fatto che l'unico modo per vedere un rampichino bruno sarebbe stato puntare a caso lo sguardo su un tronco d'albero al momento giusto. La prima volta che ne vidi uno, ovviamente per caso, pensai di avere le allucinazioni e che quel pezzo di tronco si fosse spezzato e si stesse spostando in qualche modo verso l'alto. Ora che so come riconoscere il loro canto debole, riesco a farlo in modo un po' più intenzionale, spostando almeno lo sguardo nella giusta direzione quando lo sento. Ma, come suggerisce nella sua descrizione della specie la guida online del laboratorio della Cornell, *All*

About Birds, mi tocca ancora aspettare pazientemente e "tenere gli occhi aperti in cerca di movimento".

Ovviamente molte entità viventi e sistemi di questo pianeta non seguono l'orologio degli umani occidentali (per quanto alcuni, come i corvi che memorizzano il percorso quotidiano dei camion dei rifiuti in città, chiaramente si adattano ai ritmi delle attività umane). L'osservazione di un rampichino bruno che saltella su e giù, scrutando nelle fessure ed estraendo i vermi col suo piccolo becco da dentista, è dunque un modo per farsi trasportare fuori dagli schemi e verso un senso del tempo tanto diverso da essere a malapena immaginabile per noi. Ho imparato dal libro di Jennifer Ackerman *The Bird Way* che il manachino nero, un uccello canterino del Sud America, può fare capriole così veloci che un umano riesce a vederle solo in un video a rallentatore. Alcuni canti d'uccello contengono note emesse troppo velocemente o troppo alte per poter essere percepite dall'orecchio umano (un esempio particolarmente bello è la registrazione al rallentatore dello scricciolo del Pacifico su BirdNote). I tordi usignolo bruni, specie della famiglia delle rondini americane, possono prevedere gli uragani con mesi di anticipo e in base a questo adattare le proprie rotte migratorie, e nessuno ha ancora capito come fanno. I corpi stessi degli uccelli e i loro movimenti sono un intreccio di tempo e spazio: se una strolaga vola a latitudini alte, è estate, e l'uccello è quasi tutto nero con un ben distinto motivo di strisce bianche. Se la stessa strolaga si trova vicino al mio studio di Oakland, è inverno, e l'uccello è diverso fino a essere quasi irriconoscibile, di uno scialbo bruno grigiastro (l'unica volta che ho visto una strolaga con il piumaggio bianco e nero è stato molto a nord, nello stato di Washington). Per cui, se mostri a un esperto osservatore di uccelli un'immagine di certe specie nel pieno della muta, potrebbe anche riuscire a capire dove si trovava quell'uccello nel corso del suo viaggio migratorio (ho sentito parlare delle strolaghe per la prima volta in una lezione sulle anatre tuffatrici tenuta nel 2019 da Megan Prelinger alla Golden Gate Audubon Society. Nel suo saggio "Loons, Space, Time, and Aquatic Adaptability", Prelinger nota che le Gaviiformes, l'ordine a cui appartengono le strolaghe, hanno compiuto un'altra, più lunga migrazione: dopo essersi evolute nell'emisfero sud, risiedono oggi solo in quello nord. Come altre forme di vita acquatica, le Gaviiformes hanno anche attraversato una serie di ondate globali di estinzione. Notando che "l'homo sapiens non ha una storia così antica da permetterci di afferrare o intuire finestre temporali tanto ampie", Prelinger ipotizza che "faremmo bene a cercare di emulare la strolaga: vale a dire, immaginare che le nostre specie debbano resistere sulla Terra per milioni di anni").

Nel giugno 2020, eBird riportò un aumento del 900 per cento di nuove registrazioni per le "liste di cortile". Le liste di cortile su eBird sono una sottocategoria delle "liste di macchia". Qualche esempio di macchie: "il parco locale, la passeggiata di quartiere, [o] il laghetto preferito o il depuratore". L'idea delle macchie è istruttiva. Al contrario delle strade, dei confini tra proprietà e dei confini urbani, le macchie esistono spesso nella dimensione dell'infraordinario, perché sono spazi ufficiosi, delineati solo dall'attenzione. Quest'attenzione deve a sua volta fare i conti con il fatto che, come disse Margaret Atwood in un'intervista sull'osservazione degli uccelli, "la natura è grumosa", nel senso che gli uccelli hanno i loro specifici quartieri. Anch'io ho le mie macchie nel quartiere dove vivo: per esempio, un lato di un parchetto abbandonato dove, nei mesi giusti, so di poter vedere un pigliamosche del Pacifico. J. Drew Lanham, *birdwatcher* e docente di zoologia alla Clemson University, ha scritto in modo struggente di una macchia di passerotti lungo una strada nella Carolina del Sud su cui passava "centinaia di ore andando su e giù", prima di un'aggressione razzista per mano di un contadino locale che lo costrinse a ripensare quell'abitudine. Fino ad allora, se ne stava "seduto a guardare e ad ascoltare, assorbendo tutta quella boscaglia piena di passerotti".

La macchia può essere piccola quanto vuoi. La più piccola che io abbia mai avuto era un solo ramo su un ippocastano californiano in un vicino giardino locale, un posto che durante la pandemia ho visitato o attraversato centinaia di volte. Da queste parti gli ippocastani hanno delle fasi temporali ben distinguibili: alla fine dell'estate vanno in letargo, e i loro rami spogli somigliano a un cervello elettrificato, e poi cacciano dei baccelli duri, bruni e velenosi, grossi come pesche. Il profumo dei loro fiori bianchi in primavera è il mio preferito, e ogni anno non vedo l'ora che arrivi.

A partire dalla fine del 2020, ogni volta che andavo al parco, controllavo quello che avevo soprannominato il "mio ramo". Alla fine di dicembre, l'estremità del ramo aveva un piccolo baccello rossastro. A gennaio, il baccello si era ingrandito ed era diventato verde. Ai primi di febbraio, il baccello si aprì e svelò delle piccole foglie compattate. Le foglie e i loro steli crebbero rapidamente nelle settimane successive, e alla fine del mese si erano completamente schiuse, avevano perso le coste e la brillantezza cerea, ed erano diventate di un verde scuro e completamente flosce. A marzo, vidi che gli uccelli avevano fatto dei buchi nelle foglie e che dal tronco stava crescendo uno stelo di fiore. Ad aprile il picciolo era raddoppiato di dimensioni e poi alcuni, ma non tutti, fiori del grappolo si aprirono – quel profumo, finalmente! – protendendo verso la luce i loro lunghi stami. A maggio, tutti i fiori si erano aperti, un invito non solo a me, ma a un'esplosione di api il cui ronzio si avvertiva dalle strade vicine. Ai primi di giugno, alcuni dei fiori avevano cominciato ad appassire, e dalle loro punte un giallo brillante iniziava a serpeggiare lungo le foglie. A metà luglio, tutti i fiori erano appassiti e le foglie erano diventate sottili, brune e cartacee. Il frutto dell'ippocastano si intravide ad agosto, all'inizio color verde menta e peloso, poi cominciò a indurirsi e a farsi più marrone a settembre, quando le foglie morte stavano attaccate a malapena. A ottobre, le foglie erano sparite del tutto, ma si erano già sviluppati i baccelli delle foglie dell'anno successivo. A novembre, il frutto dell'ippocastano cadde dall'albero.

Tutto questo è avvenuto in modo disomogeneo e all'interno di lassi temporali più o meno ampi. In un unico stelo floreale, alcuni fiori si erano aperti e altri no. E in quello stesso momento, altri alberi dello stesso vialetto avevano solo baccelli o erano completamente in fiore. La stessa cosa avviene con la senescenza: alcuni alberi si fanno fragili prima dei loro vicini, e l'avanzamento del giallo procede in modo disomogeneo persino all'interno dello stesso ramo. Se avessimo tagliato il mio ramo, avremmo visto che gli anelli si stavano formando persino adesso: in minor numero rispetto al tronco, perché il ramo è più giovane.

Ovviamente, un giorno l'albero morirà: gli ippocastani durano normalmente tra i 250 e i 300 anni.

Questo specifico albero doveva essere stato piantato nel parco, ma è più difficile individuare il posizionamento di ippocastani selvatici in un ambiente più vasto. Molte specie di piante fanno affidamento sugli uccelli o su altri animali per disperdere i propri semi, e questo rende lo schema del loro posizionamento un'eco degli animati movimenti del passato. Ma ogni parte dell'ippocastano è velenosa, come reazione al processo di adattamento contro i predatori. In un articolo per *Bay Nature*, Joe Eaton scrive che, a differenza delle altre specie che dipendono dagli animali, gli ippocastani dipendono in gran parte dai baccelli grandi e pesanti che cadono in terra e rotolano giù dalle colline. Eppure, osserva, "gli alberi non crescono solo in fondo alle valli. Alcuni crescono lungo i costoni, in cima alle colline, persino sulla cresta delle scarpate". Elencando gli usi dell'ippocastano adottati dalle tribù indigene locali, che arrostivano e spurgavano i semi per rimuovere il veleno, o li usavano per stordire i pesci nei torrenti, Eaton scrive che gli ippocastani d'alta quota potrebbero essere cresciuti da semi scartati da queste tribù in luoghi dove erano avvenute le lavorazioni.

D'altronde, l'esistenza stessa dell'ippocastano, come di qualsiasi altra specie, cela una fase dell'evoluzione. L'inconfondibile vista dei rami spogli a fine estate è il lascito di un cambiamento del clima avvenuto tre milioni di anni fa, quando l'ippocastano si adattò alle estati che si erano fatte secche e avevano ucciso i suoi coevi. In realtà, si adattò cambiando il proprio calendario: cominciando il ciclo di crescita alla fine dell'inverno e perdendo le foglie in estate, l'albero perde meno acqua per evaporazione.

Cos'è un orologio? Se è qualcosa che "indica il tempo", allora il mio ramo era un orologio ma, a differenza dell'orologio di casa, non sarebbe mai tornato sulla sua posizione originaria. Era invece testimone fisico e archivio di eventi sovrapposti, alcuni dei quali risalenti a molto tempo fa, altri che si stanno ancora verificando mentre scrivo.

Questo esercizio di osservazione è un esempio di quel che io considero lo "scongelare qualcosa nel tempo". Il che significa liberare qualcosa o qualcuno dai legami di un'entità apparentemente stabile, individuale, che esiste in un tempo astratto, e vederlo non solo come esistente all'interno del tempo, ma anche come la materializzazione permanente del tempo stesso.

In questo caso, per me è importante notare la differenza tra considerare l'albero *prova* del tempo e considerarlo *simbolico* del tempo. Si possono certamente estrarre riflessioni utili sul tempo e sul destino dalla struttura ramificata di un albero, ma qui mi sto riferendo a una cosa diversa: questo preciso albero sta codificando il tempo e il cambiamento in questo preciso momento.

Questo esercizio di scongelamento di qualcosa nel tempo non è difficile. Se vuoi osservare del tempo non fungibile, prendi semplicemente un punto nello spazio – un ramo, un cortile, uno spiazzo, una webcam – e limitati a continuare a guardare. Lì si sta scrivendo una storia. Così come gli schemi sempre più ampi dei venti su Windy.com, questa storia non si può separare dalla storia di tutte le vite, persino dalla tua. Questa storia è, alla fine, la caratteristica del "questo": la cosa irrequieta, inarrestabile, in costante capovolgimento che *fa andare tutto.*

Sta salendo la marea. Sembra pronta a inglobare le pozze che, dopotutto, non erano altro che un momento nel tempo (delle maree). Le lumache si rintanano, i granchi si preparano a girare, e il ragno saltatore da spiaggia si ritira nella conchiglia di un cirripede che sigilla con la seta. Per un po' queste rocce spariranno. E spariremo anche noi, perché torneremo indietro verso le scogliere.

Ma prima di andarcene, dovremmo soffermarci a guardarle dal basso, e a guardare il terreno stranamente piatto su cui ci trovavamo prima. Anche la piattezza è una testimonianza. È una terrazza marina, e si formò in una fase del Pleistocene in cui i livelli marini rimasero stabili abbastanza a lungo perché le onde erodessero la fiancata della costa, lasciandosi dietro un'area piana che venne poi sollevata dall'attività tettonica. A seconda di come andranno le cose nella prossima fase fredda della terra, il punto in cui ci troviamo adesso potrebbe essere la sommità di una terrazza futura.

Cosa accade in un mondo in cui la durata di Bergson e la pienezza del tempo di Bjornerud sono palpabili e in cui il tempo torna al proprio posto? Invece di cose che semplicemente vengono spazzate via dal vuoto "oggetto" tempo, potresti iniziare a vedere più spesso le "cose" come schemi nel tempo. Proprio come l'architettura di una città, il mondo diventa un mosaico di quel che emerge da settimane, decenni e secoli diversi, costruzioni successive e poi erose, che si spingono, scorrono e si proiettano verso l'ignoto.

Lo scongelamento di una cosa nel tempo la può trasformare da merce in qualcos'altro, un processo che spesso ci costringe a riconoscere qualcosa – una cosa che ha che fare con il "questo" – che è specificamente non assimilabile al processo di mercificazione. Robin Wall Kimmerer, scienziata delle piante e membro della Citizen Potawatomi Nation, ha inserito un capitolo illustrato, intitolato "Il proprietario", nel suo libro di storia dei muschi. Tra le altre cose, è la storia di una persona che non è riuscita a comprare il tempo come avrebbe voluto, soprattutto perché non sapeva come osservarlo. In qualità di studiosa di briologia, Kimmerer viene invitata per una consulenza in una tenuta il cui proprietario voleva "creare una replica precisa della flora degli Appalachi". In nome dell'autenticità, voleva che nel progetto generale fossero inclusi i muschi nativi.

Quando Kimmerer arriva alla tenuta, uno degli addetti le fa capire che è in ritardo. "Guardando l'orologio, dice che il proprietario controlla accuratamente l'uso che i suoi consulenti fanno del tempo. Il tempo è denaro". Un orticoltore le fa fare il giro della proprietà, e Kimmerer osserva con diffidenza una galleria d'arte africana. Gli oggetti sono autentici, dichiara orgoglioso l'orticoltore. Ma non sono solo stati rubati. Sono congelati nel tempo. "Un oggetto in una teca diventa solo il facsimile di se stesso, come un tamburo appeso al muro di una galleria", scrive Kimmerer. "Un tamburo diventa autentico quando una mano umana tocca il legno e il cuoio. Solo allora soddisfa il proprio intento".

Salta fuori che il proprietario ha idee simili anche riguardo ai muschi. Quando le mostrano una gigantesca roccia scolpita coperta di bellissimi muschi, Kimmerer capisce che la combinazione non è naturale:

quelle specie non crescerebbero mai insieme in quel modo. Quando chiede come sono riusciti a ottenere quel risultato, l'orticoltore risponde semplicemente: "attaccatutto". Ma l'attaccatutto non servirà per la gigantesca parete di pietra per la quale il proprietario ha richiesto l'aiuto di Kimmerer. Le hanno detto che la parete, che farà da sfondo al campo da golf, deve apparire come se fosse lì da anni. "I muschi la faranno sembrare vecchia, quindi dobbiamo farceli crescere sopra". Kimmerer sa che è impossibile: gli unici muschi che possono crescere su rocce silicee in pieno sole senza umidità non sono quelli verdi e rigogliosi che ha in mente il proprietario. Tuttavia, quando cerca di spiegarlo, l'orticoltore rimane impassibile, e dice che possono installare un impianto umidificante o persino "far scorrere una cascata su tutta la parete, se necessario". In altre parole, i soldi non sono un problema. "Ma la roccia non aveva bisogno di denaro, bensì di tempo", scrive Kimmerer. "E l'equazione 'il tempo è denaro' non funziona al contrario". Quando vanno insieme a vedere una vicina vallata, ricca di rocce e di muschi, l'orticoltore dice che quello è esattamente ciò che il proprietario vuole per la sua casa. "Mi lanciai ancora una volta nella spiegazione del rapporto tra il tempo e i muschi", racconta Kimmerer, osservando che probabilmente i letti di muschio avevano centinaia di anni. È anche scettica riguardo al desiderio del proprietario di trapiantare i muschi su un terrazzamento di roccia nella tenuta. Avendo studiato proprio come i muschi "decidono" di crescere su una roccia, Kimmerer sa che i muschi che crescono sulle rocce "resistono all'addomesticamento in modo spropositato".

L'anno successivo, Kimmerer viene di nuovo invitata nella proprietà, e scopre che in qualche modo sono riusciti a mettere i muschi sul terrazzamento. In un primo momento è colpita, ma poi resta inorridita nello scoprire come sia stato raggiunto il risultato: i progettisti avevano selezionato le sezioni "più belle" della vicina vallata e usato degli esplosivi per estrarre le rocce coperte di muschi. Il motivo per cui l'avevano richiamata è che i muschi trafugati si stavano ammalando e si erano ingialliti. Kimmerer, che ancora non conosceva l'identità del proprietario, è furiosa. "Chi è quest'uomo che riesce a distruggere uno sperone di roccia rigoglioso di muschi per poter decorare il suo giardino con un'illusione di antico? Chi è quest'uomo che ha comprato il tempo e ha comprato me?". Riflettendo sul carattere squisitamente umano della proprietà, si chiede cosa veda il proprietario quando guarda il suo giardino: "Forse non vede degli esseri, ma solo opere d'arte, prive di vita e ridotte al silenzio come il tamburo della sua galleria".

Kimmerer considera l'esplosione delle rocce nella vallata come una sorta di crimine, anche se il proprietario "possiede" le rocce legalmente. "La proprietà sminuisce la sovranità innata della cosa", scrive. Se davvero il proprietario avesse amato i muschi, "li avrebbe lasciati in pace e ogni giorno avrebbe fatto una passeggiata per andare a guardarli". Vedere una cosa nel tempo vuol dire lasciare che abbia una sua vita e permettere che questa vita implichi qualcosa di più del meccanicismo di causa-effetto di un mondo newtoniano. In questo sistema di pensiero, i muschi "decidono" su quali rocce vivere, e persino le rocce hanno una vita (questa storia, così come l'idea di "scongelare nel tempo", ha delle somiglianze con il modo in cui la nozione intuitiva di Bergson – un modo di vedere può ammettere la durata – venne adottata dalla critica dell'ottica coloniale europea mossa dal movimento Négritude. Léopold Sédar Senghor, politico, teorico, poeta senegalese e cofondatore del movimento, scrisse che l'osservatore europeo "si distingue dall'oggetto [e] lo tiene a distanza, *lo immobilizza al di fuori del tempo*, e in un certo senso al di fuori dello spazio, lo fissa e lo ammazza" (sottolineature mie). In *African Art as Philosophy: Senghor, Bergson and the Idea of Negritude*, Souleymane Bachir Diagne lo definisce "lo sguardo che congela").

In *Cause naturali* di Barbara Ehrenreich, un libro su cui tornerò più in dettaglio nell'ultimo capitolo, l'autrice articola un concetto di arbitrio che è atipico per la mentalità occidentale e più vicino a quello di Kimmerer. Utilizzando i suoi studi di biologia cellulare, descrive il processo decisionale cellulare, postulando che "secondo dopo secondo, sia la cellula individuale che il conglomerato di cellule che noi chiamiamo un 'umano' fanno la stessa cosa: elaborano i dati e prendono delle decisioni". Ehrenreich nota la stessa cosa anche su una scala più piccola, citando il fisico Freeman Dyson: "Gli atomi sembrano avere una certa libertà di movimento, e sembra che compiano scelte completamente autonome senza alcun input esterno, quindi in un certo senso gli atomi hanno libero arbitrio". Per Ehrenreich, che immagino concorderebbe con Kimmerer sulle rocce e i muschi, l'arbitrio significa semplicemente "la capacità di intraprendere un'azione". In questa concezione, l'arbitrio "non si concentra solo negli umani o nei loro dei o nei loro animali preferiti. È sparso nell'universo...". Se ricordiamo il "registro" di Bergson in cui "viene inscritto il tempo", sembrerebbe che queste azioni e decisioni facciano parte di quell'iscrizione.

Se avverti una certa resistenza all'idea che le rocce possano essere vive, ti inviterei solo a chiederti il perché. Per quanto la divisione tra vivente e non vivente possa sembrare ovvia, o "sovraculturale" come la definisce Sylvia Wynter, essa è ineluttabilmente culturale. In uno studio intitolato "Models of Living and Non-Living Beings among Indigenous Community Children", i ricercatori messicani hanno intervistato dei bambini Nahua sul fatto che diverse categorie del mondo fossero o meno vive. Le risposte riflettevano spesso la prospettiva "biologica" insegnata a scuola, in cui essere vivi significa mangiare, respirare, riprodursi, eccetera. Ma altre volte, riflettevano il modello "culturale" secondo cui "essere vivi implica che gli oggetti inanimati hanno la capacità di influenzare o incidere sulle vite degli umani e degli animali o essere composti di un materiale particolare": un modello simile a quello di Ehrenreich dell'"intraprendere un'azione". Questo secondo modello compare in un dialogo tra i ricercatori messicani e un allievo Nahua di sei anni:

> RICERCATORI: Cosa mettiamo nella zona dei viventi?
> ALLIEVO: Il terreno.
> RICERCATORI: Perché il terreno è vivente?
> ALLIEVO: Perché ci viviamo.
> RICERCATORI: Perché ci viviamo. Perché è vivente?
> ALLIEVO: Perché, per gli animali.
> RICERCATORI: Ma, se non pensiamo agli animali, il terreno è ancora vivente?
> ALLIEVO: Sì (annuisce con la testa).

RICERCATORI: Sì, perché?
ALLIEVO: Per le piante.

Per la mentalità occidentale, la cosa più difficile da immaginare come dotata di libero arbitrio sono le rocce. Su Quora, alla domanda del perché le rocce sono vive si ottengono risposte in gran parte negative, ma alcuni si cimentano con i limiti della domanda. Una roccia in sé non è mai stata viva, ma per esempio il calcare è fatto di resti di organismi marini ed è in grado di sostenere forme di vita come i licheni. Una persona si chiedeva se il decadimento radioattivo potesse essere considerato una forma di "morte della roccia", e come potrebbe sembrare diversa questa domanda se prendessimo come parametro un periodo di tempo più lungo. Diverse persone hanno riconosciuto che la definizione di vivente e morto è di per sé una questione filosofica. E qualcuno ha semplicemente osservato che, in un certo senso, proveniamo dalle rocce e un giorno torneremo a esse.

In "The Stones Shall Cry Out: Consciousness, Rocks and Indians", lo studioso Osage George "Tink" Tinker sostiene che le rocce possono parlare. Sottolineando che non esiste a tutt'oggi un comune accordo su cosa sia la coscienza, Tinker trova paradossale e arrogante che "la cultura mondiale emergente... del capitale globalizzato e la scienza occidentale siano concordi nel ritenere che le rocce di certo non hanno coscienza".

Imparare ad ascoltare le rocce che parlano richiede una rivoluzione copernicana rispetto all'antropocentrismo. Tinker racconta di una conferenza a cui ha partecipato in cui un artista Kanaka Maoli rispondeva a una domanda su come trovava i massi da scolpire: "Non li trovo io. Sono loro che trovano me!", aveva detto l'artista. "Magari cammino sulla spiaggia, e uno si avvicina e mi colpisce il tallone". Tinker racconta che un professore britannico di studi americani subito replicò: "Ecco il vostro problema. Siete così antropocentrici! Pensate che nel mondo tutto funzioni come funzionate voi". Tinker riflette su questa critica, che trova "emotiva più che razionale":

Nasceva da quasi una settimana di tentativi frustrati di comunicare al di là delle barriere culturali, e anche da una vita trascorsa immersi in una cultura che si ritiene in qualche modo universale e normativa – e dunque intrinsecamente superiore – una posizione di fascismo intellettuale, per quanto ingenuo. Quando finì la sua breve invettiva, mi alzai per sostenere che in realtà la cosa era esattamente l'opposto. "Mi spiace, professor W., ma questo commento non può passare sotto silenzio. In realtà siete voi quelli antropocentrici. Pensate che nel mondo tutto funzioni in modo diverso da come funzionate voi".

In altre parole, una visione come quella del professor W. colloca la Natura come fondamentalmente diversa dall'Uomo perché si comporta in modo deterministico. Quanto al tempo, in questa visione, non è tanto inscritto in una serie di azioni quanto una forza che trascina i materiali come se fossero inerti. Tinker scrive che "Gli euro-occidentali hanno diviso il mondo in una chiara gerarchia di divino, umano e natura – dal più importante al meno importante, in quest'ordine". In uno sviluppo su cui tornerò nel prossimo capitolo, questa divisione è stata storicamente associata alla creazione dell'etnia come concetto, per cui le popolazioni che gli europei incontravano durante le loro spedizioni e che poi fecero schiave, venivano reimmaginate come fasi primordiali del progresso darwiniano verso la vera civilizzazione. Non solo le popolazioni indigene venivano viste come "al di fuori della storia", ma venivano spesso giudicate, in quanto individui e in quanto comunità, come pigre e prive di alcun interesse o comprensione del futuro. In breve, erano viste come prive di arbitrio reale, laddove il modello di arbitrio era quello europeo.

Nel trattato di Tinker sulle rocce ricorre spesso una parola, che è *rispetto*. Per esempio, parlando dell'approccio riduttivo alla mente come "elaborazione fisica del cervello", critica il presupposto secondo cui "un cervello neocorticale altamente sviluppato sia in qualche modo l'obiettivo massimo che si possa raggiungere in termini di coscienza" (un esempio di questo riduzionismo si può rintracciare nel fenomeno quotidiano per cui le nostre memorie sembrano "vivere" in oggetti fisici, in luoghi e in paesaggi. Così come accade con la scrittura e altri ausili alla memoria, può succedere che non si riesca a ricordare qualcosa, per esempio dei dettagli di un certo periodo della nostra vita, finché non ci troviamo in un certo posto. Esempi di come le culture indigene abbiano fatto uso di questo rapporto, associando esplicitamente le storie e le memorie con caratteristiche costanti dell'ambiente fisico, si possono trovare in *Wisdom Sits in Places: Landscape and Language Among the Western Apache* di Keith H. Basso). Al contrario, Tinker osserva che "per esempio, la mancanza di un cervello cognitivo o persino di cervello limbico nei rettili non ha impedito agli indiani di portare un profondo rispetto e ammirazione per l'intelligenza e la coscienza delle lucertole". Allo stesso modo, quando in un episodio del podcast *On Being* J. Drew Lenham dice a Krista Tippett che "idolatra" ogni uccello che vede, è chiaro che questa "idolatria" non sia molto diversa dall'"amore" avido per i muschi del proprietario della tenuta. La differenza tra rispettare e non rispettare qualcosa è nel riconoscimento che quel qualcosa non sia un automa, che sta *registrando* il tempo agendo, e non solo esistendo in esso.

Anche se finora l'ho associata al colonialismo, una versione di questa differenza è visibile nelle nostre interazioni quotidiane con le altre persone. Adam Waytz, Juliana Schroeder e Nicholas Employ lo chiamano "il problema delle menti inferiori", un bias cognitivo che ci porta a sottostimare o a trascurare le situazioni emotive di altri che percepiamo diversi da noi, compreso il pregiudizio che queste persone abbiano più pregiudizi di noi. È come se vedessimo questi individui appartenenti a "gruppi estranei" più come automi che come umani. Gli autori descrivono un incredibile esperimento in cui ai partecipanti veniva chiesto di considerare dei "gruppi estranei generalmente disumanizzati", come tossicodipendenti o senzatetto. Chi si trova al di fuori, pensando alle persone all'interno di questi gruppi, generalmente non attiva le regioni del cervello associate con la teoria della mente, la capacità di immaginare lo stato mentale degli altri. Ma "quando viene chiesto [ai partecipanti] di entrare in contatto diretto con le menti dei membri di questi gruppi, per esempio chiedendosi se a un senzatetto sarebbe o meno piaciuta una certa verdura, allora queste regioni neurali si attivano proprio come fanno con membri estranei di status più elevato" (Shonda Rhimes, autrice di *Grey's Anatomy* e *Scandal*, ha fatto un'osservazione simile durante una lezione su come creare dei personaggi realistici per uno show televisivo. Dopo aver spiegato che i personaggi convincenti devono avere speranze e desideri pienamente formati – in altre parole, un approccio nei confronti del tempo – Rhimes aggiunge che il rischio di creare personaggi stereotipati, statici e noiosi è più elevato quanto si tenta di creare dei personaggi che percepiamo come molto diversi da noi). La domanda sulla verdura presuppone una persona dotata di desideri. E il desiderio, che è un approccio al futuro e un riflesso del passato di ciascuno, può esistere solo nel tempo, il tempo abitato da quella persona.

Credo che questo sia parte di ciò che Kimmerer intende quando parla di "sovranità innata" e ciò che Tinker ci chiede di rispettare. Il concepire la sovranità in posti nuovi può richiedere un cambiamento abbastanza significativo, e per una persona abituata all'antropocentrismo (e, a maggior ragione, all'eurocentrismo), lo scongelamento nel tempo di un mondo intero può risultare straniante. Ricordo, per esempio, come rimasi profondamente scossa da una particolare parte del documentario del 2001 *Il popolo migratore*. Il film comincia e finisce nello stesso luogo e nella stessa stagione, e ci mostra una cosa semplice, eppure profonda: le vite e le lotte di diversi uccelli migratori. Per tutto il documentario, i cineoperatori hanno usato delle telecamere leggere per muoversi insieme alle oche canadesi e ad altri uccelli, cercando di mostrare il paesaggio da un punto il più possibile vicino al loro punto di vista (su un numero del 2009 del *Journal for Critical Animal Studies*, Nicole R. Pallotta ha recensito *Il popolo migratore*, parlando anche delle sue tecniche di ripresa più invasive. Pallotta scrive che "in un mondo ideale – almeno nel *mio* mondo ideale – gli umani non dovrebbero interferire con gli animali non umani, e dovrebbero lasciarli in pace. Tuttavia, il nostro è un mondo bel lungi dall'essere ideale, e in *questo* mondo, questo film ha un potenziale decisivo, e potrebbe rivelarsi di grande utilità". La sua importanza risiede nel modo in cui il "principio di prossimità", che è simile al pregiudizio delle menti inferiori, può estendersi non solo ai gruppi estranei non umani, ma anche alle diverse specie animali. Per esempio, uno studio del 1993 indicò che le persone intervistate classificavano gli uccelli al di sotto dei mammiferi e al di sopra di rettili e pesci in una scala di capacità di percezione del dolore. Le classificazioni misuravano quanto gli intervistati sentissero quei gruppi di animali come vicini agli umani. Pur con delle riserve, Pallotta trova che *Il popolo migratore* è riuscito almeno come "esercizio di de-oggettificazione" in cui "gli uccelli sono trasformati da 'puntini' in 'personaggi'"). La scarna colonna sonora e la voce narrante del documentario rendono più facile immergersi in questa prospettiva, o almeno avvertire il desiderio di farlo.

Per me, la parte più specificamente straniante è stata quando le oche del Canada vengono mostrate mentre sorvolano New York City. Vista come parte di un viaggio che le oche intraprendono da migliaia di anni, la skyline mi è sembrata all'improvviso aliena. "New York" era diventata un bizzarro conglomerato di forme e protuberanze rigide lungo la riva di un fiume. La città esisteva anche per le oche, ma loro la interpretavano in un altro modo, forse come un segnale lungo un percorso di altri segnali in cui ci sarebbero potuti essere altri fiumi. Il loro percorso di volo legava insieme questi luoghi come un grande calendario. Mentre le oche passavano sul porto, non so dire se vedessi ciò che vedevano loro (come minimo, è ovvio che non posso percepire il campo magnetico della terra), ma non vedevo ciò che di solito vedo. Seppur per un istante, la meridiana e lo schema si ribaltarono all'improvviso e afferrai qualcosa al di fuori del (mio) tempo.

Dietro di noi ci sono delle strane formazioni a forma di spugna. Sono chiamate tafoni, e per quanto si ritenga in generale che rappresentino una forma di erosione salina, restano una specie di mistero. Può darsi che il sale sia responsabile dell'apertura dei buchi nelle rocce, ma non è il solo fattore: l'intrico di vaschette, fori e ponticelli dipende forse dalle differenze nella composizione di ogni roccia e da altri fattori ancora. Per spiegare davvero questa impronta distintiva di roccia, sole, aria e acqua, dovremmo afferrare una serie di processi diversi e sovrapposti e di cicli interconnessi, avvenuti in questo luogo specifico. I tafoni sono una rappresentazione evidente di qualcosa che in realtà avviene ovunque, sempre, compreso nel nostro corpo in questo momento: cose che agiscono su altre cose. Sono tracce di qualcosa di simile all'esperienza.

La parola *experience* (esperienza) in inglese ha una comune origine con *experiment* (esperimento). Fare esperienza di qualcosa significa essere presenti a essa, essere co-creatori reattivi di qualcosa che sta accadendo, come le anatre e le oche che migrano e decidono quando partire in base al clima che avvertono. Mel Baggs, blogger che si occupava di autismo e disabilità, prima di venire a mancare, ha mostrato la sua personale forma di esperienza in un video commovente e generoso, intitolato "Nel mio linguaggio". Il video mostra Baggs mentre usa diverse parti del corpo per interagire con vari oggetti in casa, producendo effetti, movimenti e suoni mentre in sottofondo si sente una registrazione del suo canto. I primi minuti del video sono senza parole (nel senso comune di "parola"). Nella parte intitolata "Traduzione", una voce computerizzata legge le didascalie mentre la mano di Baggs fa dei movimenti circolari sotto il rubinetto dell'acqua: "La precedente parte del video era nella mia lingua madre. Molti pensano che quando parlo di quello che è il mio linguaggio significa che ogni parte del video debba contenere un particolare messaggio simbolico destinato a essere interpretato dalla mente umana. Ma il mio linguaggio non si basa sulla creazione di parole e neanche di simboli visuali che debbano essere interpretati. Si basa su un dialogo costante con tutti gli elementi del mio ambiente".

Riecheggiando le parole dell'artista che aveva raccontato come le rocce lo avessero "trovato", Baggs afferma che l'acqua del video "non simboleggia nulla. Sto solo interagendo con l'acqua mentre l'acqua interagisce con me". Nel video appare chiara la relazione tra esperienza ed esperimento: fare esperienza vuol dire testare, provare e reagire a quel che ci circonda. Una sorta di botta e risposta tra diversi elementi. Ma quel che appare altrettanto evidente è la natura politica di chi possa permettersi la capacità di fare esperienza del mondo. L'atto stesso della traduzione (in parole inglesi) nel video di Baggs è reso necessario dalla posizione di non-essere e non-esperienza in cui normalmente immaginiamo si trovino le persone disabili. "Il modo in cui penso e reagisco naturalmente alle cose appare e viene avvertito in modo così diverso dai concetti e persino dall'immaginario standard che per alcuni non è nemmeno considerato un pensiero", dice la traduzione di Baggs. "Ma è un modo di pensare a sé stante". L'articolazione di quest'esperienza, anche se condotta con il linguaggio dominante, permette a Baggs di dichiararsi agente contro le forze che vogliono ridurre la sua persona ad automa.

Un altro esempio del rapporto tra esperienza ed esperimento – e anche etica – compare nel racconto *Il ciclo di vita degli oggetti software* di Ted Chiang. Ana, ex addestratrice di animali, è incaricata di allevare delle intelligenze artificiali, i "digienti". Il processo dura anni, e si rivela alla fine molto simile all'educazione di un bambino. Anche se tecnicamente sono oggetti software, i digienti interagiscono e mettono alla prova le proprie abilità in un mondo virtuale e, quando capita che vengano inseriti in corpi robotici, anche nel mondo fisico. A un certo punto, un'azienda che vende robot domestici si interessa ai digienti ma le trattative si inceppano quando l'azienda viene a sapere che Ana e Jax, il digiente di Ana, condividono la speranza che un giorno Jax otterrà una personalità legale. Il dirigente dice di comprendere i motivi che hanno portato Ana ad affezionarsi dopo così tanto tempo, ma loro stanno cercando dei "prodotti super intelligenti", non dei "dipendenti super intelligenti".

Riflettendo tra sé e sé, Ana si rende conto che l'azienda "vuole qualcosa che risponda come una persona, ma verso cui non ci si senta obbligati come verso una persona". Si ritrova in una posizione simile a quella Kimmerer, la quale sapeva che i muschi centenari avevano impiegato centinaia di anni per crescere, e aveva reagito al loro furto con rabbia protettiva. Il denaro non può comprare questo tipo di tempo:

> L'esperienza non è solo la migliore maestra. È l'unica maestra. Se c'è qualcosa che ha imparato nell'allevare Jax, è che non esistono scorciatoie. Se vuoi creare il raziocinio che deriva da venti anni

trascorsi in questo mondo, devi dedicare venti anni all'obiettivo. Non puoi, in minor tempo, assemblare un insieme equivalente di euristiche. L'esperienza è algoritmicamente incomprimibile.

E per quanto sia possibile scattare un'istantanea di tutta questa esperienza e duplicarla all'infinito, per quanto sia possibile venderne copie a poco prezzo o darle via gratis, ciascuno dei digienti che ne risulteranno avrà comunque vissuto un ciclo vitale. Ciascuno di loro avrà visto il mondo almeno una volta con occhi nuovi, avrà visto le proprie speranze soddisfatte o infrante, avrà provato cosa significa dire una bugia o sentirsela dire.

Il che significa che ciascuno merita un po' di rispetto.

Sulle rocce oscurate dall'acqua, al largo, si vedono le masse argentee delle foche. Un ostrichiere, un limicolo tutto nero con un becco arancione da cartone animato, è indaffarato a esplorare le rocce più piccole, e riesce sempre a non farsi sorprendere dalle onde. Lungo un sentiero sulla scogliera, attraverso i resti appassiti dei fiori di campo, ci imbattiamo in una serie di robusti cartelli di legno che descrivono la geologia locale e l'adattamento alle asperità ambientali delle comunità vegetali. Ma c'è un cartello, che parla del processo di erosione, che è difficilmente raggiungibile. Il vecchio sentiero è stato eroso. Come reazione, lungo la scogliera se ne è scavato un altro.

Considerare una maggior porzione di mondo come costitutiva del tempo, piena di arbitrio e meritevole di rispetto vuol dire abbandonare la gerarchia citata da Tinker, tra chi agisce e chi subisce l'azione. È una cosa esaltante oppure è spaventosa? Wildcat scrive che "i pensatori indigeni non solo riconoscono la casualità e l'impossibilità per gli uomini di controllare il mondo. Ma la vedono anche come qualcosa che dà potere e rende umili, anziché fare paura". Se "dare potere e rendere umili" suona come un paradosso, è a causa del nostro modo di concepire il potere. Il paradosso si dissolve se adottiamo una concezione del mondo in cui il potere, l'arbitrio e l'esperienza non sono legati a corpi individuali ma si trovano "all'interno e attraverso i rapporti e i processi che costituiscono la vita".

Il vero paradosso è una mente che concepisce il mondo come inerte ma che si ritiene soggetta alle stesse leggi del determinismo che regolano tutto il resto: in un certo senso, la definitiva proprietà di se stessi. Nell'autobiografia che cito nel capitolo 2, l'eugenista Francis Galton conduce degli esperimenti per testare la propria idea di uomo come "macchina cosciente" e "schiavo dell'ereditarietà e dell'ambiente", un uomo le cui azioni possono essere facilmente previste. All'apparente ricerca di un residuo di libero arbitrio, Galton scrive che "più a fondo indagavo, sia nelle analogie di condotta ereditarie, che nelle storie di vita dei gemelli, o introspettivamente nelle azioni della mia stessa mente, e più mi appariva ridotto lo spazio per un simile possibile residuo". Dal canto suo, anche Bergson ammette che le nostre azioni si esplicano su una scala che va dal totalmente abitudinario al totalmente libero, ma la libertà che lui ravvede in uno dei due estremi è di enorme portata, si apre verso l'infinito ed esiste dentro e fuori gli esseri umani. Paragonando questa forza vitale a un razzo le cui scintille ricadono sempre a terra, come forma e come materia, ribadisce che non si tratta di una *cosa*, ma di una "continuità dell'esplosione". Nemmeno la creazione è un "mistero", perché "ne facciamo esperienza in noi stessi, quando agiamo liberamente". La libertà è scelta, e la scelta è disseminata nell'universo, sospinge e agisce su tutto ciò che tenta di trattenerla.

Per Bergson, l'esperienza quotidiana della conoscenza e del riconoscimento dimostrano sia la novità di ogni momento che l'irreversibilità del tempo. Descrive una passeggiata in una città conosciuta, i cui edifici sembrano non cambiare mai. Ma quando ripensa al primo momento in cui ha osservato quegli edifici, emerge un paragone che per un istante scongela il mondo: "È come se questi oggetti, che percepisco continuamente e che si sono impressi in modo permanente nella mia memoria, avessero finito col prendere in prestito da me qualcosa della mia stessa esistenza cosciente. Come me, hanno vissuto, e come me sono invecchiati. Questa non è una semplice illusione: perché se l'impressione di oggi fosse assolutamente identica a quella di ieri, che differenza ci sarebbe tra il percepire e il riconoscere, tra l'apprendere e il ricordare?".

Anche Yunkaporta parla di apprendimento e di "eventi creativi" nel contesto del *Turnaround* ("inversione di tendenza"), una parola dell'inglese aborigeno precedente all'invenzione da parte dei coloni della più conosciuta *Dreamtime* ("tempo del sogno"). Descrivendo il rapporto tra il mondo astratto della mente e dello spirito e il mondo concreto della terra, delle relazioni e delle attività, Yunkaporta scrive: "La creazione non è un evento del lontano passato, ma qualcosa che si sviluppa senza sosta e che ha bisogno di custodi che possano continuare questa creazione, mettendo i due mondi in connessione attraverso metafore e pratiche culturali". Un "esempio di *Turnaround* più piccolo ma simile" si verifica quando c'è un rilascio di dopamine nel cervello nel momento in cui riusciamo davvero ad afferrare qualcosa di nuovo. Yunkaporta scrive che un custode del sapere è "un custode di eventi creativi in miniatura che devono verificarsi continuamente nelle menti di chi sta apprendendo".

Come le rocce che spingono verso l'alto dagli abissi e l'acqua che le leviga. Come i frutti bruniti e maturi dell'ippocastano che cadono dall'albero e rotolano giù dalla collina. Come la poesia, che forza i limiti di un linguaggio fossilizzato. O come il razzo a cascata di Bergson che non si può fermare: gli eventi co-creativi delle nostre vite non avvengono in un tempo esterno, omogeneo. Sono essi stessi materia del tempo. Il comprenderlo a fondo è come quando effettivamente facciamo quel discorso che ci siamo preparati in testa. Le prove non saranno mai complete perché la nostra immaginazione non solo non vede la persona con cui parliamo, ma *neanche noi stessi, istante per istante* – la persona cambia e reagisce man mano che la conversazione va avanti. Quando ci ricordiamo di tutto ciò, il futuro può smettere di apparire come un orizzonte astratto verso cui il nostro ego astratto arranca nel suo vuoto contenitore corporeo. Al contrario, "questo", la forza prorompente che conduce questo momento verso il successivo, è una cosa che ci parla sempre, persino e soprattutto dai posti che meno ci aspetteremmo. Per molti di noi l'obiettivo è imparare di nuovo ad ascoltarla.

CINQUE

Cambiamo argomento

L'ARGINE DI PACIFICA

"Da sola, l'umanità non ha futuro."
ACHILLE MBEMBE, "Il diritto universale al respiro"

Siamo cinquanta chilometri più a nord, e guardiamo giù verso l'oceano da un'altra scogliera. Però stavolta i margini della città sono proprio alle nostre spalle, e la nebbia è più al largo sul mare. Dalla vetrina di una caffetteria che vende "caffè, paste e torte", la parola torte *è stata quasi del tutto raschiata via dall'aria salata, e gli scoli del marciapiede sono pieni di sabbia. Davanti a noi, una scarpata precipita ripida verso la spiaggia, e in fondo alla strada si intravede un'area piatta, vuota, recintata, proprio sull'orlo della scogliera. Un progetto di terrazza panoramica? A quanto pare no. È lo spazio un tempo occupato da una vecchia casa, che è stata rimossa prima che precipitasse in mare. Ci sono due cartelli nelle vicinanze: uno ci mette in guardia dai "precipizi pericolosi", l'altro avverte che ci sono le correnti di risacca e non c'è assistenza ai bagnanti.*

Il 9 settembre, nel pieno della stagione degli incendi del 2020, mi svegliai con un bagliore color ruggine che filtrava dalle persiane. Come avrei saputo poco dopo, era un misto di nebbia e fumo proveniente dagli incendi vicini, alcuni dei quali erano scoppiati la settimana prima dopo un'inquietante nottata di lampi senza pioggia. Lessi che i pannelli solari non stavano ricevendo alcuna energia. Per il resto della giornata i notiziari e i social media furono un trionfo di toni apocalittici, un'ininterrotta sequenza di allerte arancioni. Ecco Bernal Hill arancione. Transamerica Pyramid arancione, il porto di Oakland arancione. Un evento del genere può magari non rappresentare un'anomalia, a seconda di quando e dove tu stia leggendo queste righe, ma all'epoca sembrava inaudito.

Alle nove del mattino era ancora così buio che dovetti accendere le luci in cucina. Alla ricerca insensata di un po' di conforto, mi misi a friggere l'aglio per preparare una versione vegetariana del *tapsilog*, la colazione filippina, e rimasi a guardarlo asciugare sulla carta da cucina. Il cielo stava diventando sempre più buio, come un orologio che va al contrario, e avvertii, nel profondo del mio io animale, che era tutto sbagliato. Rick Prelinger, un amico che gestisce la biblioteca Prelinger, twittò: "Il mattino è stato cancellato". Ma se anche il mattino era stato cancellato, così non era per la giornata lavorativa. Sull'altro lato della strada, la vicina aveva le luci accese. Era già al lavoro, già su Zoom. Anch'io avevo delle lezioni da preparare e dei compiti da correggere. Seduta al computer, mi sentivo talmente umiliata dal contrasto tra i miei impegni banali e l'ambiente macabro che mi circondava, che non riuscii a decidere se tenere le tende aperte o chiuse.

Alla fine di quella giornata tutta uguale, uscii con Joe per fare la nostra solita passeggiata pandemica, ci allontanammo dal nostro palazzo per avventurarci nella zona delle villette unifamiliari. Per la prima volta riuscivamo a vedere l'interno delle case davanti a cui passavamo di solito, perché avevano tutte la luce accesa. Fuori l'aria era fredda, vuota e priva di odore. Il fumo era ancora troppo in alto nell'atmosfera per poter compromettere l'Indice di Qualità dell'Aria (IQA). Rifletteva il mio stato d'animo: calma, assopita in modo inquietante. Ma quella notte sognai di andare dal dentista e qualsiasi cosa mi facessero risultava così dolorosa che cominciai a piangere e poi a urlare. Il dolore fisico del sogno era reale e travolgente. Quando il dentista mi chiese cosa ci fosse che non andava, io risposi: "Mi sta facendo così male da farmi urlare!".

Il giorno successivo, il fumo scese al nostro livello, come una specie di affitto da pagare. L'IQA arrivò a 200 e poi lo superò. La gente accusava mal di testa, tosse, bruciore alla gola e agli occhi. La stanchezza fisica e quella psicologica si distinguevano a malapena. Il cielo era diventato bianco. Gli alberi dei quartieri vicini erano spariti, come se fossero stati cancellati. Niente più passeggiate. Continuai ad avere gli incubi, ma adesso riguardavano il fuoco: ero bloccata in un ingorgo cercando di scappare da un incendio. Ero su un sentiero insieme a un gruppo di persone, in fuga dal fuoco. Vedevo persone pescare in uno stagno, ma invece che pescare pesci, prendevano le persone annegate tentando di sfuggire all'incendio. In quei sogni c'era sempre un muro che incombeva – un muro di fuoco o un muro di fumo – e si muoveva con una determinazione terrificante, neutra, come il cursore sulla barra di un video.

I sogni sugli incendi cominciarono a mischiarsi ai sogni sulla mia morte, che durante la pandemia erano più frequenti. Scrissi sul diario:

> Il futuro è scomparso. Oltre l'orizzonte, vorrei dire, ma non c'è più orizzonte, solo questa nebbia di fumo. Non ho mai avvertito con altrettanta nitidezza che ogni anno che passa sarà peggiore, che ogni minuto è un minuto più vicino alla catastrofe e a perdite irrecuperabili. La stessa sensazione che proviamo per il corpo che invecchia, ma applicata a tutto il mondo, e non hai nemmeno il conforto di sapere che dopo che te ne sei andata le cose rifioriranno, perché è davvero la fine.
>
> Continuo a pensare alla mia infanzia e a come sono cresciuta, senza neanche sapere che esistessero gli incendi, e come fossi convinta di vivere in "tempi normali", e adesso mi sembra che il mio passato sia stato come camminare sulla superficie di un pezzo di carta ripiegato. E adesso stiamo superando la piega, e tutto ciò che viene dopo è pura sopravvivenza. Le cose cambieranno in modi che non riesco neanche a immaginare, e ci sono tutti i motivi per pensare che sarà molto peggio, e il terrore che ne deriva è, credo, il terrore che domina i miei sogni. Non solo di morire, ma di soffrire.

Rileggendo queste righe nel pieno di un'altra stagione di incendi da incubo, cominciata molto prima del solito, riconosco le mie sensazioni e le comprendo. Ma ho anche cominciato a vedere questi incubi come la mia interiorizzazione del declinismo, la convinzione che una società un tempo considerata stabile sia votata a una rovina inevitabile e irreversibile. Il declinismo si distingue da un giudizio lucido (e sofferto) sulla nostra situazione ed è probabilmente la forma più pericolosa che esista di valutazione lineare e deterministica del tempo. Un conto è riconoscere le perdite passate e future che derivano dagli accadimenti; un altro conto è considerare veramente la storia e il futuro come destinati a procedere con la stessa terribile amoralità di un cursore di un video, che non è comandato da altro se non da se stesso. Poiché non riconosce la volontà degli umani e dei non umani, questo modo di pensare rende invisibili le lotte e gli imprevisti, e produce nichilismo, rimpianto e – alla fine – la paralisi.

Il declinismo è un parente stretto del rimpianto, e gli oggetti del rimpianto sono spesso atemporali, perché non sono vitali. Per esempio: ipotizza la rottura con qualcuno e molti anni dopo ti ritrovi a rimpiangere quel rapporto. Chi è che immagini in questo struggimento malinconico? Ammesso che sia ancora vivo, di certo non è il tuo ex partner *così com'è adesso*, la persona che ha continuato a invecchiare e a evolvere. Invece è una versione congelata, idealizzata, come un ologramma che sopravvive all'interno del presente, e nonostante esso. Inoltre, in molti casi, le relazioni finiscono prima di tutto perché i partner non si riconoscono più *nel tempo*, quando un partner sostituisce la versione vivente e mutevole dell'altro con un'immagine statica che non può riservargli sorprese, una semplice presenza di conforto. Come abbiamo imparato nella storia dei muschi, pensare di amare e apprezzare qualcosa o qualcuno non significa automaticamente che possiamo assegnare loro la realtà che vogliamo, e neanche che li conosciamo del tutto.

Per gran parte della mia vita ho avuto questo tipo di rapporto con "l'ambiente". Quando ero bambina, ho fatto qualche viaggio in auto al nord con la mia famiglia, al di là delle catene montuose all'apparenza impenetrabili di Santa Rosa e Klamath. Mentre attraversavamo l'autostrada 101, dal sedile posteriore vedevo centinaia di chilometri di sequoie e abeti di Douglas. Guardando con ammirazione la loro densità immacolata, credevo di avere di fronte delle foreste immemorabili (anche i bambini possono essere nostalgici). Ancora a trent'anni suonati, non ero andata molto oltre l'equazione "alberi = bene, incendi = male". Dovevo ancora imparare che la California, e gran parte del mondo, si trovava in realtà nel pieno di un deficit di incendi. Non ero consapevole di quanto strettamente l'ecologia di quei luoghi si fosse evoluta in rapporto ad alcuni incendi periodici, né sapevo fino a che punto in tutto il mondo le popolazioni indigene usassero il fuoco, né come e quanto queste pratiche fossero state vietate. In altre parole, pensavo di avere davanti una storia naturale, non politica o culturale, come se le due cose potessero mai essere distinte.

Da allora ho imparato qualcosa di più sul ruolo che gli incendi possono giocare in ecologia. Il *chaparral*, quel misto di erbe e arbusti nani sempreverdi di cui si possono trovare diverse varianti dal sud-ovest dell'Australia al Cile, fino alla California, compreso dove abito io, è una delle molte comunità vegetali che dipendono dagli incendi periodici. Si tratta di un ambiente così secco che pochi elementi si decompongono e vengono eliminati, e quindi i piccoli incendi periodici servono a rimuovere il sottobosco morto, fare spazio per nuove formazioni e restituire al suolo i nutrienti. I semi e i germogli di alcune piante non spuntano senza il fuoco e si sono evoluti fino a diventare cerei e oleosi, praticamente iperinfiammabili. Nelle foreste d'alta quota, alcune specie come il pino contorto hanno bisogno del fuoco per estromettere i semi dalle loro pigne altrimenti sigillate. La mancanza di incendi ha dunque degli effetti a cascata, come la diminuzione di coleotteri xilofagi, che a sua volta mette in pericolo i picchi e altre specie che nidificano nelle cavità. L'habitat delle foreste di alberi carbonizzati che deriva da un grande incendio è sorprendentemente ricco di biodiversità, come ho potuto constatare io stessa passeggiando in zone che poi ho scoperto essere state incendiate in passato, e molte specie animali lo prediligono.

Spesso la visione nostalgica della natura fa perdere di vista altri elementi, un'omissione ravvisabile nella frase comunemente ripetuta durante la pandemia: "la natura sta guarendo". Ovviamente c'è differenza tra un ecosistema sano e uno messo sotto pressione dalle persone e dall'inquinamento. Ma, al di là di questo, il tentativo occidentale di arrivare all'idea di "come dovrebbero essere" le cose è carico di insidie, perché non tiene in considerazione chi è l'artefice del supposto "dovere". Si dice che a volte le popolazioni indigene siano più attente ai cambiamenti ecologici e agli indizi del tempo: le fioriture, le sequenze climatiche, le migrazioni. Ma sarebbe troppo semplice vedere tutto ciò come passivo adattamento, totale mancanza di impronta umana, mentre al contrario è costruzione e collaborazione attive con il mondo non umano.

Come qualsiasi altra pratica, le azioni degli indigeni possono accelerare o sospendere, sia al livello minimo delle singole piante che su scala di interi territori e comunità. Fino all'epoca delle colonizzazioni, in molti luoghi le tribù native hanno usato il fuoco per mantenere foreste e praterie in determinate proporzioni e condizioni. In diverse parti di quella che oggi è la California, gli anni successivi a un incendio causavano un aumento della produzione di sementi, alti germogli in grado di attirare cervi e alci, e vegetazione cespugliosa che si prestava bene alla creazione di cesti, corde e trappole. Le fiamme degli incendi periodici sotto le querce attiravano e uccidevano i parassiti che vivevano sulle chiome degli alberi e danneggiavano il cibo da essi prodotto. Le persone, le piante, gli animali, il fuoco, la terra e la cultura vivevano in uno schema co-evolutivo in continuo movimento, che cambiava su tutto il territorio della California e in altri luoghi del mondo.

Tra gli oratori di una conferenza sulla gestione degli incendi al Berkeley Center for New Media nel 2021 c'era Margo Robbins, direttrice esecutiva del consiglio che si occupa degli incendi nel territorio Yurok. Robbins usò una foto del prima e dopo di un incendio per dimostrare il ruolo del fuoco proprio sulle stesse montagne che avevo ammirato da bambina. Con il mio occhio poco addestrato, vedevo nella prima foto un'anonima "area naturale", come quelle che si possono osservare lungo i margini del sentiero di un parco. Invece Robbins ne descrisse il processo: dato che l'area non era stata incendiata, il nocciolo (che è una pianta serotinica, cioè che si adatta al fuoco) stava producendo dei rami che sarebbero stati inutili per la fabbricazione dei cesti da parte degli Yurok. Inoltre, c'erano degli altri cespugli non bruciati che si stavano abbarbicando al nocciolo, al punto che gli animali non sarebbero stati in grado di mangiarne i frutti e alla fine la pianta avrebbe smesso di produrli. Infine, mostrò un giovane abete di Douglas, ambasciatore della foresta. "Questo abete sta iniziando a invadere quello che *dovrebbe essere* un bosco di querce", disse (la sottolineatura è mia).

Secondo Stephen Pyne nel suo *Fire in America*, nel periodo della colonizzazione americana, quelle che i topografi del diciannovesimo secolo definivano "aree verdi" e i continui incendi nelle praterie erano diffusi, e addirittura in aumento. Secondo il metro di giudizio di Pyne, la me bambina vedeva le cose al contrario: i coloni avevano vietato le pratiche di incendio degli indigeni, e quindi le foreste avevano seguito le tracce degli invasori europei. Pyne scrive che "forse la Grande Foresta Americana è più un prodotto delle colonie che non una vittima di esse". Anche Robbins sottolinea questo punto: "Quando i non nativi arrivarono, i nostri paesaggi erano ciò che erano a causa dell'intervento umano... Le popolazioni native tenevano la situazione in quello stato di proposito, per garantirne l'equilibrio. È come avere un giardino e non farvi nulla. Cosa diventerà tra cinque, sei, dieci anni? Be', il nostro giardino è la foresta e ce ne prendiamo cura proprio come fa la gente per il proprio giardino dietro casa". La terra Yurok, disse, un tempo era stata al 50 per cento prateria. Ora ne rimanevano solo pochi frammenti e gli alci se n'erano andati. "Uno degli obiettivi che ci siamo dati è di espandere l'area di prateria in modo che l'alce torni a casa", aggiunse.

Lungi dall'essere immemorabili, le foreste che avevo visto *erano* memoria materializzata: create, segnate e più tardi messe in pericolo da diversi sistemi di incendio. Questi sistemi riflettevano a loro volta dei contesti di potere e diverse opinioni circa la natura di quella terra. I primi divieti di incendio – da parte degli spagnoli nel diciottesimo secolo e del nascente stato della California nel diciannovesimo – erano esercizi di potere coloniale contro le tribù indigene, uniti ad altre leggi che imponevano l'asservimento, il lavoro forzato e la separazione delle famiglie (la sezione 10 del California Act del 1850 per il Governo e la Protezione degli Indiani proibiva l'antica prassi di incendiare le praterie. È significativo che questo comma si trovi tra uno che riguarda le punizioni per i capi indiani nel caso di disobbedienza alle leggi coloniali e un altro che dichiarava che una persona bianca danneggiata potesse portare una persona indigena accusata davanti al giudice di pace senza giusto processo. In un documento preparato dal California Research Bureau, Kimberly Johnston-Dodds così sintetizza la legge e i suoi emendamenti: "Facilitavano la rimozione degli indiani californiani dalle loro terre tradizionali, separando almeno una generazione di bambini e adulti dalle proprie famiglie, lingue e culture, dal 1850 al 1865, e vincolavano bambini e adulti indiani ad essere schiavi dei bianchi"). Anche se alcuni pionieri impararono dalle tribù indigene e continuarono ad appiccare gli incendi, fin dagli inizi del ventesimo secolo il nascente Servizio forestale degli Stati Uniti cominciò a promuovere un programma di soppressione degli incendi. Le foreste erano viste come un deposito di legna per la nazione in un periodo di prorompente crescita economica.

In quest'ottica, la terra diventava un silente ricettacolo di merci. Il fuoco, al pari dell'abbattimento indiscriminato degli alberi, appariva solo come una minaccia a questa merce. Nel suo *Report upon Forestry* del 1871, Franklin Hough, primo capo di quello che sarebbe poi diventato il Servizio forestale, denunciò un incendio che in New Jersey aveva bruciato "tra i 10.000 e i 13.000 acri, del valore tra i 10 e i 30 dollari per acro prima dell'incendio, e tra i 2 e i 4 dollari per acro dopo l'incendio", e un altro nello stato di New York che "ha distrutto tronchi eretti di valore incalcolabile". Per Nathaniel H. Egleston, che succedette a Hough e per il quale "la storia della nostra razza può essere definita come la storia della guerra per il mondo degli alberi", gli alberi avevano un valore non solo economico ma anche culturale, perché costituivano un'attrattiva estetica in grado di convincere i giovani a non trasferirsi in città.

Politicamente, questo voleva dire promuovere l'idea che tutti gli incendi fossero pericolosi, impedire la pubblicazione di studi di parere diverso, e liquidare le pratiche di incendi rurali come "selvicoltura da Paiute" (i Paiute sono una popolazione nativa degli Stati Uniti, e con il termine si indicano tribù distribuite in diversi stati del sud-ovest del paese, *ndt*). Il dibattito tra la pratica degli incendi periodici e la totale soppressione si chiuse definitivamente durante la Seconda guerra mondiale, quando il Servizio forestale cominciò a fare propaganda collegando la prevenzione degli incendi con lo sforzo bellico. Un poster del 1939 mostrava una sorta di versione pioniere dello Zio Sam che indicava una foresta in fiamme e la scritta: "Le tue foreste – Colpa tua – Peggio per te!". Altri poster erano ancora più espliciti: "Gli incendi boschivi aiutano il nemico!". Questo messaggio continuò anche dopo la guerra. Un poster del 1953 mostra la relativamente nuova icona dell'orso Smokey, con una pala e un cappello da ranger, e un incendio che divampa alle sue spalle. "Questo spreco vergognoso INDEBOLISCE L'AMERICA!", si legge. "Ricorda: solo *tu* puoi IMPEDIRE QUESTA FOLLIA!".

Nei decenni che seguirono, la California si ritrovò in prima linea nel boom edilizio delle aree suburbane che coinvolse tutto il paese. Sono cresciuta in una di quelle case, che era parte di una lottizzazione scadente, di case tutte uguali, costruita nello stesso periodo in cui andava in stampa il poster dell'orso Smokey. Molti di quei sobborghi si snodavano lungo il confine tra la natura selvaggia e l'ambiente urbano, dove c'era un alto rischio di incendi e veniva attratta una classe di periferia che si sarebbe sentita meno a suo agio con il fuoco e più propensa ad accettare l'americanissimo messaggio di tolleranza zero dell'orso Smokey. Negli anni Settanta, quando il Servizio forestale aveva ormai cambiato metodo e permetteva gli incendi in aree forestali, e successivamente i *cultural burns* degli indigeni (la pratica indigena di appiccare degli incendi voluti e controllati per assolvere a un servizio culturale, come la salute di piante e animali, *ndt*), i decenni di divieti avevano lasciato cicatrici sia culturali che ecologiche (come nota Jan W. van Wagtendonk, il Servizio forestale fu creato nel 1905 "con la ragion d'essere della soppressione degli incendi", e in California ci si allontanò da questa pratica in modo graduale. Nel 1968, il Servizio dei parchi nazionali modificò le sue linee guida per consentire che in alcuni parchi gli incendi causati dai fulmini facessero il loro corso nel caso si verificassero all'interno di zone approvate, e nel 1974 il Servizio forestale fece lo stesso per gli incendi causati dai fulmini nelle aree boschive. Il Servizio forestale cominciò anche a permettere alle comunità indigene di compiere i loro cultural burns. Nel 2021, la tribù Yurok collaborò alla stesura di una legge della California che ha eliminato il rischio di responsabilità per i privati cittadini e gli indigeni che appiccano incendi controllati). Alla conferenza sugli incendi dove parlò Robbins, Valentin Lopez, capo della Amah Mutsun Tribal Band e presidente dell'Amah Mutsun Land Trust, denunciò che "il rapporto delle popolazioni non indigene con il fuoco si riduce al fatto che il fuoco è considerato qualcosa di cui avere paura, che si ritiene distruttivo". Robbins era d'accordo e si augurò che i più giovani avrebbero aiutato a cambiare la narrazione e la percezione del fuoco.

Si tratta di un compito difficile, di fronte allo spettacolo dei mega incendi che derivano sia da decenni di divieti che dall'intensificarsi di picchi climatici che hanno favorito il fuoco. Nel 2021, quando un incendio iniziato in zone remote cambiò direzione e distrusse un gruppo di case nell'area di Lake Tahoe, il Servizio forestale si piegò alle pressioni politiche e sospese gli incendi programmati. Come accade per molte questioni connesse al clima, la decisione suscitò un dibattito sulle prospettive future. Una soluzione tampone non avrebbe forse peggiorato il "debito di fuoco" che avevamo accumulato? L'ecologista Crystal Kolden affermò che il divieto significava "prendere tempo prima che questi combustibili brucino... in condizioni ancora più calde e più secche". Jonathan Bruno, direttore operativo di una nonprofit ambientalista, riferendosi a un dibattito simile circa gli incendi in Colorado, disse: "Se non capiamo come investire al meglio i nostri fondi, e continuiamo a cercare di trovare una via d'uscita nei divieti, non cambieremo mai niente... Stiamo solo letteralmente buttando acqua su un tema scottante, e continuiamo a farlo".

Viste dalla spiaggia in basso, le scogliere sono una cascata caotica di roccia, condotte, tubi, coni di plastica arancioni, pezzi di teloni, vecchie recinzioni, e i resti di piloni di cemento. In un punto sono visibili le vecchie fondamenta di un palazzo ormai scomparso, incurvate oltre il bordo della scogliera, barre arrugginite che si attorcigliano selvagge nel vuoto. I tubi dovrebbero servire a deviare l'acqua lungo la rupe senza che la eroda, ma è impossibile capire quali siano i tubi ancora funzionanti e quali quelli abbandonati tra le pietre. Il tutto ha un aspetto inquietante, come di un sepolcro ancora in funzione, con la gente che si gode la giornata di mare a pochi metri di distanza.

Sono visibili qui alcuni tentativi di evitare che la scogliera si muova. Lungo tutta la base ci sono dei grandi blocchi di pietra che sono stati portati fin qui, e che vengono a volte chiamati "blindature costiere". In un altro punto, le fiancate sono state intonacate con un materiale argilloso, una sorta di ambiziosa glassa per torte. In altri ancora, una rete a maglie fitte è stata gettata sulla scogliera e poi imbullonata. Al di sotto di tutto ciò, qualcuno ha inciso sulla pietra: "OHLONE".

In uno dei pochi palazzi che ancora resistono sulla scogliera, che ha l'aria di dover essere il prossimo a sparire, una serie di balconate fatiscenti si protendono verso il sole. Su una di esse, un uomo baffuto e a torso nudo si appoggia alla ringhiera. Guarda il mare con un'espressione imperscrutabile, svapando.

"Trovare una soluzione repressiva al problema" è una sintesi valida di tutta una serie di cose che hanno strutturato la realtà a cui siamo stati abituati io e molti altri non avvezzi alla vita rurale. Una volta che cominci a cercarlo, il paesaggio repressivo è facile da vedere in California: argini, dighe, staccionate sulle spiagge, reticolati, colate di detriti, canaline cementificate, collinette cementate. Tutte cose mirate a evitare che l'acqua e le rocce si muovano in modi che possano danneggiare le persone o le loro proprietà. È solo questione di tempo ma prima o poi molte di queste costruzioni, specialmente quelle che risalgono al ventesimo secolo, cederanno (in molti sensi). Nel suo libro *Geology of the San Francisco Bay Region*, in gran parte apolitico, la geologa Doris Sloan non può fare a meno di criticare la Highway 1, una strada stretta della Bay Area che serpeggia tra l'Oceano Pacifico e una scogliera straordinariamente instabile: "Sono necessari continui lavori di riparazione, e vengono costruite strutture ingegneristiche sempre più sofisticate (e costose) per mantenere una strada in un punto dove probabilmente non si sarebbe mai dovuto tentare di costruirne una". Le frane sulla strada, e dalla strada stessa, sono un problema frequente. Nel gennaio 2021, un pezzo lungo una cinquantina di metri della Highway 1 vicino

Big Sur crollò da una scogliera, costringendo alla chiusura della strada fino all'aprile dello stesso anno.

Questa martoriata strada, chiusa almeno cinquantatré volte dal 1935 al 2001, potrebbe figurare bene nel libro di John McPhee *Il controllo della natura*, una raccolta di tre esempi di come gli umani abbiano tentato di bloccare il movimento dell'acqua, della lava o delle rocce. Tra le descrizioni più drammatiche ci sono quelle che troviamo nell'ultima sezione del libro, riguardanti gli abitanti di Los Angeles che vivono proprio a ridosso dei monti San Gabriel. I San Gabriel sono una catena in rapida crescita, geologicamente giovane, che "si sta disintegrando a un ritmo che è tra i più rapidi del mondo", con colate di detriti costanti e imponenti. Se d'estate si verifica un incendio nella boscaglia in quota, una forte pioggia invernale è in grado di rovesciare centinaia di tonnellate di rocce, fango e acqua nel canyon. Le colate di detriti fanno parte della vita della montagna e hanno in realtà creato la pianura piatta su cui si trova il resto di Los Angeles. Ma oggi, quando arrivano a raggiungere i quartieri abitati, queste colate possono portare con sé macigni giganteschi, automobili e pezzi di altre case. McPhee racconta di una famiglia la cui casa di Shields Canyon si era riempita di massi e fango nel giro di sei minuti: "Non appena la porta fu chiusa, ma subito questa venne buttata giù e ricadde all'interno; fango, rocce, acqua si riversarono nella stanza costringendo tutti contro la parete opposta. "Saltate sul letto", gridò Bob. Il letto prese a sollevarsi ed essi, in ginocchio sulla sovracoperta di velluto dorato, con le mani tese arrivarono ben presto a toccare il soffitto".

Nel capitolo precedente, ho detto che uno dei modi di considerare il tempo è quello di prendere un punto e focalizzare l'attenzione su di esso. Questo vale anche per punti più ampi e periodi di tempo più lunghi. Alcune persone che conosco e che hanno vissuto sulle montagne di Santa Cruz per cinquant'anni mi hanno raccontato che una volta si poteva camminare fino a una roccia gigantesca a Pescadero, che adesso è immersa per sempre nel mare. Alla fine degli anni Ottanta, quando McPhee scrisse *Il controllo della natura*, molti di coloro che vivevano sui monti San Gabriel non ricordavano neanche l'ultimo grande smottamento, oppure non lo consideravano parte di uno schema ricorrente.

Il riferimento culturale del "tempo cittadino", tarato com'è sull'effimero e sulla disattenzione, non riesce a registrare il tempo geologico: "Un evento straordinario nel '34, nel '38, nel '69, nel '78? E chi se lo ricorda?... L'ottica del tempo di città e del tempo di montagna appare bifocale. Anche in presenza di manifestazioni geologiche ripetute a intervalli tanto insolitamente brevi, la gente riesce a dimenticare con tutto comodo".

Questo non porta benefici a nessuno tranne che ai costruttori e agli agenti immobiliari. Un uomo che ha vissuto a Los Angeles fin dal 1916 ha detto a McPhee: "Quelli che si comprano la casa non sanno che di qua presto o tardi scende una massa che si fa strada come merda nelle tubature". Detto ciò, alcuni dei protagonisti del libro di McPhee in realtà *lo sapevano*. Qualcuno come contromisura imitò l'aggressiva politica di costruzione dei canali di drenaggio in città, creando muri e fortificazioni intorno a casa propria. Un'altra famiglia aveva installato delle porte sopraelevate sul retro del garage: "Per incanalare la colata ha predisposto muri di deviazione in cortile. Adesso, quando i massi fanno la loro comparsa, quelli di casa spalancano semplicemente le porte alle due estremità e li lasciano passare direttamente in strada". Un modo innovativo di riconoscere il tempo della montagna.

Ma non dobbiamo forse riconoscere qualcosa di diverso oltre al tempo della montagna, incapsulato in una serie di eventi storici? E se stiamo trovando "una soluzione repressiva al problema", qual è in realtà questo "problema"? Sul piano materiale e quotidiano, il problema in questo caso sembrerebbe essere una serie di massi che continuano a distruggere le proprietà nonostante gli interventi di rafforzamento strutturale che la città mette sempre di più in atto. Ma vorrei qui ipotizzare qualcosa di più: il "problema" è l'incapacità di riconoscere la montagna stessa. Anche se le persone intervistate da McPhee sembrano apprezzare quel che gli può garantire l'aver costruito in questo territorio – una fuga dalla città, la vicinanza alla "natura", un panorama eccezionale sulla vallata, e persino qualche bella roccia – considerano i San Gabriel quasi solo come un fondale o una scocciatura, una raccolta di roba inanimata che sta lì per caso. La montagna è inerte e per questo incontrollabile, il che spiega la presunzione tragicomica di un titolo di giornale citato da McPhee: "UN PROGETTO MIRA A FERMARE L'EROSIONE DELLE MONTAGNE. LE AUTORITÀ DELLA VALLE DICHIARANO INUTILI LE FRANE".

Questa mentalità testarda deriva dallo stesso approccio su cui si basa la soppressione totale degli incendi. In uno studio sulla regolamentazione degli incendi in California e in Grecia, un gruppo di geografi greci descrive un approccio applicabile facilmente alle frane, alle alluvioni, o ai puma: "La percezione dell'opinione pubblica è che gli incendi boschivi dovrebbero essere controllati e non porre alcuna minaccia agli esseri umani e alle proprietà", scrivono. "È interessante notare che le persone sono attratte dal vivere ai margini delle foreste da un desiderio di vita in un 'ambiente naturale', ma questo desiderio si realizza nella convinzione che si debba eliminare il 'selvaggio' dalla 'natura selvaggia'".

I geografi ipotizzano che sia andato perduto il rapporto "vernacolare" con il fuoco e un paesaggio dinamico. In Grecia, prima che aumentasse lo spostamento di massa verso le città, le popolazioni rurali avevano con il proprio territorio un rapporto di consuetudine e di responsabilità, di cui gli incendi periodici erano parte integrante. Allo stesso modo, in California, Robbins aveva notato che, durante le loro regolari battute di caccia, gli Yurok annotavano le zone che necessitavano di essere bruciate. E nell'Australia occidentale, Victor Steffensen, un esperto di gestione delle terre indigene istruito dagli anziani, spiega come gli incendi siano collegati all'identità di un'area: "Da un luogo all'altro, i due anziani si fermavano e raccontavano le storie degli incendi di ogni singolo terreno. Spiegavano quale fosse il momento giusto per appiccare il fuoco, come vi si inserissero gli animali, quali piante vi crescevano, e quali fossero i tipi di terriccio". Il fuoco era parte di una responsabilità reciproca tra un soggetto (gli esseri umani) e un altro (la terra).

A diciannove anni, Steffensen venne assunto da un ranger del parco nazionale come consulente per la gestione degli incendi: "I ranger aprirono la cartina sul cofano del furgone e cominciarono a indicare il loro piano d'attacco. 'Bruciamo questo lato della strada, ma non quello', ordinarono. Le zone da bruciare erano interrotte da strade e recinzioni, e il territorio non venne interpretato e bruciato nei posti giusti come facevano gli anziani". In quel caso specifico, il fuoco oltrepassò le strade e causò non pochi disastri. Non voglio con questo generalizzare rispetto a tutte le interazioni tra le autorità e i gruppi indigeni, che a volte sono scambi produttivi e in buona fede. Questa storia, però, ci fornisce un esempio di contrasto estremo tra modi diversi di guardare alla terra. Nel primo, la terra è uno scenario congelato su cui alcune identità approvate si possono muovere. Nel secondo, la terra *è* identità, espressa nel tempo. O, come scrive Paula Gunn Allen: "La terra non è il luogo (separato da noi) in cui mettiamo in scena la rappresentazione dei nostri destini isolati. Non è un mezzo di sostentamento, la cornice delle nostre faccende... Piuttosto è parte del nostro essere dinamico, rilevante, reale. È il nostro sé".

Negli Stati Uniti, il Servizio forestale ai suoi inizi si ispirò alla selvicoltura scientifica tedesca, che imponeva la piantumazione di filari precisi di alberi da legname economicamente vantaggiosi: una foresta mercificata, di età e varietà univoche. James C. Scott osserva che la selvicoltura scientifica tedesca mirava a sostituire i veri alberi con degli "alberi astratti", che rappresentavano precise quantità di legname. Per quanto si mostrò remunerativa per un ciclo di alberi, questa pratica si rivelò poi un disastro, e non solo per gli agricoltori tedeschi che si erano affidati alla vecchia ecologia boschiva per i pascoli, il cibo e le medicine. La monocoltura rese le foreste più vulnerabili al maltempo e alle malattie, e l'unico motivo per cui la prima generazione di alberi era potuta crescere così bene era stato perché aveva potuto attingere alle risorse accumulate dalla precedente foresta antica. Da allora, la parola *Waldsterben* (la morte della foresta) è entrata a far parte del vocabolario tedesco, e i tentativi di reintrodurre artificialmente tutto ciò che era stato trascurato nella strategia dell'economia forestale (come per esempio i nidi artificiali, le colonie di formiche e di ragni) dovette lottare contro l'infausta realtà della monocoltura.

Scott cita questa storia come una parabola all'inizio del suo libro *Seeing Like a State: How Certain Schemes to Improve the Human Condition Have Failed*:

> [Questa storia] mostra i pericoli dello smantellamento di un complesso di rapporti e processi, eccezionalmente complesso e scarsamente compreso, allo scopo di isolare un singolo elemento di valore strumentale. Lo strumento, il coltello che ha intagliato la nuova, rudimentale foresta, è stato l'affilato interesse a produrre un'unica merce. Tutto quello che avesse interferito con l'efficiente produzione di una merce chiave sarebbe stato implacabilmente eliminato. Venne ignorato tutto ciò che appariva estraneo alla produzione efficiente. La selvicoltura scientifica, basandosi su una visione mercificata dei boschi, li aveva trasformati in una macchina da merci. La semplificazione utilitaria delle foreste era un modo efficiente per massimizzare la produzione di legname nel breve e medio termine. Ma alla fine, quest'enfasi sui rendimenti e sugli utili teorici si rivelò un orizzonte di breve respiro e, soprattutto, la vasta gamma di conseguenze che aveva così ostinatamente ignorato finì con il ritorcerglisi contro.

Ero al college quando il termine *Antropocene*, l'èra geologica in cui gli esseri umani hanno esercitato la maggiore influenza sul clima e sull'ambiente, cominciò a diffondersi nella scienza e nelle discipline umanistiche. L'antropologa di origine Métis Zoe Todd e altri accademici indigeni hanno già criticato questo termine per diversi motivi, tra cui il fatto che ammette in modo generico la gerarchia tra umani e non umani, "carne e oggetti". A differenza di quanto postulato da Allen, cioè che la terra "è il nostro sé", alcune versioni dell'Antropocene accettano che gli umani siano sfruttatori naturali che esercitano la propria volontà su qualcosa da cui sono separati, qualcosa che a sua volta non esprime alcuna volontà. Si tratta di una narrazione molto diversa rispetto alle migliaia di anni di intrecci e coevoluzione di "carne e oggetti".

Visto nell'ottica dell'Antropocene, il mondo non umano è inerte, ma la cosa bizzarra è che, a un'osservazione più ravvicinata, nemmeno gli umani intrinsecamente sfruttatori possiedono alcun arbitrio. Si limitano a fare ciò che fanno – cioè incasinano uno "stato di natura" – e lo fanno tutti. L'*antro* dell'Antropocene ammucchia gli umani tutti insieme, come se invece non fosse una specifica parte dell'umanità a essere responsabile di una cultura estrattiva, che impone orrori ambientali al resto del mondo. I miei incubi si sono nutriti di questa formulazione generica: una storia priva di attori, solo meccanismi; priva di momenti di lotta, solo un'evoluzione lineare. Per esempio, molte definizioni dell'Antropocene fanno risalire il suo inizio all'invenzione della macchina a vapore di Watt, nella seconda metà del diciottesimo secolo, e da lì lo lasciano sviluppare, mettendo tra parentesi tutti gli aspetti politici e sociali. Nel saggio "Anthropocene, Capitalocene and the Problem of Culture", Daniel Hartely scrive: "Il dibattito sull'Antropocene porta con sé un concetto puramente meccanico di causalità storica: un modello di invenzioni tecnologiche ed effetti storici come se fossero palle da biliardo, una contro un'altra. Ma questo modello è del tutto inadeguato a spiegare le reali dinamiche sociali e relazionali della causalità storica. Il fatto che la tecnologia stessa sia legata ai rapporti sociali, e sia stata spesso usata come arma nelle guerre di classe, non occupa alcun ruolo nel dibattito sull'Antropocene". Come nota Hartley, questa sorta di determinismo riflette una visione della storia come marcia del progresso unidirezionale e inevitabile, che non può essere messa in discussione o reindirizzata, ma solo accelerata o rallentata. Cita due passaggi di un popolare saggio del 2011 sull'Antropocene:

1. "Di solito le migrazioni verso le città portano a un aumento delle aspettative e successivamente dei redditi, il che porta [*sic*] a un aumento dei consumi".
2. "L'inizio della Grande Accelerazione potrebbe essere stato *ritardato* di circa mezzo secolo, *interrotto* da due guerre mondiali e dalla Grande depressione". (le sottolineature sono di Hartley).

Hartley scrive che "la prima citazione sembra ignorare deliberatamente la storia della povertà urbana di massa, della gentrificazione e dell'accumulo ottenuto grazie alla spoliazione. La seconda citazione sembra implicare che il secolo più sanguinoso della storia umana – che ha visto Hiroshima, Nagasaki, il bombardamento di Dresda, i Gulag e l'Olocausto – è un mero contrattempo nella rotta ascendente del progresso".

Il pensiero deterministico porta a dare tutto per scontato, sia nel tempo futuro che in quello passato. Così come io da bambina avevo mal interpretato le montagne coperte di foreste, proiettandole in un passato teoricamente uniforme, altrettanto il concetto di Antropocene può potenzialmente far sembrare l'esito delle azioni di persone specifiche come una condizione naturale e inevitabile (con questo non voglio negare che nel corso del tempo le condizioni assumano una vita propria e, in un certo senso, diventino autonome e capaci di condurre naturalmente ad altri esiti. Il punto è che alcune azioni, in un dato momento, hanno avuto un ruolo nella creazione di una certa condizione, che dunque non è fuori dal tempo, innata, o indiscutibile). Se i risultati non fossero così terrificanti, questo fenomeno sarebbe addirittura buffo. Infatti mi ricorda uno dei miei sketch preferiti nella serie TV *I Think You Should Leave*, in cui un'auto a forma di hot dog senza guidatore si va a schiantare contro un negozio di abbigliamento.

"Qualcuno chiami la polizia! Dobbiamo trovare il guidatore!", dice un passante.

"Di chi è la macchina?", grida un altro.

La telecamera si sposta su Tim Robinson, che indossa un enorme costume da hot dog e ha un'espressione esageratamente sorpresa.

"Sì, dai, chiunque sia, basta che confessi! Promettiamo di non arrabbiarci!".

Nonostante sia stato scoperto, l'hot dog rifiuta di arrendersi. "Non voglio stare qui a farmi insultare", dice. "Adesso prendo tutti i vestiti che posso, salto su questa macchina hot dog a caso – *a caso!!* – e me ne torno a Wiener Hall".

Nel 2020, questo sketch è stato spesso citato in riferimento alle continue marce indietro di Trump. Ma per ciò che mi interessa adesso, illustra un diniego più vasto, che ha a che fare con quello che è *scontato* nelle versioni più riduttive dell'Antropocene. La scrittrice e teorica giamaicana Sylvia Wynter ha scritto di come durante l'Illuminismo si arrivò a definire la categoria umana: "Umano" (l'uomo bianco economico, il colonialista, o l'Uomo inteso come "Uomo contro la Natura") era definito in opposizione al "non umano" in una fase di sfruttamento coloniale, il che condusse alla ridefinizione di condizioni biologiche e atemporali in grado di spiegare le supposte caratteristiche razziali di "arretratezza", "essere fuori dal tempo" o "meno progrediti" di popolazioni che non erano propriamente umane (questa definizione fa parte di un cambiamento più ampio che Wynter descrive nel suo saggio accademico del 2003 "Unsettling the Coloniality of Being/Power/Truth/Freedom". Prima di questo cambiamento, una concezione religiosa dell'Uomo aveva posto il "Vero Sé Cristiano" in opposizione all'"Altro Falso Cristiano": eretici, infedeli, e così via. Una volta ridefinito l'Uomo come soggetto razionale e politico dello stato, il ruolo dell'Altro venne assegnato a un gruppo diverso: "Le popolazioni dei territori del Nuovo Mondo espropriati militarmente (per esempio gli indiani), e le popolazioni schiavizzate dell'Africa nera (per esempio i Negri)... andarono a occupare la casella dell'Alterità, vennero resie i referenti fisici dell'idea dell'Altro Umano irrazionale / subrazionale...". Dunque la definizione stessa di cosa significasse essere umani si basava su una divisione scientista tra l'Uomo e coloro che "erano stati deselezionati dall'Evoluzione fino a prova contraria"). Questa concezione fu alla fine un modo comodo per oscurare una responsabilità storica, un po' come quando un bullo ti spinge e poi sostiene che tu di natura sia una piagnona. E portava con sé nuove cose scontate: i meno-umani erano per natura inferiori, mentre gli umani regolari erano per natura capitalisti e individualisti. Non si trattava più di esiti di scelte e convinzioni di persone specifiche, ma di qualità a priori di cui nessuno era responsabile (il tizio nello sketch dell'hot dog dice: "Stiamo tutti cercando il tizio che ha combinato questa cosa!").

Prendendo spunto dal lavoro di Wynter, anche la scrittrice serynada fa riferimento al diciottesimo secolo, quando pensatori come Adam Smith contribuirono all'idea di un Uomo Occidentale guidato dall'"imperativo della sopravvivenza":

> Gli esseri umani si ridussero a macchine economiche, nel tentativo di massimizzare la propria quota di scarse risorse naturali. La descrizione di un impulso bioevolutivo, e dunque inevitabile, che

soggiaceva all'ascesa dell'Uomo Occidentale – "tutti vogliamo accaparrarci più risorse, gli europei ci sono solo riusciti meglio degli altri" – venne poi usata per giustificare il capitalismo, il suprematismo bianco, e l'espansione coloniale. L'Occidente inventò l'Uomo e proiettò Lui nel passato, come essere naturale e atemporale anziché storico e culturale.

Da questo punto di vista, il concetto di Antropocene non appare tanto quanto un elemento descrittivo, ma più come sintomo della fede in un Uomo capitalista "naturale e atemporale" a fronte di una Natura inerme. Troviamo qui un paradosso, perché molto tempo prima della macchina a vapore, è stata prima di tutto la negazione della soggettività di una gran parte del mondo a rendere possibili i processi di estrazione e accumulo. Nel libro *Una rivoluzione ci salverà. Perché il capitalismo non è più sostenibile*, Naomi Klein descrive l'estrattivismo in termini che ormai ci suonano familiari: "un rapporto con la terra non reciproco, basato sul dominio"; una "riduzione della vita a oggetti posti a uso degli altri, privati di integrità o valore intrinseco"; e una "riduzione degli esseri umani in lavoro brutalmente sfruttabile spinto oltre i limiti, o in alternativa, in pesi sociali, in problemi da relegare ai margini e rinchiusi in prigioni o riserve". In altre parole, persone astratte, alberi astratti, animali astratti, terra astratta. Nessuno di essi è un soggetto dotato di libero arbitrio. Tutti sono pronti per essere sfruttati, strizzati, messi tra parentesi, o semplicemente distrutti.

Proseguiamo in direzione sud, verso una passeggiata che in realtà è un argine. Quando ero stata qui d'inverno, la zona intorno al molo era un ammasso di coni arancioni, barriere e sacchi di sabbia. Davanti a una delle case color pastello lungo la passeggiata, nascoste in quella che doveva essere stata un tempo una pianta grassa dai fiori viola, avevo notato la testa e il braccio teso di una statua a forma di sirena. Ma oggi c'è un sacco di gente fuori a godersi la giornata limpida. Nonostante il moto del mare si trovi sotto di noi, riusciamo a sentire il suo assalto costante al cemento. C'è un cartello giallo che dice: ATTENZIONE –

LE ONDE POTREBBERO OLTREPASSARE L'ARGINE. Più giù, un cartello issato su un pilone alto mostra un'immagine satellitare dell'area e invita a PARTECIPARE AL DIBATTITO sul progetto locale per il mantenimento delle infrastrutture. Posso dire che riconosco questo cartello perché, mentre facevo ricerche su questa zona, mi ero imbattuta nei verbali di una delle prime assemblee. A quanto pare i residenti erano divisi tra l'ipotesi che la città dovesse costruire un argine marino o piuttosto compiere un intervento con piante e altri elementi naturali. Una persona disse di non essere interessata alle opzioni di un "litorale vivo" e di un "arretramento gestito". Quello che volevano davvero era un argine che durasse per almeno cinquant'anni. Mi chiedo come si fossero messi d'accordo su quel numero.

Mentre scrivevo questo capitolo, ogni tanto guardavo fuori dalla finestra il cielo cinereo che aveva inghiottito la vista delle montagne vicine, e pensavo a una cosa che Stephen Pyne ha scritto in *Fire in America*. Spiega che, a cavallo del ventesimo secolo, "la polemica era fondamentalmente tra due tipi di approccio: uno derivato in gran parte dagli indiani e sostenuto da un'economia di frontiera fatta di caccia, allevamento e agricoltura itinerante; l'altro più adatto alla selvicoltura industriale". Poi aggiunge: "Non c'era alcun motivo aprioristico per cui la selvicoltura americana dovesse escludere rigorosamente ogni forma di incendio controllato". Nessun motivo aprioristico. Nessuna marcia ineluttabile verso il "buonsenso" tecnocratico della repressione del fuoco. C'erano invece solo diverse visioni del mondo e un groviglio complesso di macchinazioni politiche iniziate molto prima che io nascessi. Mi sentivo di avere come un debito di fuoco nei polmoni, ed ero stanca.

Quei giorni spettrali mi parvero come un purgatorio, e il purgatorio è estenuante. Credo che il rischio sia che diventi così estenuante da non lasciare energie sufficienti a guardare oltre i confini del presente. Ma questo senso strisciante di ineluttabilità non è solo una cosa negativa. Oscura i soggetti che continuano a stringere il cappio e tutti coloro che si sono battuti, e continuano a battersi, per liberarsi. La storia dell'Uomo dell'Illuminismo mi ha insegnato una verità fin troppo ovvia: coloro che sono destinati a guadagnare di più dal determinismo (sugli altri) sono di solito gli stessi che questa determinazione la esercitano. È possibile notare questa strategia non solo nel lungo periodo storico, ma anche nelle attuali manovre delle aziende energetiche che rappresentano il motore dei cambiamenti climatici.

Nel libro *Overheated: How Capitalism Broke the Planet–and How We Fight Back*, Kate Aronoff descrive il momento in cui l'industria energetica ha capito come vendere l'inevitabilità. Negli anni Sessanta, un paio di dirigenti di Shell vennero invitati dall'Hudson Institute a un seminario sullo *scenario planning*. Sviluppato durante la guerra fredda da accademici futurologi e pianificatori militari, lo *scenario planning* consiste nello stravolgere e risolvere diversi scenari futuri per poter ottenere un vantaggio competitivo rispetto a un avversario. Implicava una rottura esplicita con il pensiero lineare (che, per esempio, potrebbe comprendere delle simulazioni al computer). Il seminario mirava a trasferire questa pratica nel mondo delle aziende multinazionali, e l'idea trovò terreno fertile con i dirigenti di Shell, in particolare con l'eccentrico "creativo" Pierre Wack, che ricorda molto Hank Scorpio dei *Simpsons*:

> Wack, Newland e i loro colleghi si fecero promotori dello scenario planning all'interno dell'azienda. Nei primi tempi, le menti più brillanti di Shell vennero mandate "in ritiro" nei castelli del sud della Francia per scrivere i primi scenari, godendosi vini, lunghi pranzi e passeggiate nel mezzo di esaltanti maratone di incontri in cui si delineava il nuovo volto della geopolitica e le evoluzioni dell'industria del petrolio e del gas... Com'è noto, Wack si divideva tra Occidente e Oriente, dove sin dai suoi vent'anni aveva cercato una guida spirituale negli asrama e nei monasteri sperduti. Un componente del team ricorda di aver avuto il suo ultimo colloquio per il posto di lavoro proprio con Wack, che lo condusse mantenendo una "complicata posizione di yoga".

Aronoff sottolinea che lo *scenario planning* era assai più – o forse assai meno – di un millantato esercizio filosofico, dal momento che "non ci voleva un gran genio... per capire che i modelli di previsione lineare non avrebbero funzionato molto a lungo per l'industria petrolifera della fine degli anni Sessanta". Fu proprio in quegli anni che Shell si trovò a far fronte alle pressioni del sud globale e alle conseguenze di pubblicazioni come il *Rapporto sui limiti dello sviluppo* del 1972, che mise in luce l'insostenibilità dei combustibili fossili. Come spiega ad Aronoff la storica dell'economia Jenny Andersson, Shell aveva bisogno di un modo per "affrontare il futuro" che scongiurasse un determinismo autodistruttivo e trovasse "altre versioni del futuro che non fossero per loro catastrofiche". Semplice buon senso imprenditoriale. E anche, come scrive Aronoff, un modo per ricordarci che Shell "ha un blocco costitutivo che le impedisce di essere un'alleata nella lotta ai cambiamenti climatici: l'incapacità di intravedere un futuro senza Shell. La principale missione dell'azienda è garantire vita illimitata per sé e per i propri profitti".

Da allora, Shell ha integrato lo *scenario planning* nelle vere e proprie pubbliche relazioni. Dopo aver abbandonato il finanziamento di pubblicità negazionista dei cambiamenti climatici negli anni Settanta per "dipingersi di verde" negli anni Duemila, le stesse aziende che avevano combattuto il "determinismo autodistruttivo" stanno ora vendendo al pubblico la propria varietà di determinismo. Le aziende energetiche hanno tutti gli incentivi necessari a far sì che il *loro* futuro sia *il* futuro. In un ampio studio del 2021 sulla comunicazione di ExxonMobil sui cambiamenti climatici dalla metà degli anni Duemila, Naomi Oreskes e Geoffrey Supran evidenziano il linguaggio usato per descrivere come inevitabili lo sfruttamento e la domanda di consumi:

> Un pubbliredazionale di ExxonMobil del 2008 dichiara: "Entro il 2030, la domanda globale di energia sarà circa il 30 per cento più alta di quanto è adesso... Per far fronte alle necessità energetiche del mondo si farà ricorso al petrolio e al gas naturale". Poi nel 2007 afferma che "la prosperità crescente nel mondo sviluppato [sarà] il motore principale dell'aumentata domanda di energia (e di conseguenza, dell'aumento delle emissioni di CO2". Un pubbliredazionale di Mobil del 1999 fu ancora più sfacciato:

"Una crescente domanda spingerà le emissioni di CO_2". In altre parole, si presenta come inevitabile la crescente domanda di energia, e si implica che l'unico modo per soddisfarla sono i carburanti fossili.

Fu BP a divulgare, per esempio, il concetto di impronta carbonica individuale, quando nel 2004 pubblicò il calcolatore di impronta carbonica. Era uno dei molti modi tramite i quali le aziende energetiche avrebbero poi insinuato che la responsabilità di risolvere i cambiamenti climatici ricade sui consumatori. Ed è certamente vero che le abitudini di consumo devono cambiare. Klein sostiene che il 20 per cento più abbiente della popolazione è quello più responsabile per la realizzazione di questi cambiamenti. Ma dice anche che, se vogliamo che queste riduzioni si estendano oltre "i cittadini volenterosi che amano andare al mercatino biologico ogni sabato e indossare vestiti usati", abbiamo bisogno di "politiche e programmi globali che rendano facili e convenienti per tutti le scelte a basso consumo di carbonio" (allo stesso modo, in *Overheated*, Aronoff nota che "se davvero potesse esistere una società a basse emissioni, costruirla dovrebbe essere compito dello stato". Naturalmente le scelte personali all'interno delle strutture avrebbero ancora importanza. Douglas Rushkoff, in *Solo i più ricchi. Come i tecnomiliardari scamperanno alla catastrofe lasciandoci qui*, suggerisce: "Invece di discutere se comprare un'auto elettrica, a gas o ibrida, tenetevi quella che avete. Meglio ancora, cominciate a condividere i viaggi in macchina, ad andare a piedi, a lavorare da casa, o a lavorare di meno. Come Jimmy Carter ha cercato di dirci nelle sue tanto derise riunioni al caminetto, abbassate il termostato e mettetevi un maglione. Fa bene alle cavità nasali, e fa bene a tutti". Verso la fine del libro, prendendo in considerazione la possibilità di portare avanti meno attività, Aronoff collega le proprie argomentazioni agli ipotetici benefici della settimana corta. Per certi versi, quelle raccomandazioni ricordano la fine del secondo capitolo di questo libro: l'idea di rinunciare a qualcosa, e anche la domanda di Butt-Head: "Non è che magari potrebbe prendere meno roba?"). E comunque l'insistenza delle aziende energetiche sui consumi è in malafede. È una retorica simile agli sforzi di Big Tobacco per dipingersi come procacciatore neutrale di un qualcosa che i consumatori non possono fare a meno di richiedere. In altre parole: *Noi ci limitiamo a vendere le sigarette. Siete voi che le fumate.*

Questo tipo di definizione dà un'immagine dei cambiamenti climatici come di qualcosa che è soltanto colpa "nostra", dove il "nostro" è un aggregato di consumatori che dovrebbero stare attenti al calcolo della propria impronta carbonica. E intanto, scrive Aronoff, "abbiamo tutte le prove che l'industria [energetica] sta andando a tutta velocità nel senso opposto, spingendo per maggiori prospezioni e una sempre maggiore produzione mentre aumentano le temperature, i mari si ingrossano e gli incendi divampano". In una giornata piena di fumo, mentre scrivevo questo capitolo, un bancomat di Wells Fargo mi ha chiesto se volevo fare una donazione per la lotta agli incendi. Sono rimasta a fissare lo schermo. Wells Fargo è una delle più grandi finanziatrici dei combustibili fossili, ha investito 198 miliardi nell'industria del carbone, del petrolio e del gas nei quattro anni successivi all'Accordo di Parigi.

Così come l'industria della gestione individuale del tempo rivende a un isolato "uomo che si è fatto da sé" l'idea di tempo come denaro, così le aziende energetiche vendono l'idea dell'impronta carbonica per nascondere percorsi di cambiamento molto più ampi e significativi. Fra questi ci sono strumenti politici e tecnologici di cui già disponiamo. Per Klein, Aronoff, e altri, tra questi strumenti ci sono le regolamentazioni e la supervisione pubblica – cose come il Green New Deal – e l'opposizione agli accordi commerciali globali che favoriscono l'orizzonte temporale suicida delle aziende energetiche. Tant'è che un intero capitolo di Klein si intitola "Planning and Banning", programmare e vietare.

Klein ammette che si tratta di una battaglia faticosa negli Stati Uniti, in cui sia la programmazione che i divieti sono oggi tacciati come soprusi governativi. Eppure, scrive, "dovremmo essere chiari circa la natura di questa sfida: non siamo *noi* a essere in crisi o senza vie d'uscita. È la nostra intera classe politica che si rifiuta del tutto di andare a toccare chi ha il denaro (tranne quando devono chiedere contributi per le campagne), e la classe imprenditoriale è più che risoluta a non voler pagare la quota che le spetta". Anche Aronoff nel suo libro sottolinea più volte che la china di questa battaglia faticosa ha una specificità storica: "Per poter postulare che tutta l'esistenza umana non sia altro che un anelito infinito verso la società di mercato, i neoliberisti hanno dovuto cancellare non solo la possibilità di un futuro ma anche la memoria di un passato in cui gli esseri umani riuscivano a organizzarsi in altri modi. Gli strumenti necessari ad affrontare la crisi climatica – cose come la proprietà pubblica, il pieno impiego, o anche solo rigorose regolamentazioni – sono stati cancellati dalla memoria". Aronoff si riferisce soprattutto alle politiche dell'era del New Deal, prima che si imponesse un'economia globalizzata e l'atmosfera neoliberista inasprisse la percezione dell'intervento regolatorio dei governi. Ma potremmo estendere ancora più in là questo concetto di amnesia politica, come un'eco di quel che serynada descrive: la riscrittura della storia dell'Uomo come macchina economica.

Lo ripeto: il purgatorio è estenuante. Come una macchina della nebbia che sputa una distopia preconfezionata, le aziende energetiche continuano a venderci il loro futuro certo, continuano a individuare obiettivi e a dipingerci come soggetti che verso quegli obiettivi sono trascinati senza scampo. Ripenso ai miei incubi, a come mi fanno immaginare il futuro. Chi è stato a scrivere quello scenario?

Un molo si protende dal lungomare verso quell'oceano indomabile. Non appena ci spostiamo oltre la muraglia, la violenza delle onde che si abbattono su di essa diventa più distinta e fragorosa. Camminando sul molo affollato, passiamo davanti ai pescatori di granchi accampati lungo i bordi con tavoli, secchi, ombrelloni e stereo.

Da qui riusciamo a vedere la barriera. E si vede bene che la parte nord del muro sta crollando, probabilmente già da molto tempo. Si affloscia verso il basso, sembra assottigliarsi e poi scompare. In realtà da lontano è più facile afferrare l'intera sequenza degli eventi, le case e le strade appaiono come una precaria spolverata di civilizzazione sopra le scogliere ribollenti e mai dome.

Non ricordo in che anno cominciai a notare un linguaggio apocalittico durante le lezioni che tenevo a Stanford. Ricordo solo uno studente che aveva realizzato un trittico dettagliato e vivido ispirato al *Giardino delle delizie* di Hieronymus Bosch. Guardando da sinistra a destra, i tre collage si facevano sempre più scuri e deprimenti. "Un po' come... il tramonto dell'umanità", disse lo studente ridendo nervosamente. Oppure lo studente che, in piedi davanti allo schermo di un proiettore mentre mostrava il suo progetto in 3D, alla richiesta di esporlo rispose con voce bassa ma sofferta: "Be', mi sento come se il mondo stesse per finire e tutto il resto...". Al che tutti annuirono in silenzio. Ricordo che pensai che dopo una cosa del genere sarebbe stato insulso continuare a parlare di vettori e di *shader*. E ricordo che avrei voluto correre ad abbracciare quello studente.

Anni dopo, vidi che il mio libro precedente veniva suggerito in un forum online per persone afflitte per i cambiamenti climatici e preoccupate per il crollo della civilizzazione. In un post caratteristico di quel forum, una persona aveva scritto: "So che dovrei essere grato che tutto sia ancora qui, ma ogni cosa evoca in me la consapevolezza che un giorno tutto sparirà in modo orribile". "Potrei semplicemente smettere di esistere senza far del male agli altri", aveva scritto un altro. Sotto queste esternazioni, di solito sul forum comparivano dei consigli in buona fede di rivolgersi al trascendente: affidarsi all'idea buddista di impermanenza, trovare piccole gioie nella vita e, in un caso, leggere il mio libro.

Soffrire è importante, specialmente farlo insieme agli altri. Preferisco sempre e comunque la lamentazione disperata al negazionismo e all'ottimismo irrealistico. Ma quel sentimento appeso lì, distaccato da qualunque altra cosa, mi ricordava il mio incubo e ciò che aveva rappresentato: un non futuro in cui le convinzioni e i comportamenti delle persone sono altrettanto determinati quanto la terra sembra inerte e indifesa. Senza bisogno di reprimere il dolore, dev'esserci un modo di considerare il tempo diverso dalla sensazione di esservi legati indissolubilmente fino alla fine. Un modo possibile che ho tentato di delineare finora è quello di ripristinare le contingenze del passato e del presente.

Un altro è spostare il proprio centro di gravità temporale imparando da quelli i cui mondi sono finiti più e più volte.

Nel 2019, Thom Davies ha realizzato uno studio su un luogo in Louisiana informalmente chiamato Cancer Alley. Ha intervistato i residenti di Freetown, che un tempo faceva parte della piantagione di zucchero Landry-Pedescleaux, colonia fondata da ex schiavi durante l'èra della ricostruzione e ora invasa dall'industria petrolchimica. Mentre Davies scriveva, l'oleodotto di Bayou Bridge doveva ancora essere terminato, e durante i lavori vennero arrestati sedici manifestanti e un giornalista, con accuse penali. Ma le cose andavano già così male che un abitante disse a Davies che in alcuni giorni l'aria era "talmente piena di gas quasi da non riuscire a respirare".

Secondo Davies, ciò che avviene nel Cancer Alley rappresenta il concetto di *violenza lenta*, un termine coniato da Rob Nixon dell'High Meadows Environmental Institute per definire quei danni che restano sotto la soglia della pubblica percezione perché sono troppo graduali e non attirano l'attenzione. Ma Davies chiarisce una cosa importante: "Invece di accettare la spesso citata definizione della violenza lenta di Nixon come 'lontano dagli occhi', dobbiamo invece chiederci: 'lontano dagli occhi di chi?'". Una scena ha significati diversi per chi la vede nei telegiornali per una settimana e per chi ci vive dentro. "Dopo aver passato almeno un decennio a indagare le vite di comunità in vari luoghi tossici – comprese Chernobyl, Fukushima, e ora 'Cancer Alley'... l'ultima cosa che direi di questi posti è che non attirano l'attenzione", scrive Davies. "Le comunità che vengono esposte alla violenza lenta dell'inquinamento tossico sono colme di testimoni, esperienze e lutti che sono la prova della brutalità della graduale distruzione dell'ambiente".

In altre parole, guardare al futuro può voler dire più guardarsi intorno che guardare avanti. Grazie alla mia storia familiare, tendo a guardare oltreoceano. Come accaduto in altri paesi del Sud Pacifico, fin dagli anni Settanta le Filippine hanno vissuto un aumento delle tempeste tropicali, e tra il 1960 e il 2012, il livello del mare nella zona di Manila Bay è aumentato di nove volte rispetto alla media globale. A Sitio Nabong, una zona subito a nord di Manila, la gente del posto ha dichiarato a Channel News Asia che ormai da decenni non si riesce più camminare sulle strade asfaltate. Andavano in chiesa con la barca. Ma le differenze di prospettiva non devono per forza essere geograficamente distanti, né da me né tra loro. Per esempio, il titolo di un editoriale dell'agosto 2021 sul *New York Times* aveva un tono interrogativo e di paura del futuro: "Il buon clima ha caratterizzato la California. Cosa succede quando scompare?". Invece, un mese prima, l'agricoltrice californiana Martha Fuentes aveva raccontato a un giornalista di *Al Jazeera* che, essendo stata nei campi per trentun'anni, aveva già una piena consapevolezza dei cambiamenti nelle temperature intercorsi fino a quel momento.

E qui torniamo di nuovo alla questione dell'Antropocene e a cosa consideriamo essere un punto di svolta. In *A Billion Black Anthropocenes or None*, Kathryn Yusoff si oppone al modo in cui l'Antropocene è "configurato nel tempo futuro, invece di riconoscere le estinzioni già subìte dalle popolazioni nere e indigene". L'attivista del clima maori Haylee Koroi, quando le venne chiesto cosa ne pensasse dell'idea contemporanea di depressione e stanchezza climatica, rispose che "senza voler sminuire coloro che provano queste sensazioni, la realtà è che noi, attraverso la colonizzazione, abbiamo vissuto per generazioni i sintomi della crisi climatica". Allo stesso modo, Elissa Washuta definisce la sua gente come "post apocalittica". Per loro, la distruzione non è nel futuro ma piuttosto nel passato, e continua in un presente bianco americano che cerca di "sterminare la parte di Siwash che vedono in me".

Non cito questi punti di vista per umiliare quelli che, come me, solo adesso hanno l'impressione che il proprio mondo stia finendo. Piuttosto, sto mettendo in luce, per i nichilisti che non riescono a immaginare il futuro, una prospettiva che è sopravvissuta, e continua a sopravvivere, a una fine del mondo avvenuta tanto tempo fa. Ci sono popoli e luoghi che non possono accettare né la marcia verso il progresso dell'Uomo dell'Illuminismo né il declinismo a palla da biliardo dell'Antropocene, perché quella narrazione aveva come presupposto imprescindibile la loro distruzione, mercificazione e retrocessione a uno stato di non-esseri. Per quei popoli e per quei luoghi, il passato storico non potrà mai essere oggetto di nostalgia, e il futuro è sempre stato in pericolo. Se non vuoi più evitare di guardare in faccia la realtà, pensa a chi non ne ha mai nemmeno potuto far parte.

Sull'argine, cinque pali di legno formano un cerchio e somigliano a una miniatura di Stonehenge, il più iconico degli strumenti di calendarizzazione. Al centro del cerchio, riusciamo appena a intravedere il testo di una targa incastonata nel terreno e nascosta dalla sabbia:

ÀNCORA DELLA BRIG ROLPH
VELIERO A QUATTRO ALBERI
AFFONDATO AL LARGO DI PUNTA SAN PEDRO 1910
ÀNCORA RECUPERATA DAL SEA LIONS CLUB NEL
1962 E DONATA ALLA CITTÀ DI PACIFICA
PESO 900 CHILI

La targa sembra più un monumento a un monumento che non a un reperto, perché – per qualche misterioso motivo – l'àncora non c'è più. Né la targa ci dice dove fosse diretta quella nave. Sbirciamo l'orizzonte, e posso dire quale fosse la destinazione della nave, posso raccontare che trasportava calce, paglia e legname verso una piantagione di zucchero di Hana, alle Hawaii. La piantagione era diretta dalla Theo H. Davies and Company, una delle "Big Five" conglomerate commerciali che possedevano la maggior parte dei terreni e monopolizzavano l'economia delle Hawaii. Nel tentativo di costituire una forza lavoro adeguata e stabile – i nativi hawaiani protestavano contro le condizioni di lavoro (Ronald T. Tataki, nel libro Pau Hana: Plantation Life and Labor in Hawaii, 1835–1920, *scrive che i lavoratori nativi hawaiani di una delle prime piantagioni dell'isola negarono al padrone "il dominio e la fedeltà" che si aspettava. Evidenziando una concezione razziale del lavoro e del tempo, il padrone della piantagione sperava che tra i nativi (kanaka) ci potessero essere degli uomini solidi, obbedienti che avrebbero potuto "trasformarsi in 'kanaka bianchi'") ed erano anche devastati dalle malattie che arrivavano da fuori – le compagnie importarono persone da Cina, Giappone, Norvegia, Germania, Porto Rico, Russia,*

Corea, Filippine e Portogallo, e arrestarono coloro che non lavoravano abbastanza velocemente. Per portare via lo zucchero, i Big Five gestivano anche la Matson Navigation Company, la stessa Matson che avevamo visto nel porto di Oakland.

C'è un detto hawaiano che si può tradurre come: "La terra è il capo, l'uomo è il suo servo". Guarda caso, gli interessi commerciali sulle Hawaii provocarono un cambiamento climatico: l'abbattimento di antichi alberi e la messa a pastorizia dei terreni avevano probabilmente alterato i percorsi delle acque piovane finendo per danneggiare quegli stessi interessi. Il governo territoriale, sotto la pressione degli interessi dei coltivatori di zucchero, si affrettò a tentare di riforestare i pendii. Purtroppo, lo fece con degli eucalipti alloctoni a crescita rapida, che formarono delle foreste di minore complessità con un numero minore di specie.

Quella notte del 1910, sulla rotta per la piantagione, il mercantile cadde vittima di una nebbia fitta e di forti correnti. Si andò a schiantare nello stesso punto in cui sei anni prima un'altra nave era naufragata, nelle stesse circostanze. Non morì nessuno, ma furono vani gli sforzi per recuperare la nave: le rocce la trattenevano saldamente. Ora l'oceano appare calmo, e un filo di nebbia all'orizzonte scivola così lentamente che quasi non sembra muoversi.

Il clima parla, anche se non in inglese. Molti degli straordinari fenomeni di cambiamento climatico sono versioni senza precedenti di questo vecchio linguaggio: fuoco, tempesta, inondazione. Però più fragorosi e in posti nuovi. Mentre noi troviamo "una soluzione repressiva al problema", le montagne diventano sempre più spoglie, le linee di faglia si spostano, la lava fluisce dove vuole, e il *chaparral* mantiene "una necessità in costante sviluppo, incessantemente rafforzata, vitale, di prendere fuoco". I torrenti si ingrossano nei loro letti, e i fiumi si dilettano a cambiare corso di tanto in tanto. Nella prima sezione de *Il controllo della natura*, in cui si parla della battaglia persa per evitare che il corso del fiume Mississippi venisse "ricatturato" dal fiume Atchafalaya (un tentativo che richiese l'innalzamento di argini sempre più alti a New

Orleans), in un contesto inaspettato si fa brevemente riferimento a una volontà non umana. Si tratta di una conversazione tra un pilota del fiume e un ingegnere civile: "Cano faceva congetture sulla possibilità che avvenga un giorno la temuta cattura del Mississippi, a dispetto di tutti gli sforzi per prevenirla. 'Madre natura ha pazienza', diceva 'e ha più tempo di noi'. E Rabelais: 'Ma ha soltanto quello'".

Si tratta di un atteggiamento stonato rispetto all'arroganza di coloro che "DICHIARANO... INUTILI LE FRANE" e vivono isolati da qualsiasi cosa le abbia originate. In *Tecnica e Cultura*, Mumford osserva che questa caratteristica isolante, che non fa perdere tempo, è proprio ciò che agli industriali piacque del carbone, "che si poteva estrarre molto tempo prima dell'uso, e che poteva essere immagazzinato, [e] che aveva posto l'industria quasi al riparo dalle influenze stagionali e dai capricci del clima". Come si sarebbe poi visto, questa fu una delle prime volte che rifiutammo di guardare in faccia la realtà. Già allora, nel 1934, Mumford aveva dedotto che l'industrializzazione avrebbe potuto causare "un lungo cambiamento ciclico del clima stesso".

Nel periodo verso quel giorno di settembre senza sole, aggiunsi alla barra dei preferiti AirNow, un sito che fa previsioni sulla qualità dell'aria. Quel giorno il cerchio era rosso, con l'IQA che si aggirava su 153. I resti bruciati degli alberi erano arrivati in forma di PM 2.5 – dove il "PM" sta per "particolato" – e sarebbero rimasti in giro per giorni. "Avete un'agenda flessibile?", diceva il sito. "Se la previsione è sul rosso (insalubre), potrebbero comunque esserci momenti della giornata adatti ad attività all'aperto. Controllate la qualità dell'aria e capite se è un buon momento per fare attività all'aperto". Dopo secoli dal primo sfruttamento commerciale del carbone negli Stati Uniti, i capricci del clima erano lì spiattellati sullo schermo davanti a me. *Ascoltami*, mi dicevano. *Ignorami a tuo rischio e pericolo.*

Non provo alcuna soddisfazione per le vite distrutte dai mega incendi e dalle mega tempeste, specialmente quando sono i poveri del mondo a doverne pagare il prezzo in modo sproporzionato. Non posso neanche negare che gli eventi atmosferici abbiano una voce in capitolo, e anche un elemento di reazione, persino di persecuzione. Mi viene in mente il cartello che ogni tanto si vede sulle spiagge della California del nord, che hanno forti maree, onde anomale, e sono prive di assistenza ai bagnanti, e dove ogni tanto qualche incauto viene spazzato via: NON DATE MAI LE SPALLE ALL'OCEANO. Quel cartello mi rimette subito al mio posto. Mi rammenta che la spiaggia non è uno svago per gli esseri umani, e che posso andarci ma mi conviene imparare le leggi dell'oceano se voglio restare viva.

Di questi tempi sono sempre di più le persone che si sentono spinte a cercare una "agenda flessibile", e diventano esse stesse elementi periodici, che devono imparare il linguaggio degli incendi e delle inondazioni. Ci sono stati riconoscimenti legali del mondo non umano: nel 2017, la Nuova Zelanda ha dato al monte Taranaki gli stessi diritti legali di una persona; nel 2019, il Bangladesh ha fatto la stessa cosa con tutti i suoi fiumi; e nel 2022, un lago della Florida si è costituito parte civile in una causa contro dei costruttori (in un capitolo di *The Metaphysics of Modern Existence*, intitolato "Espandere l'universo legale", Vine Deloria Jr. scrive: "Nel nostro sistema legale la natura non ha diritti propri. Se il nostro sistema legale riflettesse la nostra visione della realtà, allora vorrebbe dire che siamo convinti di esistere al di sopra e al di fuori del mondo fisico". Deloria parla anche di Christopher D. Stone, un professore di diritto dell'University of Southern California, che nel 1972 espose una teoria di status giuridico che venne usata durante il dibattimento del caso Sierra Club v. Morton, e scrisse il libro *Should Trees Have Standing?*. Da allora, altre simili iniziative legali sono state prese in Ecuador, Argentina, Perù, Pakistan, India, Nuova Zelanda, Canada e negli Stati Uniti. Nel 2019, la tribù Yurok, la stessa che aveva fornito assistenza nella formulazione della legge californiana sugli incendi controllati, accordò personalità giuridica al fiume Klamath secondo l'ordinamento tribale, nella speranza che questo potesse agevolare le istanze giudiziarie a nome del fiume).

In gran parte, però, quel che non era stato ammesso dalle fantasie di eliminazione e controllo dell'Illuminismo deve ancora essere (ri)ammesso: vale a dire la soggettività del non umano. So che non tutti quelli che leggono mi seguiranno in questo, ma sento di dovermi spingere fino a questo punto. Soprattutto nel pieno dei cambiamenti climatici, non prendere in considerazione questo elemento è come vivere con un coinquilino e far finta che non esista, che non lo stiamo uccidendo e nel frattempo non stiamo uccidendo anche noi stessi. Si tratta dunque di un tema che unisce pratica e morale. La scrittrice maori Nadine Anne Hura (Ngati Hine, Ngapuhi) dà questa diagnosi: "Stiamo male perché sta male Papatuanuku. Quel che ci aspetta è ancora peggio. Come possiamo parlare di una soluzione a questo male se non ne riconosciamo le cause più profonde? Avidità, sprechi, accumulo individuale di ricchezze, una fede arrogante nella superiorità dell''uomo' su ogni altro organismo vivente, e la percezione della terra come di una risorsa che va strizzata alla stregua di un vestito sporco, e poi buttata via".

Anche lo studioso di politiche energetiche e clima Seth Heald mette in guardia dal discutere di adattamento climatico e resilienza "senza specificare a cosa ci stiamo adattando o rispetto a cosa stiamo cercando di essere resilienti". Heald cita uno studio secondo cui la maggior parte degli americani concepisce i cambiamenti climatici in un'ottica ambientalista, scientifica o economica, ma non morale o di giustizia sociale. Secondo Heald, questa è una forma di "parziale silenzio climatico". Anche se indubbiamente è una cosa positiva che nei sondaggi più persone si dicano preoccupate per i cambiamenti climatici, un silenzio parziale comporterà delle risposte parziali. Per esempio, riesco a vedere un futuro in cui il mondo sempre più in fiamme, in tempesta, in smottamento, viene denigrato e allo stesso tempo represso e privato di volontà, così come è accaduto a tutti gli oggetti del colonialismo. Questa prospettiva considererà (in realtà, lo fa già) le ondate di migranti negli stessi termini oggettivi con cui considera un uragano, definendoli "non necessari" come una frana e supplendo con interventi tecnocratici a un troppo a lungo rinviato riconoscimento.

Il percorso dell'argine diventa un terrapieno rinforzato che protegge dall'oceano un campo da golf – e le specie di rane a rischio estinzione che adesso vivono nei suoi stagni. Alla nostra sinistra ci sono dei cipressi costantemente scolpiti dal vento, e davanti a noi una serie di colline spoglie su cui riusciamo a intravedere dei viandanti che spariscono come puntini. Decidiamo di seguirli.

Il sentiero si assottiglia, passando sotto un boschetto di cipressi. Qui le cose continuano a fiorire in modo improbabile: i pennelli indiani della costa e un fiore che ha un nome temporale: "addio alla primavera". In cima a un pendio brullo ci imbattiamo nell'ennesimo cartello che indica di non avvicinarci alle rocce malferme. Da qui riusciamo a vedere tutto: il molo, la muraglia cadente, le scogliere a nord e a sud, e quell'oceano infinito, che sembra sempre più infinito man mano che si sale.

Quassù vediamo qualcosa: un'esplosione di vapore. È abbastanza lontana, e il sole è abbastanza splendente perché sembri un'illusione ottica, ma poi succede di nuovo. È una balena.

Per un attimo rimango senza parole. Poi dico una sciocchezza tipo che avevo dimenticato che le balene fossero reali, e non simboli sugli adesivi delle macchine. Quel che sto pensando, in realtà, è che non è solo la balena ma l'oceano stesso ad apparire all'improvviso più reale. Finora è stato un universo che confinava con il nostro, un Umwelt *imperscrutabile ed estraneo (*Umwelt *è una parola tedesca che significa "ambiente" o "paesaggio". All'inizio del ventesimo secolo, il biologo baltico-tedesco Jakob von Uexküll cominciò a usare* Umwelt *per riferirsi specificamente al mondo così come viene percepito da un particolare organismo. Per approfondire questo concetto, suggerisco* Un mondo immenso *di Ed Yong). Lo spostamento del nostro centro di gravità rivela che la balena e l'oceano sono sovrani, le scogliere sono i confini del loro mondo così come del nostro.*

Quando attribuiamo una dimensione morale alla crisi climatica, alcune cose perse nella nebbia diventano più chiare, compreso il suo rapporto con altre fondamentali ingiustizie. Per esempio, le motivazioni apparentemente pratiche delle compagnie e degli investitori dell'industria energetica possono essere paragonate a quelle degli apologeti dello schiavismo nell'America del diciannovesimo secolo, che pure consideravano la questione come fosse di natura apolitica, economica e con soluzioni tecnocratiche. Solo il fatto di considerare gli schiavi come non soggetti consentì a uno come Henry Lascelles, VI conte di Harewood, di parlare in modo credibile di "stato progressista" e "miglioramento della popolazione schiava" in un incontro del 1823 sulle sue piantagioni nelle Indie occidentali. I miglioramenti erano tecnici, una questione di come usare meglio gli oggetti. L'abolizione era morale, una questione di chi fosse riconosciuto come soggetto. Le compagnie energetiche non riescono a immaginare un futuro senza gli oggetti dell'estrazione e, di conseguenza, devono promuovere e finanziare una concezione del mondo in cui la terra resta un oggetto. I proprietari delle piantagioni non riuscivano a immaginare un futuro senza gli oggetti della schiavitù e, di conseguenza, promuovevano e finanziavano una concezione del mondo in cui le persone schiave restavano oggetti. Questo collegamento è più che un'analogia: molti studiosi hanno sottolineato, per esempio, il ruolo del cotone delle piantagioni nelle fabbriche tessili che hanno fatto da motore alla Rivoluzione industriale.

Per un osservatore moderno, questo momento storico ha tanti elementi che sembrano inesorabilmente convoluti, ma alcune cose sono chiare e nette. Ogni volta che vedo che si scialacqua il futuro con dei freddi calcoli. Ogni volta che qualcuno dice che la questione è ecologica ed economica ma non morale e politica. Ogni volta che si usa una definizione tecnocratica per nascondere e perpetuare l'arroganza dei secoli passati. Ogni volta che i colonizzati e gli oggettificati non possono ergersi a parte offesa. Ogni volta che chi trae profitto non sale sul banco degli imputati. Ogni volta che comincio a perdere di vista l'orizzonte e dimentico il motivo per cui laggiù c'è il fumo, ripeto tra me e me questo discorso. *È una materia complicata*, dice uno. *Mica tanto*, risponde l'altro (dialogo tratto da una conversazione sui cambiamenti climatici tra un prete e il padrone di una fabbrica inquinante nel film di Paul Schrader del 2017 *La creazione a rischio*).

L'alternativa al dire "questo è tutto" è l'idea che questo non è mai stato tutto. Gli alberi che vedevo da bambina non erano senza tempo. Sono cresciuta in un falsopiano che avevo scambiato per l'infinito, come le foreste che sono nate dalla repressione degli incendi e la questione se la terra fosse un *chi* o un *cosa*. E finché non mi sono resa conto del contrario, l'unica cosa che riuscivo a percepire era la perdita di ciò che per me era noto e di conforto. Adesso mi sforzo di mollare la presa. Guardare al futuro significa guardarsi intorno. Guardarsi intorno significa guardare alla storia, e non all'apocalisse che sta arrivando, ma a quella che è già passata, a quella in corso, adesso. Notando che la parola greca *apokalypsis* significa "disvelamento", Washuta scrive che "l'apocalisse ha molto poco a che fare con la fine del mondo e tutto a che fare con lo sguardo che vede ciò che è nascosto, che smonta le schermature". Anche la poetessa e filosofa femminista francese Hélène Cixous ha scritto che "dobbiamo perdere il mondo, perdere un mondo, e scoprire che ce n'è più d'uno, e che il mondo non è quello che crediamo sia". Il significato attuale di *apocalisse* è un significato moderno. Nell'inglese medievale voleva solo dire "visione", "intuizione", o persino "allucinazione".

Il mondo sta finendo. Ma quale mondo? Teniamo conto del fatto che molti mondi sono già finiti, tanti quanti ne sono nati, e che ne nasceranno. Pensiamo che nulla di essi è dato per scontato. Immaginiamo, solo come esercizio mentale, di non essere nati alla fine del tempo, ma proprio al momento giusto per diventare, come scrive il poeta Chen Chen, "una stagione del pianeta / di tempeste grandi come un pianeta". Immaginiamo la scena come in un'allucinazione, allucinamoci in essa. Poi diciamoci cosa vediamo.

E nel frattempo, mentre gli incubi continuano? Il futuro non è scritto, ma c'è la perdita che si è già verificata, la perdita che si sta verificando ora e quella parte di perdita che è già sicura. Ci sono stati dei momenti, mentre scrivevo questo capitolo, in cui mi sembrava di bere un veleno o, per essere più precisi, mi pareva che parecchie tonnellate di massi dei monti San Gabriel si riversassero nella piccola casa che è il mio io. E non ero sempre certa che i muri avrebbero retto.

Un dolore di questa portata può uccidere chi lo sopporta da solo. Se non nel fisico, in altri modi. Non è altro che una delle molte disgrazie dell'*Homo economicus* solitario: i consumatori comprano biologico, ma non si abbracciano piangendo. Non solo siamo stati depredati di tutta la "memoria di un passato in cui gli esseri umani riuscivano a organizzarsi in altri modi", ma questo si estende anche alle nostre vite emotive: i tuoi problemi sono personali e patologici, le loro soluzioni sono circoscritte alle tue scelte di vita e a un paio di manuali di auto-aiuto.

Ricordo di aver detto a due care amiche, durante una cena subito prima della pandemia di COVID-19, che forse ero depressa. Dal modo in cui ne parlavo, sembrava si trattasse di un arto fratturato, di una carenza nutrizionale, o persino di un fallimento personale, e non della sofferenza di una persona che esiste nel mondo. "Be', Jenny", disse una delle amiche. "C'è parecchio per cui essere depressi". L'altra si limitò ad abbracciarmi.

Il presente non può e non dovrebbe nascere da solo. Anche il dolore può insegnarci nuove forme di soggettività. Immagino una specie di duplicità, una reciprocità capace di farsi testimone e non voltarsi dall'altra parte. Che fosse quello di un'amica, uno stormo di uccelli su una pianta, o il versante orientale della mia montagna preferita, c'è sempre stato un altro corpo a darmi la forza di andare avanti, giorno dopo giorno. Ho attinto da loro, ho preso da loro una sorta di *qualcosa* che non posseggo davvero. Una recensione del mio primo libro diceva che ho "utilizzato l'irritante termine 'corpi'" mentre, chiaramente, intendevo persone o umani. Ma io non intendo 'persone' o 'umani'. Io intendo *corpi*: corpi doppi, tripli, alleanze e amalgami che possono spostarsi e sostenere i pesi, puntellare i muri. Questa fase richiede che ci teniamo pressati gli uni agli altri, pressati a ridosso del mondo. Non è questo il momento di voltare le spalle all'oceano.

Nel settembre 2020, molti dei miei incubi si chiudevano con me che guardavo il fuoco avanzare. Con un'eccezione degna di nota: in uno di quelli, correvo verso uno sconosciuto che aveva con sé un cane e gli chiedevo aiuto. Lui mi prendeva per mano, e tutti e tre correvamo a metterci in salvo nel parcheggio di un supermercato. Mentre il fuoco ci circondava, stavamo lì a guardarlo insieme. Il mondo era finito, ma il sogno no. E mi chiedevo: *e adesso?*

SEI

Tempi non comuni

LA BIBLIOTECA DI QUARTIERE

"Viviamo seguendo il sole, non l'orologio."
Una donna di Siviglia citata nell'articolo della BBC "La Spagna pensa a un cambio di fuso orario per incrementare la produttività", 2013

Lasciando le scogliere verso nord-est, attraversiamo di nuovo la faglia di Sant'Andrea e ci ritroviamo in un altro ingorgo: stavolta sull'autostrada 101, vicino a un ospedale di San Francisco intitolato a Mark Zuckerberg. Proprio mentre comincia a congestionarsi davvero, prendiamo un'uscita a sinistra e ci dirigiamo verso South of Market, sfrecciando su una strada larga ma trafficata che si addentra verso il Financial District. Qui si mischiano condomini squadrati a quattro piani e vecchi edifici industriali che ora ospitano aziende come Leather Etc, un negozio di prodotti in pelle e per il bondage.

Ci infiliamo nell'ingresso di uno di questi vecchi edifici. Negli anni Venti, questo posto ospitava una lavanderia commerciale che nell'elenco telefonico compariva sotto una pubblicità dell'Anti-Jap Laundry League, in un periodo in cui le aziende vantavano con orgoglio il "lavoro bianco" come se fosse un marchio equosolidale. È passato un secolo, e noi siamo qui a pigiare la "P" di "Prelinger" sul citofono del palazzo. Un ascensore ci porta via dal rumore della strada fino al secondo piano, dove da uno studio di pole dance si sentono dei bassi martellanti. Alla fine del corridoio siamo attirati da una luce calda, c'è una porta a doppia anta aperta a metà. All'interno: tre corridoi zeppi di libri fino al soffitto su degli scaffali di metallo, due bibliotecarie sorridenti, e un paio di persone sedute intorno a un grande tavolo, intente a consultare libri e cartine.

Come possiamo dare spazio al desiderio? È un interrogativo arduo per chiunque viva in una società basata sul farsi largo solo con le proprie forze e che dipinge qualunque insoddisfazione come una vergogna privata o poco più, e in cui *quel che vuoi* e *il modo in cui stanno le cose* appaiono questioni completamente slegate. Il cinismo e il nichilismo ci renderanno aridi, come un terreno che si è compattato perché nessuno se n'è preso cura o ne ha fatto buon uso. Ma il terreno mantiene la memoria della vita, e con un po' d'acqua e una forcella da giardino si potrebbe recuperarlo. Guardiamoci intorno. Davvero tutti considerano il tempo come denaro? O non è invece vero che tutti passano il proprio tempo a desiderare che non sembri denaro?

Mi piacerebbe dissodare questo terreno provando a fare un altro esercizio mentale. Come ho spiegato nel capitolo 2, i sistemi di gestione del tempo spesso funzionano in termini di unità temporali custodite in banche del tempo individuali. Io ho la mia, e tu hai la tua. In questo mondo, quando ti dò un po' del mio tempo, io ne ho di meno. Le nostre interazioni non possono essere altro che transattive. Se non è così – se tu e io viviamo in una dimensione di influenza reciproca in cui il tempo non è né fungibile né mercificato – allora che significato ha la "gestione del tempo"?

Penso che potrebbe significare, almeno in parte, una sorta di accordo tra me e te, reciprocamente vantaggioso, su quando e come vogliamo fare le cose. Potrebbe verificarsi su scala minimale. Con un'amica abbiamo l'accordo esplicito che non dobbiamo mai scusarci per un ritardo nelle risposte dei nostri scambi epistolari via email. Ci siamo intese sul fatto che ce ne occupiamo quando possiamo. Con il mio fidanzato c'è una regola non scritta secondo cui chi cucina non lava i piatti. Ma tutti noi viviamo in una versione molto più ampia, e molto più seria, di questo tipo di negoziazione. Invece di "marciare di pari passo verso l'abisso", ammonizione che per risultare realistica deve riferirsi a una realtà sempre più insostenibile, noi almeno abbiamo il diritto di immaginare, e di farlo collettivamente, quanto dovrebbe valere il tempo di ciascuno, di chi è il tempo che vale qualcosa, e a cosa dovrebbe servire il nostro tempo.

Alla ricerca di altri contesti temporali, potremmo trarre qualche lezione da quel che Allen C. Bluedorn definisce i "beni comuni temporali", gli accordi sociali che creano e definiscono il modo in cui i partecipanti vivono il tempo. Bluedorn si preoccupa soprattutto per alcuni fenomeni temporali a rischio di estinzione, come la siesta spagnola, che è sempre meno diffusa. Se non venisse protetta dalla legge, o se la gente smettesse di godersela per altri motivi, la forma temporale della siesta potrebbe scomparire. Come tutti gli altri beni, dunque, un bene temporale ha bisogno di amministratori. "L'idea non è di salvare il tempo per come viene inteso nell'organizzazione degli orari. Piuttosto, è di salvare i *tempi*", scrive. "O quantomeno di preservarne alcune forme".

Ma un bene comune non si trova isolato in una bolla, e spesso va a scontrarsi con ciò che lo circonda. A un certo punto, Bluedorn rievoca l'esperimento fatto da Leslie Perlow nel 1999 con l'introduzione di un "momento di quiete" in una società di software tra le top 500 di *Fortune*. Gli ingegneri della società avevano espresso frustrazione in quanto non riuscivano a completare il proprio lavoro a causa di interruzioni continue. Il "momento di quiete" di Perlow consisteva in una fase del giorno (a volte due) in cui non erano ammesse "interruzioni e interazioni spontanee" da parte dei colleghi. Bluedorn ci ricorda che "il momento di quiete non capitò per caso. Come molti altri momenti, era stato costruito, socialmente costruito. E in questo caso, era stato anche socialmente contrattato".

Perlow riuscì a trarre dallo studio alcune importanti conoscenze circa i diversi tipi di tempo di lavoro. Ma è significativo ciò che accadde alla fine nella società di software. Anche se il momento di quiete era stato apprezzato e gli ingegneri volevano mantenerlo anche dopo la fine dell'esperimento, l'organizzazione non riuscì a resistere quando Perlow andò via: "A quanto pare, non erano cambiati alcuni elementi chiave della cultura dell'organizzazione, come i *criteri per il successo*, e questi aspetti culturali furono all'origine di comportamenti che portarono alla 'disintegrazione' della pratica del momento di quiete" (la sottolineatura è mia).

Di cosa avrebbero avuto bisogno gli ingegneri per "amministrare" il momento di quiete dopo l'uscita di Perlow? Probabilmente, ci sarebbe voluto un accordo informale, per esempio una qualche codifica di nuovi "criteri per il successo" che avrebbero protetto tutti dai vecchi criteri. Anche nei piccoli esempi che ho appena fornito c'è in parte questo tipo di tensione: l'accordo con la mia amica respinge l'aspettativa più ampia che uno debba sempre essere disponibile via email. L'accordo con il mio fidanzato respinge l'aspettativa più ampia che le donne facciano tutti i lavori di casa.

È stato dal libro di Bluedorn, *The Human Organization of Time*, che ho imparato la parola *zeitgeber*, ovvero un qualcosa che organizza e schematizza il tempo. Come dicevo nel capitolo 2, uno zeitgeber può entrare in conflitto con un altro e sovrastarlo. Questa "cattura" ci suggerisce un'angolazione da cui analizzare il sottotitolo del libro di Naomi Klein *This Changes Everything: Capitalism vs. the Climate*. Klein descrive come gli accordi commerciali internazionali quali il NAFTA vengano usati per azzoppare i tentativi dei singoli paesi di regolare vendita ed estrazione dei combustibili fossili o di costruire delle infrastrutture per le energie rinnovabili. Le multinazionali possono addirittura arrivare a utilizzare questi accordi per tentare di vanificare le vittorie ottenute dalla società civile, come per esempio la moratoria del Quebec sulle trivellazioni di gas naturale. In altre parole, ci sono organismi internazionali per il commercio, e ci sono summit sul clima. Ciascuno ha in mente una serie di propri obiettivi temporali, ma per questi obiettivi non c'è mai stato lo stesso impegno affinché venissero perseguiti. Klein cita un funzionario del WTO che nel 2005 affermava che l'organizzazione ha il potere di contrastare "quasi ogni misura volta a ridurre le emissioni di gas serra", e aggiungeva che, nonostante all'epoca la cosa facesse poco scandalo, avrebbe dovuto farne di più.

A secoli di distanza dal sogno di Sandford Fleming di un Cosmic Day del tutto distaccato dal contesto terreno, lo zeitgeber che domina le nostre vite sembra essere il rapporto trimestrale sugli utili piuttosto che l'Orologio dell'Apocalisse. Questo potrebbe spiegare la strana dissociazione temporale che mi è capitata un giorno di quest'estate, quando l'IQA era troppo alto per uscire e mi ero immersa nelle trascrizioni delle comunicazioni verso gli investitori che BP rende pubbliche sul suo sito. Nella sezione dedicata al Q&A per gli azionisti del 2018, un analista del Banco Santander si informava educatamente circa il Tortue, il giacimento di gas naturale offshore proposto dalla società al confine tra Mauritania e Senegal. Un analista di Panmure Gordon, banca di investimenti britannici, fece la stessa domanda nel 2020, mentre il giacimento era in via di avviamento ma era stato sospeso a causa del COVID-19:

> Sì. Grazie per aver accolto la mia domanda. Riguarda di nuovo il gas. Uno dei progetti di cui non hai parlato, Bernard [Bernard Looney, CEO di BP], è a che punto sono le cose con Tortue, e forse ancora più in generale, se puoi parlare di come i nuovi sviluppi in Mauritania e Senegal giochino un ruolo negli obiettivi dei 25 milioni di tonnellate annue e dei 30 milioni di tonnellate annue di LNG [gas naturale liquido] per il 2025 e il 2030. E, in particolare, cosa li farebbe diventare dei veri e propri progetti FID ["foreign income dividend", dividendi esteri]. Grazie.

Looney rassicura l'analista che, nonostante i ritardi dovuti al Covid, tutto sta andando *secondo i piani*. A parte il mio orrore muto nell'immaginare trenta milioni di tonnellate di gas naturale liquido, questo scambio non ha nulla di speciale. Come scrive Marx nel *Capitale*, "*Après moi, le déluge* [Dopo di me il diluvio] è la parola d'ordine di ogni capitalista e di ogni nazione capitalista" (questa frase si trova nello stesso capitolo del *Capitale* a cui ho fatto riferimento nel capitolo 1, e fa seguito a un paragone che Marx pone tra lo sfruttamento dei corpi dei lavoratori e quello della terra: "Al capitale interessa solo ed esclusivamente il massimo della forza lavoro che può venire messa in moto durante una giornata lavorativa. Raggiunge questo obiettivo accorciando la vita della forza-lavoro, così come un agricoltore avido strappa più prodotti al suolo privandolo della sua fertilità"). Per molte aziende il criterio di successo più importante è la crescita. Bernard Looney stava facendo il suo lavoro. La banca faceva il suo lavoro. Quando progetta una pubblicità che vende il gas naturale come "pulito", l'ufficio marketing di BP sta facendo il suo lavoro. Dopo il prossimo trimestre, ci sarà un'altra riunione e ci sarà di nuovo tutta questa disinvoltura. Quel che vedevo io era una finestra su un giorno qualsiasi di un'industria estrattiva che opera in un orizzonte temporale vantaggioso per se stessa. Ma quel che avevo visto, da soggetto *che dà il tempo* e decide del proprio orizzonte temporale, mi preoccupava direttamente. In fin dei conti, io vivo secondo il loro orologio.

Ci addentriamo tra gli scaffali. Questa biblioteca non usa la classificazione decimale Dewey, e si affida invece alla disposizione intuitiva e psicogeografica decisa dalle bibliotecarie. Si comincia sulla sinistra con materie relative all'area di San Francisco, poi si procede verso l'esterno lungo gli scaffali, con Ovest americano, geografia mondiale e storia naturale, estrazione, trasporti, infrastrutture, edilizia, arte, film, network media, cultura materiale, lingua e genere, razza ed etnie, storia politica degli Stati Uniti, geopolitica e attività antiamericane e, infine, una sezione intitolata "astratto e non terrestre".

Dall'ultimo settore, il "fuori misura", tiro fuori un libro da una serie di periodici rilegati. È il Factory Magazine. *Sfogliamo le pubblicità di timbracartellini e sistemi di efficientamento. "Pronti a fare in tempo", dice uno. "Gli uomini di successo sanno che c'è un elemento al di sopra di tutti gli altri: il Tempo". Un altro, che mostra degli operai a un tavolo, dice: "L'efficienza umana determina l'efficienza della fabbrica".*

Giriamo un angolo e troviamo alcuni numeri di Physical Culture. *"Oh, you Unfit!" ("Non sei in forma!"), dice una pubblicità a tutta pagina del periodo della Prima guerra mondiale, voluta da Lionel Strongfort, che qui posa in intimo tirando profondamente in dentro gli addominali. "Poco in forma, flaccidi, deboli, inutili: non state facendo nulla per voi stessi, per la vostra famiglia o per il vostro Paese, proprio in un momento della storia dell'America in cui la nazione si aspetta che OGNI uomo combatta o lavori". E più avanti: "Perché non migliori?". È buffo guardare queste copie originali. Per quanto ci si renda conto fino a che punto queste idee abbiano fatto breccia nella nostra cultura attuale, questo linguaggio visto sulla pagina appare disperato, arbitrario e fragile.*

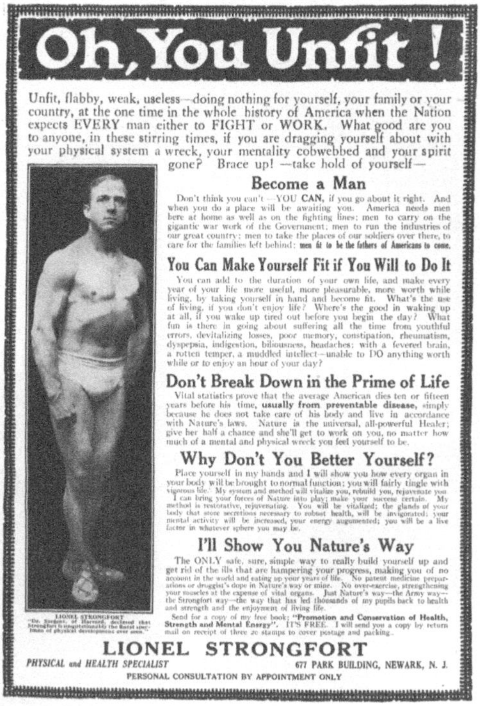

Nella sua missione per "salvare il tempo", Bluedorn parla spesso come un etnologo allarmato per i linguaggi in via d'estinzione. In realtà, ogni concezione condivisa del tempo è profondamente intrecciata alla lingua, essendo essa stessa un sistema che ordina e analizza il mondo, e la cui definizione si sostiene grazie a parole, frasi e idee di cosa sia il tempo. Il sociologo William Grossin ha scritto di una "corrispondenza" tra "l'economia di una società, il modo in cui essa organizza il lavoro, i mezzi che usa per la produzione di beni e servizi, e il modo in cui il tempo è rappresentato nella coscienza collettiva, una rappresentazione che ogni individuo recepisce, interiorizza e accetta quasi sempre senza problemi".

Quasi sempre. Cosa succede quando c'è un problema?

La lingua è dinamica, sregolata, costantemente frammentata. Deve per forza essere così, perché per poterla usare, prendiamo parole e costrutti che non avevamo scelto e facciamo in modo – come collettività, che sia grande o piccola – di piegarli a fare ciò che vogliamo noi. Nel marzo 2021, nel pieno della pandemia, Kathryn Hymes ha scritto un articolo per *The Atlantic* sui "familoqui", vernacoli e abbreviazioni che si sviluppano in gruppi che trascorrono molto tempo in uno stesso ambiente, chiedendosi se i lockdown della pandemia potessero aver accelerato questo processo. Una persona ha fornito a Hymes l'esempio di *hog*, che equivale a un po' meno di una tazza piena di caffè: "Mi ha spiegato che deriva da 'una tazza da caffè più-piccola-delle-altre con dentro un po' di *hedgehog* che un giorno i miei coinquilini ed io avevamo trovato in casa'. *Hog* è diventata così un'unità di misura riconosciuta in casa sua: 'Adesso mi sento chiedere e offrire anche *un mezzo hog*'".

Possiamo considerare dei familoqui gli accordi presi all'interno di uno spazio temporale comune, come quelli di cui ho parlato prima riguardo alle email e ai piatti da lavare, oppure quello dei miei parenti filippini quando osservano un "orario filippino", vale a dire che danno per scontato ciò che in altri contesti sarebbe definito un ritardo (argomento su cui tornerò... più tardi). Si può persino immaginare di creare un familoquio temporale arbitrario, come per esempio stabilire insieme a un amico una cosa da fare sempre uguale ogni otto giorni. Naturalmente, quando avrai a che fare con altre persone al di fuori di voi due, vi ritroverete a dover mantenere un linguaggio temporale che si scontra con la normale settimana di sette giorni.

Se ti sembra strano un ciclo di otto giorni, pensa al fenomeno storico di religioni diverse che scelgono giorni diversi in cui avere la giornata di riposo, al solo scopo di distinguersi. La parte filippina della mia famiglia segue la Chiesa avventista del settimo giorno, una confessione cristiana sorta dal "secondo grande risveglio" all'inizio del diciannovesimo secolo. Una delle caratteristiche principali di questa confessione è che osservano il giorno di riposo il sabato. Attecchì nelle Filippine grazie ai missionari all'inizio del ventesimo secolo, e in quel periodo qualcuno riuscì a convertire il mio bisnonno, ma non la mia bisnonna che rimase cattolica. Il sabato di riposo fu motivo di tensione finché anche la mia bisnonna non si convertì. La leggenda di famiglia narra che la mia bisnonna creasse di proposito un disastro in cucina lasciando alle sue figlie il compito di pulire tutto di sabato, in modo che ritardassero per la funzione avventista.

Le resistenze contro i nuovi ordini temporali hanno i loro motivi, che possono andare dal futile e pratico al simbolico e separatista. Spesso chi subisce queste imposizioni di nuovi standard temporali (e a volte vi si oppone) è anche destinato a sentirne di più gli effetti dissonanti. Per esempio, se ci si trova a distanza di 7,5 gradi longitudinali da un meridiano di un fuso orario significa che il nostro mezzogiorno standard arriva a circa mezz'ora di distanza dal nostro mezzogiorno percepito. Si possono persino considerare i fusi orari come una "interferenza blasfema con l'ordine divino naturale". Nel suo studio sui fusi orari, Eviatar Zerubavel nota che i paesi musulmani si basano sull'ora solare (basata, a sua volta, sulla posizione apparente del sole rispetto all'ora indicata dall'orologio) per programmare le preghiere. Un po' come avevano fatto gli avventisti con la funzione del sabato, anche Twin Oaks, una delle comuni degli anni Sessanta di cui parlo nel mio primo libro, aveva messo di proposito tutti i suoi orologi un'ora avanti rispetto al "tempo di fuori", e seguiva quello che avevano definito l'orario di Twin Oaks (TOT). E fino al 1911, i francesi si rifiutarono testardamente di seguire l'ora media Greenwich (GMT) – in quanto si trovava in Inghilterra – e persino quando cominciarono a farlo, la chiamavano "ora media di Parigi, ritardata di nove minuti e ventuno secondi".

Come dimostra bene quest'ultimo esempio, l'ora standard è spesso andata di pari passo con l'identità nazionale. Nel 1949, parlando di unità nazionale, il presidente Mao Zedong mise tutta la Cina sull'ora di Pechino. Il fuso orario unificato esiste ancora oggi, con un'eccezione su cui tornerò a breve. Durante la Seconda guerra mondiale, la Germania adottò l'ora legale (*Daylight Saving Time, DST*) e la impose anche a parte dell'Europa occupata dai nazisti. Negli anni Quaranta, il dittatore spagnolo Francisco Franco, in segno di solidarietà con Hitler, spostò la Spagna sull'ora dell'Europa centrale (CET). Solo per questo motivo oggi la Spagna ha la stessa ora della Germania ed è un'ora avanti al Marocco, che è subito a sud. Nel 2019, il Parlamento europeo ha votato l'abolizione dell'ora legale, ma paradossalmente la reale cancellazione è stata rinviata a causa del COVID-19 e del fatto che non hanno trovato un accordo se rimanere nell'orario estivo o in quello invernale.

La storia dell'ora legale negli Stati Uniti è piuttosto ridicola, essendo influenzata da quel mix tutto americano di moralismo da tempi di guerra e palese interesse commerciale. Nel suo divertentissimo libro *Spring Forward: The Annual Madness of Daylight Saving Time*, Michael Downing scrive che, non appena gli Stati Uniti adottarono l'ora legale nel marzo del 1918, "i nobili fini dell'ora legale – ovvero garantire che le giovani donne lavoratrici tornassero a casa in sicurezza quando c'era ancora luce, che i papà e le mamme potessero riunirsi ai loro bambini prima che le ombre calassero sul giardinetto di casa, che la salute fisica e mentale degli operai venisse salvaguardata grazie al tempo a disposizione per attività sportive e ricreative – somigliava anche a un'innovativa strategia per spingere le vendite degli immobili". Le aziende costruttrici di orologi fecero migliaia di pubblicità per le sveglie, si cominciarono a vendere *outfit* adatti "dalle 5 a mezzanotte" per le donne lavoratrici, ed erano molto diffusi gli sconti su attrezzi da giardino, equipaggiamenti sportivi e case vacanze.

Se Downing è riuscito a fare un libro intero sul tema dell'ora legale negli Stati Uniti è perché questo cambiamento fu (e continua a essere) un vero caos. In un passaggio del libro che sarebbe piaciuto a James C. Scott, Downing scrive alla fine degli anni Sessanta che l'ora legale aveva creato una nazione "assurdamente sfasata con se stessa":

> Nel 1965, erano diciotto gli stati che seguivano l'ora legale, quindi per sei mesi l'anno i loro orologi erano messi un'ora avanti rispetto all'ora solare. Altri diciotto stati parteciparono senza entusiasmo, il che vuol dire che alcune città e paesi in questi stati andavano un'ora avanti rispetto all'ora solare per periodi che variavano tra i tre e i sei mesi l'anno, e altri no. Dodici stati non seguivano affatto l'ora legale, mantenendo i loro orologi un'ora indietro negli stati che osservavano questo regime. E in alcune zone del Texas e del Dakota del Nord, gli abitanti adottavano un'"ora legale al contrario", cosicché i loro orologi anda-

vano un'ora indietro rispetto all'ora solare e due ore indietro rispetto all'ora legale. Quell'anno, *The Nation* stimò che "100 milioni di americani erano fuori fase rispetto ad altri 80 milioni" e citò un funzionario dell'U.S. Naval Observatory che definì gli Stati Uniti come il "peggior segnatempo del mondo".

Continuano a esserci ostacoli legati a problemi pratici. L'Arizona continua a non osservare l'ora legale perché, come dissero nel 2021 due residenti dello stato, "quando vivi nel deserto, di luce del giorno ce n'è fin troppa... per cui no, non vogliamo risparmiarla". Lo spostamento sull'ora legale spingerebbe i tramonti estivi un'ora avanti sull'orologio, "prolungando le nostre sofferenze per il troppo caldo". Ma in Arizona, la nazione Navajo osserva l'ora legale per poter gestire un territorio che legalmente si estende dall'Arizona al New Mexico fino allo Utah (mentre la riserva Hopi, che si trova dentro i confini dell'Arizona ed è circondata dalla nazione Navajo, non la segue). Vista la natura frammentata di alcune parti del territorio Navajo, in Arizona è possibile guidare più volte dentro e fuori dall'ora legale su un unico tratto autostradale.

L'esempio dell'ora legale e dei fusi orari può all'apparenza sembrare irrilevante, una pura questione di ore e di luce piuttosto che una questione di cosa significhi il tempo e a cosa serva. Ma l'idea stessa dei fusi e della standardizzazione implica una supremazia, ovvero la sottomissione di uno zeitgeber (per esempio, l'ora solare locale o le pratiche agricole radicate localmente) rispetto a un altro (l'orario internazionale e l'agricoltura commerciale standardizzata). La questione del tempo ufficiale rispetto a quello ufficioso diventa allora una variante della domanda che mi ponevo nel capitolo 1: chi prende il tempo di chi?

In Cina, l'unico a opporsi all'orario di Pechino è lo Xinjiang, una regione montuosa e desertica dell'ovest che osserva in parte l'orario di Xinjiang (o orario Ürümqi, che prende il nome dalla capitale dello Xinjiang). Situato lungo il confine cinese con il Kazakistan, lo Xinjiang è abitato dagli uiguri, la cui identità panislamica e panturca non è mai stata accettata dal Partito Comunista Cinese. Nonostante lo Xinjiang sia stato designato regione autonoma negli anni Cinquanta, la Cina ha tentato di assimilarlo politicamente, progetto che nel 1968 ha visto il tentativo di abolire ufficialmente l'ora di Xinjiang.

Da un certo punto di vista, l'orario di Xinjiang sembra avere una natura esclusivamente pratica: lo Xinjiang si trova a migliaia di chilometri a ovest di Pechino, il che vuol dire che la sua ora solare è due ore indietro rispetto a quella della capitale. Un netturbino di Ürümqi ha detto al *New York Times* che secondo lui, loro erano gli unici a cenare a mezzanotte (intendendo la mezzanotte di Pechino). Ma l'orario di Xinjiang è profondamente culturale e prende contorni etnici: le reti televisive locali hanno palinsesti settati sull'orario di Pechino per i canali cinesi, mentre i canali uiguri e kazaki seguono l'orario di Xinjiang. In una fase in cui il Partito Comunista Cinese è passato da interventi di assimilazione a interventi di sterminio antislamico, l'osservanza dell'orario di Xinjiang non potrebbe essere più politica. Gli uiguri sono stati vittima di sterilizzazioni, lavori forzati, detenzione nei campi di rieducazione, e materiali e pratiche culturali uigure sono stati messi al bando.

All'inizio del suo libro sull'ora legale, Downing racconta scherzosamente di quando mise l'orologio sull'ora legale molto prima dell'inizio ufficiale alle due del mattino perché era stanco e voleva andare a dormire. "Hai infranto la legge", gli disse un vicino il mattino dopo, offrendosi di "mentire per lui se i federali dovessero venire a fare domande". Ma nello Xinjiang, il mancato rispetto del tempo non è uno scherzo. Un ex prigioniero politico uiguro ha raccontato a *Human Rights Watch* di un uomo che è finito in prigione per aver settato il proprio orologio da polso due ore indietro sull'orario di Xinjiang. Per le autorità cinesi quella era la prova che era un terrorista.

Come ogni altra lingua, i sistemi temporali parlano di un mondo condiviso. Se tu e io abbiamo un motivo pratico per seguire una routine in cicli di otto giorni, non si tratterà di una scelta arbitraria. Sarà l'esito naturale del nostro rapporto – l'una con l'altro e rispetto alla nostra situazione condivisa – e sarà importante tanto quanto altre forme temporali esistenti nel mondo. Se tutti i coinquilini della casa sanno cos'è la tazzina di *hedgehog*, e si ritrovano spesso a parlare di una specifica quantità di caffè, allora l'*hog* di caffè ha una sua logica.

Ne *Lo sguardo dello Stato*, James C. Scott cita un proverbio giavanese: *Negara mawa tata, desa mawa cara* – "La capitale ha i suoi ordini, il villaggio le sue tradizioni". Se ti trovi in una certa zona della Malesia e chiedi quanto tempo sia necessario ad arrivare in un certo posto, ti sentirai rispondere non in minuti bensì in "tre cotture di riso" – tutti lì sanno quanto ci vuole a cuocere il riso – e il riso in questione è di una varietà specifica locale. Naturalmente, le amministrazioni statali hanno motivi politico-pratici per accettare tutte queste fastidiose misurazioni e calcoli temporali che si fanno nei villaggi, perché altrimenti dovrebbero affrontare l'imperscrutabilità di misure "irriducibilmente locali". La stessa cosa vale per le comunicazioni. L'alternativa era tra un linguaggio locale egemonico e incomprensibile per l'amministrazione e un linguaggio statale egemonico e incomprensibile per i villaggi. Parlare la lingua statale significava farsi capire dallo stato. Farsi capire significava sopravvivere in un territorio sempre più dominato dallo stato (per le potenze coloniali europee, questo processo si verificò anche all'interno. Scott scrive che, mentre la lingua francese veniva imposta nelle colonie francesi all'estero, ci fu un processo di colonizzazione interna in cui province straniere come la Bretagna e l'Occitania furono "sottomesse linguisticamente e inglobate culturalmente". Più aumentava il numero di persone che usava la lingua ufficiale, il francese, più "coloro che vivevano nelle zone più periferiche e non avevano conoscenza del francese venivano resi muti e marginali"). Così come i tayloristi che con i loro orari scientifici codificavano e rendevano i processi produttivi volutamente incomprensibili, in modo da dequalificare i lavoratori manuali e costringerli a operare esclusivamente in funzione dell'orario imposto dalla direzione, chiunque intenda depotenziare un corpo sociale comincerà dall'attaccarne la lingua.

L'impegno colonialista a sradicare le culture indigene si concentrò dunque sulle pratiche sia linguistiche che temporali. Ma se conquista vuol dire internazionalizzazione, allora quei piani sono chiaramente falliti. Uccidere una lingua in un colpo solo è difficile, se non impossibile. In *The Colonisation of Time*, Giordano Nanni cita Richard Elphick, secondo cui "due sistemi di pensiero non 'entrano in collisione'. Piuttosto, le persone reali negoziano i propri percorsi di vita, afferrando, combinando e contrapponendo elementi diversi". Stando a quanto Nanni racconta riguardo le colonie sudafricane, questa negoziazione era a volte violenta. Un gruppo Xhosa, dopo aver dato alle fiamme la missione dei colonizzatori, spaccò su una pietra la campana della missione, mettendo così a tacere lo zeitgeber europeo che aveva scandito i giorni di riposo e quelli di lavoro. Si poteva fare buon uso del tempo cristiano, come dimostra un gruppo Xhosa che si rifiutò di ascoltare i missionari in un lunedì perché (come fecero notare) non era un giorno di riposo.

Solo perché una lingua viene imposta, non vuol dire che possa essere controllata. E solo perché viene parlata, non vuol dire che sia stata interiorizzata. Nonostante le riserve dei nativi americani fossero sotto il controllo di agenti bianchi fino al ventesimo secolo avanzato, e le danze tradizionali venissero generalmente limitate, negli anni Venti i Lakota capirono che avrebbero potuto tenere dei gran balli il 4 luglio, a patto di farlo all'insegna del patriottismo. Non appena la tattica cominciò a funzionare, si espanse da nord a sud, con petizioni per tenere balli il primo dell'anno, negli anniversari di Washington e di Lincoln, nel Memorial Day, nel Flag Day, e nel Veterans Day. John Troutman, nel suo libro *Indian Blues*, cita Severt Young Bear: "Gli agenti non pensavano che si trattasse di occasioni pericolose, e così potevamo danzare". Quelle festività apparentemente nazionaliste si rivelarono pericolose, scrive Troutman, solo "quando [gli agenti] si resero conto che non avrebbero potuto controllare il simbolismo delle feste che avrebbero voluto far rispettare ai Lakota".

C'è qualcosa di molto buffo in questa storia, così come in quella degli Xhosa che avevano usato i giorni di riposo per averla vinta. È una battuta che capiscono solo i Lakota, e non quegli ingenui agenti che si erano cullati nell'improbabile illusione che gli indiani volessero festeggiare il 4 luglio. Sotto la sorveglianza spaziale e temporale degli agenti indiani, i Lakota erano riusciti a trovare uno spazio interstiziale nascosto tra le pieghe della lingua. Questo genere di adattamento riaffiora di continuo, come hanno dimostrato di recente i cittadini cinesi che hanno usato un misto di omonimie, immagini e ironia per sfuggire alla censura cinese online negli anni Dieci del 2000 (un noto esempio è l'evoluzione della frase in mandarino traducibile con "cavallo di erba e fango", che è stata spesso collegata alla resistenza contro la censura di internet). Una battuta per pochi diventa ancor più per pochi, e si crea un nuovo nucleo. Se lo stato si affida all'intelligibilità, la battuta per pochi è un modo per diventare al tempo stesso inintelligibili per chi ci sorveglia e reciprocamente intelligibili all'interno di un gruppo (naturalmente non vi è nulla di intrinsecamente positivo in questa tattica. I gruppi razzisti e conservatori usano spesso delle strategie simili, come una sorta di richiami in codice. E spesso si rifugiano nella "spiritosaggine" della battuta per pochi quando devono rendere conto del loro razzismo. Anche i pubblicitari sono degli esperti quanto a innovazione linguistica: cos'altro è un marchio se non una nuova parola che deve significare qualcosa di riconoscibile per un certo tipo di persone? Intendo qui solo sottolineare l'uso della lingua come strumento di potere. Come tutti gli altri strumenti di potere, può essere usato per fare del male o per liberarsi. Essendo la lingua un'attività a cui tutti partecipiamo, è anche un facile punto di partenza per riflettere sul nesso tra individuo e collettività, tra informale e strutturale. Su questo punto, suggerisco *Il dominio e l'arte della resistenza* di James C. Scott, quando parla del contrasto tra "verbali pubblici" e "verbali privati", per cui un dominio esteso tenderà a far nascere "verbali segreti altrettanto abbondanti").

Nel capitolo 1 ho parlato di come il modo di misurare il tempo di lavoro si sia sviluppato con la schiavitù nelle piantagioni. Fra le righe dei libri mastri, gli schiavi creavano degli "interstizi" in cui potessero proteggersi delle forme di tempo. In "Plotting the Black Commons", J. T. Roane usa il termine *plotting* (complottare, *ndt*) per riferirsi (1) ai lotti (*plot*) di terra che venivano assegnati agli schiavi nelle piantagioni americane del diciannovesimo secolo affinché vi coltivassero il cibo e creassero medicamenti; (2) ai loculi di sepoltura a cui si ispiravano le usanze funerarie dell'Africa occidentale e che venivano riadattati in un nuovo contesto; e (3) al contesto più ampio del fiume e degli "interstizi" che avevano fornito approvvigionamenti, nascondigli e comunicazioni segrete. In tutti questi casi, gli schiavi avevano "usato il *plot* come tempo sottratto allo scopo di coltivare una distinta immagine di sé, della famiglia e della comunità". I *plotter* trovarono il modo di parlare una lingua proibita, come i Lakota che ballavano il 4 luglio: "Nascondendosi in bella vista e sviluppando una grammatica socio-geografica incomprensibile anche mentre erano osservati da estranei, gli schiavi aprirono dei buchi neri in una situazione di controllo, dominio e sorveglianza apparentemente totali, e così facendo gettarono le basi delle *Black commons* (con "comuni nere" si definiscono forme di collettivizzazione delle terre da parte della comunità nera emerse dopo l'abolizione della schiavitù come difesa dai tentativi di espropriazione ai danni delle comunità afroamericane, *ndt*).

Secondo Roane, il *plotting* è degno di nota non solo perché si verificò nel pieno di una situazione di massimo sfruttamento e sorveglianza, ma anche perché proveniva proprio dai soggetti considerati gli oggetti nel rapporto capitalista soggetto-oggetto. A dominare le *Black commons* erano proprio "i concetti di valore e di valori in grado di sconfessare del tutto i vincoli e il dominio imposti dal capitalismo". Con la costruzione delle comuni, i neri vivevano in una cosmologia incompatibile con l'esterno, "sfidando alla base la propria oggettificazione".

Questo tipo di interiorizzazione ha a sua volta un centro. In uno studio del 2004 sul rapporto tra raggiungimento degli obiettivi e lavoro salariato nella riserva di Pine Ridge, Kathleen Pickering ammonisce di non considerare le pratiche temporali dei Lakota come mera resistenza – una raccomandazione che potrebbe valere altrettanto per l'innovazione dei "buchi neri". Pickering scrive che "le costruzioni del tempo dei Lakota non riguardano solo il modo in cui si relazionano agli euroamericani: definiscono la società stessa dei Lakota". Per esempio, nel ventesimo secolo, essendo abituati a una società che si concentrava sugli obiettivi, alcuni Lakota pensavano davvero che l'idea del "tempo come denaro" implicasse pigrizia, "perché limitava il lavoro alle otto ore giornaliere, a prescindere che il lavoro fosse stato o meno completato". Pickering cita un anziano Lakota: "Il tempo non è mai stato un minuto specifico, ma piuttosto degli spazi di tempo, come il mattino presto, il primo pomeriggio, o la quasi mezzanotte. Il significato reale del tempo indiano viene da... *nake nula waun yelo*, una frase dei canti tradizionali che vuol dire: 'Sono pronto a qualsiasi cosa, ovunque, sempre preparato'". Lungi dall'aver interiorizzato l'etica del lavoro euroamericana, i Lakota della riserva di Pine Ridge si impegnano e rispettano il lavoro salariato solo nella misura in cui è necessario. Per non interpretare tutto ciò come "mera resistenza", un osservatore occidentale deve cercare di essere qualcosa di diverso da – come lo definisce Fred Moten – "il colono che porta con sé il centro, e si considera il centro, ovunque vada". Un buon esempio ce lo offre il finale di *The Colonisation of Time*. Nanni scrive che nel 1977, nel centro di una remota cittadina dell'Australia, il locale consiglio comunale eresse un gigantesco orologio elettronico. Gli abitanti della città erano in gran parte Pitjantjatjara e non avevano bisogno del tempo d'orologio. E così la torre dell'orologio veniva ignorata: "Paradossalmente, un decennio più tardi, un assistente sociale bianco notò che l'orologio era solo 'una perdita di tempo'. 'Il fatto è', spiegò la stessa persona, 'che nessuno lo guarda. Sono mesi che l'orologio non funziona. Nessuno se n'era accorto'".

Il che mi riporta al "tempo filippino". Da un certo punto di vista, il termine può suonare offensivo, dato che era stato coniato dagli americani che avevano conquistato le Filippine agli inizi del secolo e trovavano i filippini non proprio puntuali. Eppure lo usiamo spesso come una sorta di scherzo tra di noi, o persino come sarcastico motivo d'orgoglio, almeno tra le persone che conosco io. Poco tempo fa, a una funzione commemorativa a cui partecipava mia mamma e che cominciava in ritardo, mio cugino disse: "Cosa ti aspetti? È una chiesa filippina".

In un post su Medium, Brian Tan, un progettista filippino, espone l'idea che il tempo filippino sia ormai superato. Il suo ragionamento si basa sul modo in cui il tempo filippino viene visto da un mondo esterno con tutti i suoi moderni zeitgeber e la sua etica della produttività. C'è il rischio che quello del ritardatario diventi "il marchio del nostro popolo e del nostro paese", un danno grave. Lo capisco. Zerubavel scriveva che, al pari di qualsiasi altra lingua, il rispetto dei sistemi temporali è ciò che ci permette di partecipare a un "mondo intersoggettivo", e oggi il mondo intersoggettivo più ampio è un mondo globale e capitalista. Ma se lasciamo da parte, solo per un momento, i caratteri specificamente storici e culturali della puntualità basata sugli orologi e del tempo come denaro, allora il tempo filippino non ci sembrerà affatto un problema. Se tu e tutti quelli intorno a te lo seguono, allora è semplicemente tempo (possiamo considerare il tempo filippino alla pari di altri tempi non occidentali, sia per la sua originale connotazione di ritardo o pigrizia, sia per la possibilità di riappropriarsene come forma di resistenza al tempo occidentale. Meg Onli, curatrice della mostra del 2019 intitolata *Colored People Time: Mundane Futures, Quotidian Pasts, Banal Presents* presso l'Institute of Contemporary Art dell'Università della Pennsylvania, ha attinto alle ricerche di Ronald Walcott sul "tempo della gente di colore" (*colored people's time*, CPT) nella letteratura nera. Nel suo testo di curatela, Onli scrive di essere stata "attratta dal CPT in quanto espressione viva e liberatoria" perché "fornisce ai neri uno strumento linguistico per navigare la propria temporalità, all'interno e contro il costrutto del tempo occidentale". Anche Vernelda Grant, membro della tribù Apache San Carlos, ha raccontato all'*Indian Country Today* che il "tempo indiano" – anch'esso visto all'esterno come ritardario – cominciò a essere identificabile solo una volta che "l'uomo bianco venne a dire ai Nativi di 'fare le cose entro un certo tempo misurabile [colazione alle 7 del mattino anziché alzarsi per preparare la colazione subito prima che faccia giorno]'").

Sul tavolo si stanno accumulando pile di libri e riviste che vogliamo consultare, vicino alle pile degli altri. Un tale sfoglia un enorme libro fatto a mano sull'evoluzione del quartiere di South Market. Il libro è composto di oltre cinquant'anni di articoli di giornali che un uomo del posto ha collezionato e incollato su delle pagine all'interno di un album da disegno. Un altro ha davanti a sé un numero del 1966 di Ebony Magazine *aperto su un articolo che parla del "tipico uomo bianco di periferia". E la consulente artistica della biblioteca sta consultando i numeri di una vecchia rivista intitolata* Display World, *alla ricerca di fotografie di "uomini in giacca e cravatta... che risolvono i problemi del mondo con il loro autoassegnato potere e prestigio", da usare nel suo libro d'arte (si tratta di un lavoro ancora in corso da parte dell'artista Sarah Tell, intitolato* No Reason to Worry. *Sarà pubblicato dal marchio editoriale di Tell, Distress Press). Le nostre pile cominciano inevitabilmente a parlarsi, e così facciamo noi. Il culturista di* Physical Culture *parla con gli uomini in giacca e cravatta, che dialogano con gli "sgomberi dei bassifondi" degli anni Sessanta negli articoli di giornale, che parlano con la gente di periferia.*

Mi soffermo su questi esempi perché, senza di essi, è troppo facile leggere la storia come un racconto lineare dell'avanzare del tempo capitalistico in tutte le sfere della vita. Per quanto questo racconto sia vero da un certo punto di vista, comporta gli stessi rischi di quelli che descrivo con l'Antropocene, in cui la storia appare come un assalto fluido, deterministico, devastante, e in cui tutto il resto ("resistenza") appare come un rinvio dell'inevitabile piuttosto che un'apertura verso un'altra traiettoria.

Parlare una lingua è un modo di partecipare alla creazione, conservazione ed evoluzione dei mondi. I "familoqui" temporali, le lingue fuori dai radar, i buchi neri e la possibilità di nuovi e vecchi zeitgeber mi fanno pensare all'articolazione di "studio" formulata da Fred Moten. In un'intervista alla fine di *Undercommons. Pianificazione fuggitiva e studio nero*, Moten definisce lo studio così:

Lo studio è ciò che fai con altre persone. È parlare e camminare in compagnia, lavorare, ballare, soffrire, una sorta di irriducibile convergenza di tutte queste attività, sotto la definizione di pratica speculativa... Il motivo per cui lo chiamiamo "studio" è che vogliamo sottolineare la costante e irreversibile presenza in esse dell'intellettualità. Non vengono nobilitate dal fatto che si possa dire: "Ehi, se fai queste cose in un certo modo, puoi dire di aver studiato". Fare queste cose significa essere coinvolti in una sorta di pratica intellettuale comune.

L'importante è rendersene conto – perché tale consapevolezza consente di accedere a un'intera, variegata, storia alternativa del pensiero.

Riconoscere questo tipo di interazioni come forme di studio non significa solo osservare la storia in modo diverso, ma anche sfumare i confini tra ciò che altrimenti può sembrare ineluttabilmente separato: l'azione personale e il cambiamento strutturale. La socialità (ritrovarsi, parlarsi) è suggerita nel nome stesso di uno degli agenti di cambiamento più noti: *union*, il sindacato. E, che si tratti o meno di sindacato tradizionale, la maggior parte dei cambiamenti in una terribile disparità di potere inizia con la semplice verità: "la gente parlerà".

Nel 2019 ho partecipato a una conferenza intitolata "Gig Economy, AI Robotics, Workers, and Dystopia San Francisco" di cui avevo trovato un volantino negli studi della locale stazione radio KPFA. La conferenza era parte del Laborfest, commemorazione annuale dello sciopero generale di San Francisco del 1934, e si teneva in un piccolo edificio dell'International Longshore and Warehouse Union, sullo stesso lungomare in cui per quattro giorni si era tenuto quello sciopero. Quella sera la discussione si concentrò su come ci si può organizzare in un mondo in cui il lavoro è frammentato, le tradizionali organizzazioni dei lavoratori si sono indebolite e le aziende dispongono di nuove forme tecnologiche di sorveglianza.

Mehmet Bayram, un informatico, membro dell'International Labor Media Network, descrisse la "barriera mentale" che gli impiegati oppongono all'idea di considerarsi parte della classe operaia, in parte perché usano i computer. Raccontando delle pratiche neotayloriste che stavano colpendo i lavoratori informatici, disse: "Cambiano gli strumenti, ma la corsa al profitto non cambia". Poi raccontò di quando aveva cercato di incoraggiare i suoi colleghi a unirsi al sindacato. Quando uno gli aveva risposto che sua madre aveva fatto le pulizie negli uffici ed era lei, non lui, a far parte della classe operaia, Bayram gli aveva fatto notare che stavano parlando mentre lavoravano alle nove di sera, dopo l'orario di ufficio e praticamente gratis. Un esempio semplice di due persone che si ritrovano la sera tardi in ufficio a parlare di che tipo di lavoratori siano e quanto valga il loro tempo.

I materiali che abbiamo sul tavolo mi fanno ripensare a uno dei miei periodici preferiti, Processed World. *Ne ho trovato un numero sulla cui copertina è il Terminator che consegna una lettera di licenziamento a un impiegato esausto, aggrappato a una tazza di caffè e circondato da mozziconi di sigaretta. Apriamo la rivista sulla pagina di un saggio sui comportamenti sbagliati da tenere al lavoro, e in mezzo c'è una vignetta: un'illustrazione in stile anni Cinquanta di un imprenditore che punta il dito verso il lettore, sospeso sull'immagine di un'antenna satellitare. La scritta è: "UOMINI. Avete visto cosa può fare la tecnologia. Adesso lascerete che la natura vi fermi?".*

Nei primi anni Ottanta, un gruppo di lavoratori precari alienati di San Francisco cominciò a usare la carta delle filiali locali di Bank of America, Federal Reserve e Crocker Bank per stampare *Processed World*:

una raccolta di articoli, poesie, fiction, fumetti e altre arti visive, pubblicata sotto pseudonimo. Le copie della rivista, messe insieme a casa e nei seminterrati, venivano distribuite a mano ai passanti nel Financial District. Venivano anche inviate per posta in tutto il mondo a chi ne facesse richiesta, comprese le persone in carcere, tramite dei collettivi radicali. *Processed World* può essere definita come un'irriverente rivista marxista dedicata al lavoro, con un pizzico di *Daria Art Magazine* e di *Office Space*. È serio ma anche esilarante, spesso contemporaneamente. Oltre alle riflessioni sull'alienazione e ad articoli su vari scioperi del settore impiegatizio, ci si possono trovare anche battute per addetti ai lavori, e pubblicità satirica, come quella per "BFB: Brains for Bosses, Inc." (cervelli per i capi, *ndt*), che usa "le ultime scoperte in campo scientifico per fornirti i lavoratori più intelligenti, e allo stesso tempo flessibili, di sempre". In un numero si trova un finto programma di una conferenza che i membri di *Processed World*, travestiti con degli schermi di computer in testa, avevano distribuito alla Office Automation Conference del 1982. Sulla copertina avevano aggiunto la frase: "La conferenza internazionale per la perpetuazione di esistenze vacue". E avevano modificato l'icona del programma da una figura seduta davanti a un computer a una in cui la stessa figura prende il monitor a bastonate.

In alcuni casi *PW* pubblicava pezzi provenienti dai vertici aziendali quasi senza commenti. In quel contesto, si trattava di satira. In un articolo del 1982 sul sabotaggio del posto di lavoro, un'autrice che si firmava "Gidgit Digit" divulgò sarcasticamente l'attestato per "spirito di squadra" che le era stato dato da Bank of America. Lo "spirito", sorridente al centro di quattro loghi di Bank of America, è coperto da un lenzuolo bianco che lo fa somigliare a una specie di sdolcinato cartone del Ku Klux Klan. Un altro numero riproduceva l'intera trascrizione di un "vero test di dattilografia somministrato da Temps, Inc. a San Francisco", che riporto qui per intero:

> Il tempo è l'unica cosa che ci vede uguali. Sia tu che io abbiamo lo stesso numero di ore in un giorno, lo stesso numero di minuti in un'ora, lo stesso numero di secondi in un minuto.

Naturalmente, non siamo tutti uguali nelle capacità produttive. Ma molti uomini imparano a raggiungere il massimo della produzione, mentre altri sembrano non rendersi mai conto di avere lo stesso numero di ore al giorno per lavorare e migliorare la propria produzione.

È giunto il momento che venga riconosciuto che è dovere di ogni lavoratore fornire un intero giorno di lavoro in cambio di un intero giorno di paga. Troppi fra coloro che ne hanno uno sono semplici detentori del lavoro piuttosto che lavoratori. Spesso forniscono un'ora di vero lavoro in cambio di una giornata di paga. Se vogliono sopravvivere, le imprese non possono funzionare così. Tutti gli imprenditori hanno il diritto di attendersi che ogni lavoratore produca più di quel che è pagato per produrre. Questo "più" costituisce il requisito del profitto che permette all'impresa di sopravvivere.

Il dizionario è l'unico posto dove il successo viene prima del lavoro (*success* e *work*, *ndt*). Le cose materiali che desideriamo non sbucano dal nulla. Serve qualcuno che le produca, e ciò vuol dire che qualcuno deve lavorare. Il modo più rapido per ottenere il successo è lavorare a questo scopo – il modo più sicuro per ottenere le cose materiali che vogliamo è lavorare per esse. Anche se il lavoro non è una magia, produce risultati ancora più stupefacenti di quanto possa fare una magia. Per capire che tutti possiamo ottenere dei risultati, dobbiamo imparare ad amare il lavoro.

Alludendo al *Capitale* di Marx, i redattori si presero l'unica libertà di aggiungere il titolo sarcastico: "Teoria lavoristica del valore?".

Per molti versi, le preoccupazioni di *Processed World* anticipavano le preoccupazioni sul lavoro a contratto e sulla gig economy. I fondatori della rivista erano quasi tutti ventenni e avevano accettato dei lavori precari in cambio di qualche promessa di tempo libero, proprio come oggi i lavoratori "a chiamata" citano la flessibilità oraria come una delle motivazioni per la propria scelta. I precari lavoravano anche con i computer ed erano soggetti alle forme di automazione e sorveglianza che si stavano sviluppando nei confronti del lavoro impiegatizio. In una fase in cui i tecno-entusiasti e la classe imprenditoriale erano altrettanto elettrizzati per il futuro del lavoro quanto lo sono oggi, *Processed World* manteneva una diffidenza simile a quella che gli operai nutrivano nei confronti del taylorismo.

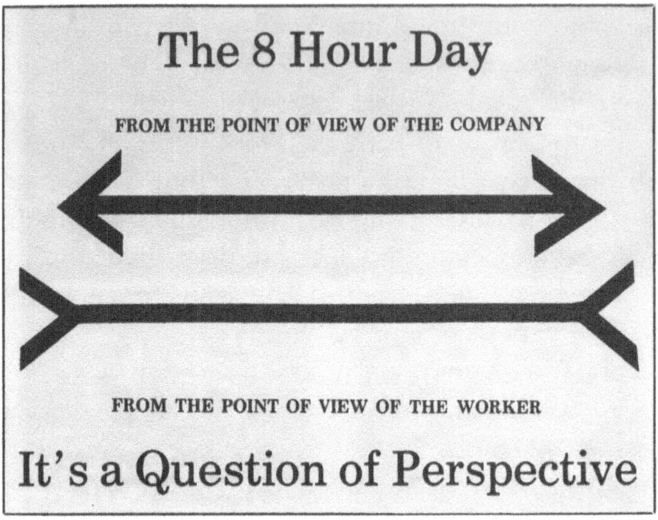

Immagine tratta dal primo numero di Processed World, *1981*

Nel suo articolo su come sabotare il posto di lavoro, Gidgit Digit (vincitrice dell'attestato per lo "spirito di squadra") prevedeva a ragione che, mentre i computer avrebbero un giorno permesso alla gente di lavorare da casa, "è improbabile che il management rinuncerà a controllare i processi di lavoro". Descrivendo tra l'altro un software come StaffCop, prevedeva che "invece di liberare gli impiegati dallo scrutinio dei loro superiori, i programmi di gestione statistica forniti da molti nuovi sistemi permetteranno una sorveglianza accurata della produttività di ciascun lavoratore a prescindere da dove venga svolto il lavoro".

In un certo senso, *Processed World* era un social media a sé stante. Nella sezione delle Lettere – spesso ricca di dibattiti sull'etica del sabotaggio, il ruolo dei sindacati tradizionali, e la preoccupazione che la rivista rischiasse di diventare di nicchia – si trovavano spesso dei lavoratori isolati che rispondevano ad altre lettere ed esprimevano gratitudine per l'esistenza della rivista. "GIUDA BALLERINO! C'È VITA INTELLIGENTE IN CIRCOLAZIONE! SIAMO AL VOSTRO SERVIZIO", scrivevano due segretarie. "Fa piacere sapere che in giro c'è gente che respira!... Vorremmo offrire i nostri servizi alla Nobile Causa. Abbiamo limitate possibilità di fare delle copie con una stampante Minolta ad alta risoluzione, se può essere utile". Un altro scriveva di aver ricevuto i numeri 4 e 5 da un amico "molto competente in sabotaggio da ufficio" e aggiungeva: "Cristo, non credo di essere mai stato tanto riconoscente da quando mi hanno insegnato a leggere!". Un lavoratore, faticosamente attaccato al videoterminale di uno sportello (bersaglio frequente di *PW*), scriveva:

> Un giorno, alle sette del mattino (troppo presto perché ci fossero dei capi in giro) ho iniziato il mio turno e ho trovato una copia di *Processed World* che qualcuno aveva lasciato sulla mia scrivania. Con un senso di trepidazione e cercando di far finta di nulla, l'ho infilata nel cassetto, per poi divorarne ogni pagina con gioia. In questa giungla di ufficio, tutta parcellizzata, insonorizzata, foderata di circuiti elettronici, il destino peggiore che si possa immaginare è quello di credere nei sogni dei nostri capi, e sforzarsi per il bene dell'azienda. Grazie *Processed World*, per avermi fatto sapere che ci sono altri che disprezzano gli scopi per cui sono stati impiegati.

Questo genere di comunicazione orizzontale è diventata ancora più importante adesso che sempre più persone lavorano part time e con contratti a chiamata, il lavoro è diventato più frammentato e ci sono minori garanzie di spazi fisici e momenti da condividere, in cui possano generarsi discussioni e solidarietà. A volte, dei nuovi luoghi di incontro spuntano per caso. Per esempio, in Europa i rider dei pasti a domicilio si ritrovano a parlare nei posti dove devono aspettare. Ma la discussione si è in gran parte spostata online. Persone geograficamente distanti possono scambiarsi informazioni ed esperienze, sia per commiserarsi che per smascherare gli algoritmi che determinano il loro lavoro e il loro tempo (in uno studio del 2020 sulla "cattiva condotta" degli autisti canadesi di Uber, i ricercatori del lavoro hanno sottolineato il ruolo dei forum online, in particolare lo slogan "Don't take a poo!" [letteralmente "non mangiate merda", *ndt*]. La frase si riferiva a UberPool, il nuovo servizio di Uber che era sgradito agli autisti. Le corse di UberPool non solo erano più complicate da portare a termine, ma venivano pagate meno delle normali corse di Uber. Nel sottogruppo UberPeople.net di una città canadese, gli autisti si scambiavano consigli su come evitare di prendere delle corse "poo", per esempio mettendo ogni tanto il telefono in modalità aereo. "Don't take a poo!" era un'esortazione tra autisti a non accettare le corse in modo che Uber cambiasse sistema).

L'isolamento è l'anticamera dello sfruttamento, e i forum davano ai lavoratori come quelli a chiamata la possibilità di scambiarsi impressioni e strategie. Ma anche se alcuni lavoratori decidono, per esempio, di non prendere incarichi al di sotto di un certo compenso, altri spesso li accettano per la prima volta dovendo far fronte alle proprie difficoltà economiche, e "c'è sempre qualcuno disposto a prendere la corsa". Nel frattempo, i tentativi positivi di porre limiti e persino di far rientrare questi lavori nel quadro legislativo rischiano di arenarsi di fronte alla realtà globale. Da un punto di vista legale, le organizzazioni sindacali tradizionali hanno dei limiti nel loro raggio d'azione che le multinazionali non hanno. Quando gli venne chiesto se fosse possibile sindacalizzarsi, un lavoratore kenyano di GigOnline rispose con grande consapevolezza: "Se i freelance sindacalizzati di Nairobi non vogliono lavorare per una certa paga, non faranno altro che portare il lavoro da un'altra parte... Lo porteranno in Nigeria, in Gabon, nelle Filippine. Lo porteranno in qualsiasi altro paese... I sindacati non avranno abbastanza potere, perché ho visto cosa può fare la globalizzazione".

La situazione richiede nuovi linguaggi e nuovi canali di comunicazione. Nel 2021, *The Nation* ha scritto delle vittorie recenti contro le aziende che sfruttano il lavoro a chiamata. In un caso, i lavoratori di Uber di diversi paesi avevano seguito le notizie finanziarie, previsto la quotazione in borsa di Uber e avevano organizzato uno sciopero in venticinque città per poter avere il massimo dell'attenzione mediatica al momento opportuno. Questo aprì la strada alla formazione di una nuova organizzazione internazionale di lavoratori chiamata International Alliance of App-based Transport Workers (IAATW), che operava attraverso una "rete transnazionale di resistenza con forum, chat di gruppo e videochiamate". Nel 2021, i lavoratori di Deliveroo ottennero una vittoria simile a quella dei lavoratori di Uber, con l'Independent Workers' Union of Great Britain (IWGB).

Questo linguaggio è in parte l'articolazione di una classe lavoratrice globale che va molto oltre le nozioni tradizionali di operai e impiegati. Questa comunicazione è ancor più rilevante se teniamo conto dei tanti modi in cui il lavoro a chiamata atomizza e rende anonimi i suoi sparpagliati lavoratori. Nicole, membro dell'IAATW che aveva contribuito a organizzare le proteste di Uber, descrisse così questa mappa della resistenza: "Un lavoratore della California è strettamente connesso all'autista Uber in Kenya, a quello in India o in Malesia... Siamo tutti vittime della casa da 40 milioni di dollari del miliardario di San Francisco".

L'operato dell'IAATW – e quello dell'ormai secolare International Workers' Federation che ora lo sostiene – è l'emblema di ciò che Oli Mould definirebbe come un'attività realmente creativa, a differenza della "creatività" di matrice capitalista. In *Against Creativity*, Mould nota che adesso tutti i tipi di lavoro incoraggiano i dipendenti a essere "creativi", il che spesso si traduce in flessibilità competitiva, autogestione, e presa in carico individuale del rischio. Intanto il mercato si è comodamente appropriato anche dei lavori creativi teoricamente anticapitalisti, come l'arte, la musica, o gli slogan. Mould scrive che, in ogni caso, la creatività non è davvero creativa, perché si limita a "produrre la *stessa* forma di società *in maggiore quantità*". L'unica cosa che continua a crescere è la logica capitalista che avanza fin negli angoli più reconditi delle nostre vite quotidiane, rendendo ciò che Braverman chiama "il mercato universale" ancor più universale (nello specifico, "il mercato universale" si riferisce al mercato creato quando i rapporti individuali e comunitari sono sostituiti da transazioni tra consumatori).

Si tratta di un distinguo importante specialmente adesso che la pandemia da COVID-19 ha riacceso il dibattito sull'equilibrio tra lavoro e vita privata e sulla possibilità di giorni o settimane lavorative ridotti.

Quel che a prima vista potrebbe apparire come creativo ed emancipatorio si può rivelare poi come un ridimensionamento: le aziende hanno scoperto che possono pagare meno le persone se lavorano meno ore, mentre "il tempo che trascorrono al lavoro è il più produttivo possibile". Già negli anni Settanta, Harry Braverman aveva notato come le grandi società come IBM stessero "umanizzando" il lavoro cambiando lo stile di management invece di cambiare la posizione del lavoratore. Al pari dei cappellini buffi di Mr. Burns, queste strategie non erano altro che una "studiata messinscena di 'partecipazione' del lavoratore, la gentile concessione del permettere al lavoratore di riparare una macchina, sostituire una lampadina, spostarsi da un microlavoro a un altro, illudendolo che stia prendendo delle decisioni". È la stessa idea adottata da quelle aziende che negli anni Cinquanta tenevano aperti i campi sportivi illuminati di notte: lavoratore felice = maggiore produttività, e se l'azienda può pagarlo di meno, meglio ancora. Il "criterio del successo" non è ancora cambiato. Da una parte, non si può dare torto a un'azienda se parla un linguaggio basico. Dall'altro, ci si può anche continuare a domandare: perché ci si aspetta che gli individui siano "resilienti", quando le aziende non lo sono?

In quell'articolo per *Processed World* sul sabotaggio del posto di lavoro, Gidgit Digit esprime delle idee simili su cosa significhi in realtà un cambio radicale. Il suo è un giudizio negativo sugli apparentemente liberatori vantaggi che venivano offerti negli anni Ottanta:

> Le "libertà" individuali create dai prodigi tecnologici dello shopping televisivo e dell'home banking sono illusori. Tutt'al più sono delle comodità che permettono un maggior efficiente controllo della vita moderna. Questa "rivoluzione" non intacca le basi della vita sociale. Essa rimane gerarchica, come sul posto di lavoro. In realtà, aumenta il potere di coloro che hanno il controllo perché c'è un'illusione di maggiore libertà. Gli abitanti di questo villaggio elettronico godono magari di una totale autonomia all'interno della propria personale "identità di utente", ma restano sistematicamente esclusi dalla partecipazione alla "programmazione" del sistema "operativo".

Anche se provengono da contesti molto diversi, lo studio di Fred Moten, la creatività di Oli Mould e la (ri)programmazione di Gidgit Digit hanno qualcosa in comune: la volontà di non farsi limitare né di sostenere le forme gerarchiche del mercato o delle istituzioni, ma piuttosto di indugiare tra le righe, tra le pieghe e nelle contraddizioni. Questo può voler dire, tra le altre cose, usare una lingua nuova o proibita (non necessariamente in senso linguistico) per dire ciò che al momento non è possibile dire. Lo spazio creato da una battuta compresa da pochi permette di parlare trasversalmente, invece di subire, usando quella che Moten potrebbe definire la "grammatica mutante" del rifiuto.

Come scrive Carole McGranahan: "Rifiutare significa dire di no. Ma, no, non è solo questo. Il rifiuto può essere generativo e strategico, un movimento deliberato per avvicinarsi a una cosa, una fede, una pratica, o una comunità, e per allontanarsi da altre. I rifiuti illuminano i limiti e le possibilità, soprattutto - ma non solo - dello stato e delle altre istituzioni". Magari il rifiuto comincia da te, ma non può finire con te. Deve essere espresso in messaggi, sulle riviste, nei forum, e nelle ore libere, in una "prova" costante. Evoca un mondo, ed è perciò la cosa più creativa che tu possa fare.

Una delle bibliotecarie ci offre del tè alla menta. Mentre bolle l'acqua abbiamo un po' di tempo per osservare i poster appesi ai muri. Uno è stampato su tessuto e contiene 198 azioni nonviolente tratte da Politica dell'azione nonviolenta *di Gene Sharp. Un altro è intitolato "Identificare il suprematismo bianco negli archivi ed eliminarlo: un elenco incompleto di privilegi bianchi negli archivi e modi per eliminarli", ed è tratto dal corso su Archivi, registri e memoria tenuto da Michelle Caswell all'UCLA. Alcuni dei privilegi sono direttamente collegati al linguaggio. Uno di questi è scritto così: "Quando cerco negli archivi materiali provenienti dalla mia comunità, trovo che sono descritti negli indici e nei cataloghi utilizzando il linguaggio che noi usiamo per descrivere noi stessi".*

In ogni lingua, ci sono cose che possono comparire ed essere espresse, e altre non possono. L'idea è contenuta già nel titolo del libro di Marilyn Waring del 1988 *If Women Counted: A New Feminist Economics*. Waring, che adesso è nota per aver demolito il concetto di PIL come criterio di successo, entrò nel parlamento neozelandese nel 1975, all'età di ventitré anni, e a lei si unirono solo altre tre donne. Quando, nel 1978, era diventata presidente della commissione per la spesa pubblica, era una delle due sole donne. In commissione, quando si trovava di fronte al gergo economico, Waring ricorreva all'"arte della domanda stupida", come per esempio chiedere cosa volesse dire una certa parola, e scoprì presto l'esistenza di norme che rendevano del tutto invisibile il lavoro non pagato delle donne, di conseguenza impedendo un qualsiasi ragionevole intervento di ausilio.

Il documentario di Terre Nash del 1995 sulla carriera di Waring mostra come lei mettesse in relazione l'economia personale, quella dello stato e quella internazionale. Si recò nei paesi del sud globale, parlò con le donne delle aree rurali del loro lavoro infinito, ricavandone analisi visive sul tempo, e scoprì che alcune misure poco dispendiose come delle pompe per l'acqua e nuovi fornelli avrebbero costituito in realtà gli interventi in assoluto più "produttivi". Waring visitò le commissioni di contabilità pubblica, di tesoreria e di stanziamento del bilancio di altri paesi, raccogliendo ancor più informazioni. Pensava che gli "enormi paradossi e patologie" che aveva rilevato nella propria commissione fossero unici della Nuova Zelanda, ma cominciò a capire che tutto ciò "non ha niente a che fare con la Nuova Zelanda. Le regole sono le stesse ovunque".

Durante un discorso a Montreal negli anni Novanta, Waring fece l'esempio di Cathy, un'elettrice del suo collegio:

> Cathy, una giovane casalinga della classe media, passa le sue giornate a far da mangiare, apparecchiare la tavola, servire i pasti, sparecchiare e lavare i piatti, stirare, badare ai bambini e giocare con loro, vestirli, sorvegliarli, accompagnarli al nido o a scuola, buttare la spazzatura, spolverare, raccogliere la roba da lavare, fare la lavatrice, andare dal benzinaio e al supermercato, aggiustare gli

oggetti di casa, rifare i letti, pagare le bollette, cucire, rammendare o ricamare, parlare con i venditori porta a porta, tosare il prato, togliere le erbacce, rispondere al telefono, passare l'aspirapolvere, scopare e lavare i pavimenti, spalare la neve, pulire il bagno e la cucina, e mettere a letto i bambini.

Poi la battuta finale: "Cathy deve fare i conti con il fatto che sta impiegando il proprio tempo in modo totalmente improduttivo. Inoltre, è economicamente inattiva e gli economisti la catalogano come disoccupata". La battuta si basa su una cattiva traduzione, uno scontro di linguaggi e sui valori assegnati (o meno) da quei linguaggi. Gloria Steinem, che compare brevemente nel documentario su Waring per dire che la maggior parte degli economisti "sembra valutare il proprio lavoro in modo inversamente proporzionale alla propria capacità di farsi capire", loda Waring per aver ricordato ai lettori cosa sia in realtà l'economia: "il modo in cui attribuiamo valore a ciò che consideriamo di valore".

In *If Women Counted*, Waring raccomanda di cambiare l'imputazione, modificando i criteri ufficiali in modo che rispecchino più fedelmente ciò che si può considerare attività produttiva. Fondato negli anni Settanta, il movimento Wages for Housework ("Salario al lavoro domestico", gruppi e comitati con questo nome si diffusero anche in Italia negli stessi anni, *ndt*) rappresenta una corrente di pensiero più esplicitamente anticapitalista, basata su considerazioni simili (gli anni Settanta videro la nascita negli Stati Uniti e nel Regno Unito di vari movimenti diversi ma sovrapposti, associati a quello del "salario al lavoro domestico", come il Black Women for Wages for Housework, cofondato da Margaret Prescod e Wilmette Brown, il Wages for Housework Committee, cofondato da Silvia Federici, e il Wages Due Lesbians). L'espressione "salario al lavoro domestico" fu usata per la prima volta da Selma James, che coniò anche il termine ormai noto di *lavoro non salariato* in riferimento a quello domestico, di cura e di crescita dei figli che ci si aspetta venga svolto gratuitamente dalle donne. Insieme ad altre attiviste, si unì alla lotta delle madri che si trovavano a vivere di sussidi al reddito nel Regno Unito, e alla National

Welfare Rights Organization negli Stati Uniti (composta soprattutto da madri nere), che portavano avanti una comune rivendicazione per un reddito minimo adeguato (Guaranteed Adequate Income, GAI) e per il riconoscimento del fatto che "il lavoro delle donne è vero lavoro".

Wages for Housework si ispirava alle idee degli attivisti per il welfare nero e anche al movimento italiano per l'autonomia dei lavoratori noto come "operaismo". Nella loro prospettiva, le donne erano schiave degli schiavi del salario (uomini) e il lavoro delle donne garantiva un intero sistema di sfruttamento che stava danneggiando sia gli uomini che le donne. Nel 1975, James e l'autonomista italiana Mariarosa Dalla Costa pubblicarono *Potere femminile e sovversione sociale*, in cui osservano che, "quando si tratta di donne, il lavoro appare come un servizio personale al di fuori del capitale". James aveva letto il primo volume del *Capitale* di Marx insieme a un gruppo di studio, e vi aveva trovato il concetto di vendita della forza lavoro come merce, e quello di divisione del lavoro. Ma non aveva sentito nessuno parlare di *chi* costituisse la forza lavoro, o di che posto ricoprissero in quella divisione i lavoratori non salariati. Nella sua introduzione al libro, James descrive tutto il tempo necessario per creare il tipo di tempo che può essere venduto in cambio di un salario:

> La capacità di lavoro risiede solo in un essere umano la cui vita si consuma nel processo di produzione. Prima deve stare nove mesi nell'utero, deve essere nutrito, vestito, e istruito. Poi, mentre lavora, il suo letto deve essere rifatto, i pavimenti puliti, il suo pranzo al sacco preparato, la sua sessualità se non gratificata almeno acquietata, la sua cena pronta quando torna a casa, anche se sono le otto del mattino dopo un turno di notte. È così che la forza lavoro viene prodotta per essere consumata ogni giorno in fabbrica e in ufficio. *Descrivendo la sua essenziale produzione e riproduzione stiamo descrivendo il lavoro delle donne.*

Le critiche che all'epoca vennero mosse al Wages for Housework andavano dall'impraticabilità al rischio di cementare le donne in ruoli prefissati. Ma il movimento non si è mai limitato a chiedere il salario per il lavoro domestico. Innanzitutto, la richiesta originaria era parte di una serie: una settimana lavorativa più corta, libertà riproduttiva, parità salariale, e reddito garantito per donne e uomini. Soprattutto, a contare era il gesto: un tentativo di immaginare per le donne una possibilità diversa dallo svolgere un turno secondario all'interno di una famiglia nucleare o dal competere con gli uomini in quello che oggi chiamiamo il femminismo alla Sheryl Sandberg. Assegnando un valore al lavoro delle donne e dunque prendendolo in considerazione, Wages for Housework si batteva per una società in cui prevalessero, anziché l'ambizione personale e l'aggressività, la cura e la liberazione collettiva, per tutti e a beneficio di tutti. Nella sua trattazione sul movimento, Kathi Weeks ha l'accortezza di mettere l'accento sull'uso che esso faceva del termine *richiesta*: non tanto una supplica di denaro, quanto piuttosto una consapevole dichiarazione di potere e un'espressione di desiderio. La richiesta è un rifiuto totale di una situazione che, per dirla con Braverman, divide "coloro il cui tempo ha un valore enorme" da "coloro il cui tempo vale quasi nulla", una fervente aspirazione a un mondo in cui non dobbiamo continuare a morire in auto fatte a misura d'uomo.

In *The Problem with Work*, Weeks usa questo tipo di energia per delineare la richiesta di un reddito di base universale e di una settimana lavorativa più corta senza perdita di salario (vale qui la pena ricordare che, stando al suo articolo del 2020 per *The Independent*, Selma James non appoggia il reddito di base universale, preferendo un reddito di cura che verrebbe assegnato specificamente ai lavoratori di cura. Tuttavia, James e Weeks concorderebbero sul fatto che gli attuali modelli di remunerazione rispecchiano un sistema ingiusto che a malapena riconosce particolari situazioni lavorative ed esistenziali). Avendo dedicato la maggior parte del suo libro ad approfondire la centralità e l'insindacabile positività del lavoro nella vita moderna, Weeks ritiene che una cosa come il reddito di base universale agisca contemporaneamente su un piano pragmatico e su uno morale-idealistico. Da un lato, questo tipo di reddito può fornire assistenza nell'immediato a molte persone, facendo fronte al semplice fatto enunciato da James e Dalla Costa nel loro libro: "'Avere tempo' vuol dire lavorare meno". Ma nel momento in cui solleva le persone dall'asservimento totale al salario, è anche creativo, e crea spazio per ulteriore creatività. Si può esprimere una richiesta di meno lavoro "non per poter avere, fare o essere ciò che già abbiamo, facciamo o siamo, ma perché ci permetterebbe di considerare e sperimentare vite diverse. Di volere, fare ed essere altro".

Nella combinazione che Weeks fa tra "volere, fare ed essere" quel che mi colpisce di più è il "volere". I desideri, le intuizioni e persino le angosce silenziose di ogni giorno sono spesso come dei sottofondi, delle interlingue, degli *undercommons* – soggetti agli zeitgeber della giornata lavorativa, della settimana lavorativa, del registro di produttività, e della relazione sui profitti. All'inizio del documentario su Marilyn Waring, un giornalista intervista alcune persone che si trovano nell'atrio ed emerge che sono venute alla sua conferenza spinte da un retropensiero dubbioso, inquisitorio. Un giovane dice all'intervistatore di essere lì a causa dei suoi "sospetti". Su cosa?, gli chiede l'intervistatore. "Sospetti... che le cose non siano come sembrano, perché vengo da una famiglia in cui sono stato cresciuto da una madre single e mi sono reso conto che ci sono delle grandi ingiustizie", risponde l'uomo.

Il sospetto si annida tra le righe. Cova, a volte. Nel 1980, un anno prima di avviare *Processed World*, i fondatori della rivista produssero un volantino satirico intitolato "Innervoice #1" (gioco di parole con "invoice", fattura, *ndt*) in occasione della Giornata nazionale delle segretarie. Si trattava di una finta fattura in cui venivano elencati i costi del lavoro di segreteria: sei ore di dattilografia ininterrotta producevano "1 mal di schiena, 1 collo bloccato". Settanta ore alla settimana di ipertensione costavano "1 integrità mentale", e quaranta ore alla settimana di lavoro ripetitivo e noioso costavano "un'immaginazione". Naturalmente, già per realizzare Innervoice #1 era servita tutta l'immaginazione rimasta. Il volantino era il precursore del senso dell'umorismo generale di *Processed World*, che celava una rabbia sofferta per la truffa del dover vendere la propria vita in cambio dell'onore di poterne vendere ancora di più.

A volte ciò trapelava con sorprendente sincerità. Una pubblicazione di due pagine conteneva, in mezzo a vignette, finte pubblicità e stralci di commenti, un malinconico collage di una faccia all'interno di un terminale, mani strette in manette, un telefono e una serie di teste più piccole con la scritta: "Un nuovo giorno in ufficio: cosa abbiamo perso?". In una lettera, J.C. di Toronto chiedeva: "Cosa facciamo quando ci ritroviamo a timbrare il cartellino? Sviluppiamo un sacco di cinismo, apatia e rabbia senza sbocchi". E da San Francisco J. Gulesian forniva questa riflessione:

> Caro PW,
> Vorrei sottoporvi qualche riflessione ulteriore sulla vita quotidiana di un segretario di mezza età. Questa vita quotidiana è davvero dura. Spesso richiede più di quanto io possa dare e si prende così tanto che passo il mio tempo libero a cercare di stabilire una continuità tra chi sono e chi devo essere. Chi sono significa che devo stabilire e mantenere dei rapporti umani. Quel che devo essere rende tutto ciò pericoloso e doloroso. Sapete di che parlo.

Non tutti avevano tempo per queste riflessioni. In quello stesso numero, un tal Walter E. Wallis della Wallis Engineering scriveva a *PW* con il tono urlante "Andate a lavorare!", riferendosi a un mucchio di hippy; o come Tommy Anderberg, il contribuente a cui non dispiaceva che i fisici venissero incatenati alle scrivanie. Dopo aver dato qualche suggerimento su come "rendervi più utili alla vostra azienda", Wallis concludeva dicendo che "se non sopportate di dovervi applicare al vostro lavoro in modo che al cliente venga offerto il miglior rapporto qualità-prezzo, allora continuate a vivere fottendovene, frignando, lagnandovi, imbrogliando, rubando e raccontando stronzate, perché non siete altro che fottuti, frignoni, lamentosi, imbroglioni, e ladri cazzari". Nella sua riposta, un redattore di *PW* analizzò con calma uno alla volta gli argomenti di Wallis, concludendo con la sfrontata idea di una "società nuova, liberamente cooperativa e comunitaria, che già esiste all'interno [di questa]". Era Wallis quello mediocre, privo di immaginazione: "Piuttosto che prendere in considerazione queste possibilità, lui giustamente preferisce fornirci consigli volgari e paternalistici su come 'andare avanti' in un mondo che sta marciando di pari passo verso l'abisso".

Il redattore di *PW* tentava di "prendere in considerazione la possibilità" di un mondo in cui tutti i presupposti del mondo di Wallis, in cui ci si limita a usare la propria ambizione personale per prevalere sugli altri, ci si colpevolizza in caso di fallimento e si deplorano i fallimenti altrui, sarebbero stati sostituiti da qualcos'altro. Per Wallis, si è responsabili solo e soltanto del proprio tempo, e solo all'interno di una struttura spietata e inflessibile. Per i redattori della rivista, il tempo può davvero rappresentare qualcosa di diverso se si riesce a eliminare la struttura. Per Wallis, l'obiettivo è il potere individuale. Mentre direi che per *PW* l'obiettivo è dare senso e riconoscimento.

Nel capitolo 2, ho ipotizzato che un soggetto-risultato oberato di lavoro debba salvarsi riducendo le proprie ambizioni personali. Ma l'ambizione della scalata al successo è solo una delle forme di desiderio, quella che nasce da un piano specifico e lo rafforza; invece, dietro a ciò che comunemente definiamo come burnout, ci sono molte forme di frustrazione. A seconda di essere avvantaggiati o svantaggiati, alcune di queste frustrazioni possono comprendere: dover vendere il proprio tempo per poter vivere, dover scegliere il male minore, dover dire qualcosa mentre si crede in un qualcos'altro, mostrarsi forti pur in mancanza di una reale motivazione, dover lavorare quando fuori il cielo è rosso, o dover ignorare tutto ciò e tutti coloro che ci addolora profondamente ignorare. Si può voler di più per se stessi, ma si può anche solo *volere di più.*

Selma James è ancora attiva nell'International Wages for Housework Campaign (ora più comunemente nota come il Global Women's Strike). Nel 2012, ha raccontato alla giornalista Amy Goodman che l'anno precedente aveva manifestato a Londra insieme a SlutWalk, un movimento antistupro transnazionale. James si era sentita ravvivata dall'energia e dall'antirazzismo del gruppo. "Marciando con loro non avevo l'impressione di essere circondata da donne ambiziose", disse riferendosi al contrasto con quella parte del movimento delle donne che si era concentrata sulla scalata al successo a fronte del declino del welfare. "Dobbiamo davvero trovare un altro motivo per stare insieme, ovvero le reali condizioni delle nostre vite, piuttosto che un'ambizione individuale".

La parola chiave qui è *individuale*. Così come Wallis dal punto di vista di *PW* era povero, un'entusiasta arrampicatrice potrebbe essere, in un altro senso, non ambiziosa. È assai più "ambizioso" porsi la richiesta che James aveva posto durante la manifestazione: "Vogliamo avere la libertà di vivere le nostre vite come vogliamo, e per questo stiamo insieme".

Chiediamo di poter guardare i libri degli artisti. Sono in cima a uno degli scaffali, quindi trascino la grande scala verde e salgo su, dove poggiano grandi scatole grigie in ordine alfabetico. All'interno c'è di tutto, dai libri con il dorso di tela, alle fanzine, a delle serie di cartoline, ciascuna nella sua cartellina marroncina ritagliata lungo le loro stravaganti dimensioni. Molte sono opere di artisti locali, spesso rappresentano progetti realizzati con ricerche effettuate in questa stessa biblioteca. I libri e gli oggetti sono come piante cresciute nell'archivio, e ora ci danno i semi per i nostri progetti.

*Dentro una cartellina nella scatola E-F troviamo un piccolo libro dal dorso di tela con una cinghia di pelle, realizzato dal collettivo di artisti Futurefarmers. Il titolo è "SOLE SERMONS", con la parola SOUL (*anima*) stampata sopra SOLE (*unico*). Slacciamo con cura la cinghia e apriamo il libro. Il testo è stampato, ma con un inchiostro leggero, che fa sembrare le parole attaccate velocemente alla carta ma anche a rischio di evaporare. È un saggio di Rebecca Solnit sul camminare. La sua camminata sembra l'opposto del "marciare di pari passo":*

> Il camminare è fatto di passi, ma un passo non è una camminata. Una camminata è fatta di perseveranza, di continuare a compiere passi, e questa ripetizione non è inutile, bensì è un modo di interrogarsi: "Dove stiamo andando?" è la domanda universale, ma la risposta è semplicemente andare, camminare finché non consumi la suola delle scarpe, e poi le risuoli e continui a camminare. "I walked to the floor till I wore out my shoes / Lord they're killing me—I mean them lowdown blues", cantava Hank Williams, e il camminare ti tiene vivo. Continuare a

camminare significa continuare a vivere, continuare a interrogarsi, e continuare a sperare. Da ormai una decina d'anni mi dedico a sperare e a camminare, ma ho dovuto percorrere un lungo tratto di questi due cammini prima di capire che erano un unico percorso, il cui principio dominante è il movimento, che ha come traguardo l'approdo nell'imprevisto, e la cui vera natura si contrappone all'andamento del nostro tempo, un tempo che si concentra sull'arrivo e su ciò che è quantificabile. Molti preferiscono assai più le certezze rispetto alle possibilità, al punto da scegliere di soffrire, che è di per sé una forma di certezza che il futuro è noto e conosciuto. Non è né l'una, né l'altra cosa. Soffrire vuol dire smettere di camminare, e smettere di camminare vuol dire cadere nella disperazione o in quelle forme di depressione che sono caratteristiche della cornice in cui ci troviamo e al tempo stesso sono stati mentali, e ci scaviamo la fossa da soli.

All'inizio di quest'anno, mi trovavo nel giardino di un'amica settantenne mentre stava piantando dei fagioli. Mi disse che provenivano da fagioli che aveva preso una ventina d'anni fa non ricordava più bene dove, forse da Home Depot, e non era più riuscita a trovarne altri. All'epoca aveva diviso i fagioli con degli amici, ed erano piaciuti a tutti, ma nessuno era più riuscito a ritrovarli. Ma alcuni dei suoi amici avevano fatto maturare i baccelli e li avevano seccati, ne avevano conservato i semi e glieli avevano restituiti. Non aveva idea di quante persone ne avessero ancora, e immaginava che questa varietà di fagioli potesse essersi diffusa in tutto il paese. Piantandoli, riflettevamo sul fatto che nonostante ci fosse stato uno scambio con i suoi amici, non si era trattato proprio di una transazione, non si era ripresa quel che aveva dato loro, per quanto ovviamente ci fosse un legame.

Poi si spostò verso un letto di insalata e mi disse che avrei dovuto prenderne un po'. Pensai che voleva solo essere gentile, ma lei mi disse che in realtà aveva bisogno di eliminare le foglie più esterne in modo che quelle interne continuassero a crescere prima che la pianta arrivasse a maturazione. Disse che dava di continuo in giro cespi di insalata. Quel semplice gesto, e la storia dei fagioli, mi fecero capire quanto fossero distorti i miei meccanismi mentali per non aver considerato altro che una transazione. In parte, questo era dovuto al fatto che non avevo mai vissuto in un posto dove potessi tenere un orto. Avevo quasi dimenticato che una pianta continua a crescere, e davo per scontato che più foglie di insalata per me significasse meno foglie di insalata per lei.

Ma non era l'unica cosa che avevo dimenticato. Nel 1978, il filosofo Ivan Illich aveva denunciato che "una serie innumerevole di infrastrutture in cui le persone tiravano avanti, si divertivano, facevano amicizia, e amavano, erano state distrutte", lasciando dietro di sé un panorama sociale arido di "giochi a somma zero, sistemi distributivi monolitici in cui ogni guadagno di una persona diventa una perdita o un peso per un'altra, e a entrambe è negata una vera soddisfazione". In quel momento, non mi sentii molto diversa dal giovane lavoratore a chiamata che, in uno studio sul perché i lavoratori precari non reclamavano i sussidi di disoccupazione durante la pandemia a New York, aveva detto ai sociologi: "Devi solo iscriverti e dire 'Non ho un lavoro', e il governo ti dà i soldi? Che roba è? Non lo farebbero tutti se fosse così semplice? Non capisco". Prendere l'insalata era positivo sia per me che per la mia amica. Non lo capivo.

Qualche mese dopo, ero seduta in un altro giardino, stavolta un giardino botanico a ingresso libero. Due bambini avevano occupato un pezzo di prato vicino a me e giocavano a "luce rossa, luce verde". La loro versione del gioco era però molto più complessa di quella a cui giocavo io da bambina. "Luce rossa" significava stop, e "luce verde" avanti, ma per loro "luce viola" significava "ballare". "Luce azzurra" era ballare all'indietro. "Luce dorata" significava buttarsi a terra, e "luce dell'albero verde" voleva dire muggire e gattonare insieme. C'erano persino dei comandi ancora più specifici, come "luce del lancio delle scarpe" ma anche "luce torna nelle scarpe". Era buffo, ma mi colpiva il fatto che non dovessero ricordarsi a vicenda cosa volessero dire quei termini. Li avevano creati e memorizzati insieme.

Il tempo può avere molti ritmi, e i ritmi possono assumere molti significati. Scrivendo della demoralizzazione del lavoro attraverso processi come il taylorismo, il sociologo Richard Sennett ha osservato che "la routine può essere umiliante, ma anche protettiva. La routine può decomporre il lavoro, ma può anche riordinare una vita". Può essere la costruzione di un rituale, come la definizione che il rabbino Abraham Joshua Heschel fece dello Shabbat come di "un palazzo che costruiamo nel tempo". Come le "luci" del gioco, il giardino botanico era stato composto e coreografato. C'erano punti diversi con elementi diversi. Le cose crescevano in forme e dimensioni diverse e fiorivano in momenti diversi. Il giardino rappresentava quel che i giardinieri avevano deciso fosse la disposizione migliore per creare un insieme armonioso, e i visitatori sostavano nelle zone che apprezzavano di più. Anche se non era un grande spazio, il giardino era folto, uno spazio non solo di biodiversità ma di cronodiversità, in grado di invogliare il soggetto umano a interagire con modalità e ritmi di vita differenti. Qui non solo era chiaro che il tempo non è denaro, ma anche che la categoria del "non denaro" può essere elaborata all'infinito.

Anziché risparmiare e spendere del tempo, non sarebbe magari possibile coltivarlo, conservando, inventando e custodendo diversi ritmi di vita? E non si tratterebbe semplicemente di un riconoscimento e di un utilizzo della cronodiversità che tutti noi possediamo in una certa misura, individualmente o comunitariamente? La sociologa Barbara Adam, che ha scritto del tempo standardizzato ed economico, sa anche che il suo predominio è tanto incompleto quanto controintuitivo: "Il tempo e l'intensità ci circondano a tutti i livelli: sappiamo che per un bambino il compleanno di domani può sembrare un'eternità, mentre a un anziano il compleanno dello scorso anno può sembrare ieri. Al periodo letargico dell'inverno fa seguito l'esplosione di crescita della primavera... Il 'nostro' tempo sociale, così come emerge dall'uso comune, è inseparabile dai ritmi della terra. La complessità regna sovrana".

Se il tempo può essere coltivato, allora è possibile immaginarne la crescita in modi diversi rispetto all'accaparramento individuale. Prima che lasciassi il suo orto, la mia amica mi ha dato dei fagioli rossi di Spagna provenienti da un'azienda produttrice di fagioli che non esiste più. Adesso si trovano su uno scaffale di metallo a fianco ai fagioli da supermercato che Joe e io, come molte altre persone, avevamo cominciato ad accumulare durante la pandemia. Avevo avuto un sacco di tempo per guardare i fagioli e pensarci su, ma non mi ero mai soffermata a considerare cosa fossero davvero. Ho googlato "si possono piantare dei fagioli comprati al supermercato?", e la risposta era sì. Quelle cose nelle buste non erano solo merce. Certo, potevi mangiarle, ma non erano dei punti terminali, e non erano morti. Alcuni di essi, quantomeno, contenevano qualcosa: la possibilità di fagioli futuri.

Man mano che la raccontavo agli amici, questa storia era diventata una battuta tra di noi, un nuovo familoquio: *Il tempo non è denaro. Il tempo è fagioli.* Conteneva lo stesso grado di serietà di quanto ne posseggono molte battute, cioè circa la metà. Nel dirlo, intendevamo che il tempo può essere preso e dato, ma anche che lo si può piantare e farne crescere di più, e che ce ne sono di diverse varietà. Voleva dire che tutto il nostro tempo cresce dal tempo di qualcun altro, magari da qualcosa che qualcuno ha piantato tanto tempo fa. Voleva dire che il tempo non è la valuta di un gioco a somma zero e che, a volte, il miglior modo per avere più tempo è darne di più a te, e che per te il modo migliore di averne un po' è ridarne indietro a me. Se il tempo non fosse una merce, allora il tempo, il nostro tempo, non sarebbe così limitato come ci era sembrato solo un attimo fa. Insieme, potremmo avere tutto il tempo del mondo.

SETTE

Un'estensione della vita

IL COLOMBARIO E IL CIMITERO

"Al contrario [del riconoscimento], la risonanza è sempre un evento dinamico, l'espressione di una vibrante relazione responsiva che si può forse vedere al meglio quando gli occhi di una persona si illuminano... Riguarda sempre qualcosa che accade tra due o più soggetti. Io vengo riconosciuto, ma la risonanza è qualcosa che può verificarsi solo tra di noi. L'amore come esperienza risonante si riferisce dunque non al fatto di amare o di essere amati, ma al momento, o ai momenti, di incontro reciproco, trasformativo, fluido, affettivo."
HARTMUT ROSA, *Resonance: A Sociology of Our Relationship to the World*

Abbiamo attraversato il Bay Bridge, siamo di ritorno a Oakland, diretti a est. Dal marciapiede si sente "Signed, Sealed, Delivered" che suona da un centro di pilates che ha la porta aperta al piano terra di un condominio di lusso. "Bene, ragazzi", dice l'istruttrice sovrastando la musica con energia e autorità. "Spingiamo quel piede sinistro indietro tra cinque, quattro, tre, due, eeeee uno. Ce la potete fare. La lezione è quasi finita, dai. Quasi finita".

Davanti a noi, il cancello di un cimitero e un edificio in stile revival coloniale spagnolo con una torre recante delle piccole lettere metalliche che indicano POMPE FUNEBRI – CREMATORIO – COLOMBARIO. Apro il cancello e ci ritroviamo immediatamente avvolti da un profumo dolce, cimiteriale: piante vive, rocce bagnate, polvere, cenere, incenso. La luce tenue del sole filtra attraverso i lucernari, le enormi piante tropicali e le arcate in pietra, e il solo suono è lo sgocciolio flebile di una fontana. I muri sono fatti di un fitto reticolato di scaffali di vetro, che danno l'idea di una biblioteca. A differenza di quella dove siamo appena stati, qui i "libri" dietro al vetro sono urne a forma di libro, con gruppi di volumi diversi che contengono gli individui di un'unica famiglia. Ogni libro ha una sua certa pesantezza: l'inizio e la fine di una vita, con una "copertina" che non si può aprire.

Quand'ero molto giovane, mi capitò di sentire una storia terribile sul tempo presa da un libro degli anni Settanta che mia mamma aveva trovato in un mercatino dell'usato, intitolato *Magic Fairy Stories from Many Lands*. Un bambino che non vede l'ora di crescere vaga in una foresta, quando gli appare una strega che gli dà una palla con attaccato un filo d'oro. Gli dice che se tirerà il filo, il tempo scorrerà più in fretta. Ma dovrà usare saggiamente quest'oggetto, perché il filo non può essere reinfilato facilmente dentro, così come non si può mandare indietro il tempo. Ovviamente, il bambino non resiste: impaziente di tornare a casa da scuola, tira il filo; impaziente di sposare la ragazza per la quale aveva una cotta, tira il filo; impaziente di avere un figlio, tira il filo. E troppo presto si ritrova alla fine della vita con la sensazione di non averla davvero vissuta.

La morale della storia dovrebbe riguardare il "cogli l'attimo" e l'assurdità di voler saltare i pezzi negativi della vita per arrivare subito a quelli positivi. Ma mentre la leggevo, mi ero fissata sul filo e sulla palla, come puri simboli dell'irreversibilità del tempo. Nonostante la storia avesse un lieto fine (la strega trova il vecchio e gli consente di rivivere la sua vita), la ricordai a lungo come una storia dell'orrore.

È una forma di orrore spesso utilizzata dai sistemi di gestione del tempo. Ricordi Kevin Kruse, l'imprenditore che aveva appeso nel proprio ufficio il poster con il numero "1.440" per ricordare a se stesso quanti minuti avesse in un giorno? Nel suo libro, poco prima di presentare quel poster, chiede di mettersi una mano sul cuore e prestare attenzione al respiro. Da non fraintendere, non è un esercizio di meditazione. Kruse scrive: "Quei battiti non li riavrai mai indietro. Non riavrai mai quei respiri. In realtà, ti ho appena sottratto tre battiti della tua vita. Ti ho appena sottratto due respiri". E inserisce subito un'acuta metafora: non lasceresti mai in giro il tuo portafoglio, e il tempo è denaro. Quindi perché lasci che gli altri ti "rubino" il tempo?

Se la portiamo fino alle sue conclusioni logiche, l'idea di tempo come risorsa personale e non rinnovabile aggira la questione della mortalità, e allo stesso tempo ne è ossessionata. Dopotutto, il poster "1.440" di Kruse altro non è che un *memento mori*, tetro quanto un teschio nell'angolo di una natura morta olandese del diciassettesimo secolo. Ogni giorno, ogni volta che guarderai il poster di Kruse, ti saranno rimasti meno di 1.440 minuti. Nel suo articolo "Why Time Management Is Ruining Our Lives", Oliver Burkeman osserva che, paradossalmente, tenere un registro dettagliato del modo in cui usiamo il tempo, allo scopo di risparmiarlo o di usarlo meglio, "incrementa la consapevolezza dei minuti che passano, e che vanno perduti per sempre". Che sia in termini di minuti, o di fasi della vita o di obiettivi, più ci fissiamo sul tempo, più ci sembrerà che ci stia sfuggendo crudelmente dalle mani.

Ci sono molte app che sostengono di poterti dire quanti anni ti restano da vivere. Recentemente, spinta da una pavida curiosità, ne ho scaricata una: When Will I Die? (Quando morirò?). Dopo aver risposto a una serie di domande sul mio stile di vita e le mie inclinazioni, e dopo aver dovuto guardare trenta secondi di pubblicità di un gioco chiamato Wishbone ("Scegli la più carina!", diceva una scritta sopra due foto casuali di manicure), mi è comparsa una vignetta con una pietra tombale con un'iscrizione: JENNY ODELL, MORTA A 0 ANNI. Il numero cominciava poi a salire da 0, come se stessi giocando al casinò, con la vita stessa come premio. Ci sono stati un paio di momenti in cui ho sentito molto palpabile la voglia di non morire, e che quel numero salisse. Alla fine, si è andato a fermare sui novantacinque.

Per quanto stupida e non scientifica fosse quell'app, è possibile immaginare un'app sempre più dettagliata in cui letteralmente tutte le decisioni che prendiamo vengono registrate e incorporate in un algoritmo che determina quanto tempo ci resta da vivere (che non si discosta molto dall'obiettivo perseguito da alcune compagnie di assicurazione, che usano sistemi di navigazione e localizzatori dell'auto, simili a quelli descritti nel capitolo 1, per raccogliere dati sul comportamento del guidatore e in base a questo determinare le tariffe. Oppure Beam Dental, che usa uno spazzolino elettronico brevettato per raccogliere dati su come gli utenti si lavano i denti, promette una "tariffa ridotta per chi partecipa al programma di wellness Beam® Perks e ottiene un punteggio 'A' nel totale del gruppo Beam"). Si tratta di una risposta comune al problema esistenziale posto dal tempo: cercare di aumentare la quantità totale di tempo che detieni nella tua personale banca del tempo. Questa versione della "logica dell'incremento" spiega perché le persone siano attratte da un resort come quello che ho descritto nel capitolo 3, in cui sull'isola di Larry Ellison gli ospiti si vedono registrare i parametri corporei e i progressi compiuti verso determinati obiettivi – e probabilmente spiega anche il perché dei frullati energetici dei fratelli della produttività. Il wellness, in quanto partner naturale della gestione del tempo, viene invocato sia come mezzo per meglio "performare" sia come modo per incrementare il totale dei tuoi anni di vita, come se fossi un'automobile o un orologio.

Eppure, proprio come nel caso della produttività, questa ricerca continuamente tesa a raggiungere un optimum calcolabile – un altro modo di valutare ossessivamente il cambiamento – può facilmente superare ogni ragionevole obiettivo di salute. La longevità numerica e il wellness (in una sua versione molto specifica) sono diventate le metriche ultime, e si evita così la questione di quale sia l'*obiettivo* per cui vogliamo stare bene e vivere, senza contare il paradosso di una vita consumata dallo sforzo per ottenere sempre di più da se stessi. Questo e altri problemi compaiono sinteticamente nel sottotitolo del libro di Barbara Ehrenreich *Natural Causes: An Epidemic of Wellness, the Certainty of Dying, and Killing Ourselves to Live Longer.* Ehrenreich riserva critiche folgoranti all'industria del wellness e dell'antinvecchiamento, mettendo in discussione il progetto monomaniacale che punta a farci diventare magre e perfide macchine viventi. Secondo lei, il prodotto offerto da una versione capitalista del wellness è "il mezzo per trasformare le persone in macchine sempre più perfette, che si autocorreggono, in grado di darsi degli obiettivi e perseguirli con fluida determinazione". Citando una lunga lista di libri su "come invecchiare bene", mette a fuoco una crudele dinamica collegata al mito dell'autosufficienza nella gestione individuale del tempo:

Tutti i libri sull'invecchiare bene ribadiscono che chiunque può ottenere una vita lunga e sana a patto di sottomettersi alla disciplina prescritta. Dipende solo e soltanto da te, e poco importa quali siano le ferite – da sovraffaticamento, tare genetiche o povertà – che ti porti dietro dalla tua esistenza precedente. Né si tengono molto in conto, o non si considerano proprio, i fattori materiali che influenzano la salute di una persona più anziana, come l'agiatezza o l'accesso ai trasporti e all'assistenza sociale. A parte il tuo allenatore di fitness o il guru del buon invecchiamento, non hai nessuno al tuo fianco.

Da questo punto di vista, le cose non sono cambiate di molto rispetto all'epoca di *Physical Culture*, quando il fatto di essere in salute e invecchiare bene voleva dire non aver bisogno dell'aiuto di nessuno e stare sempre un passo avanti agli altri. Questa ricetta lascia molto a desiderare. Ricordo che mi disturbava già molto fin dai tempi del liceo, non appena riuscivo a trovare un minuto per riflettere al di là dell'atmosfera ipercompetitiva delle classi per studenti dotati e dei precetti preparatori per il test d'ingresso per il college. Durante il mio ultimo anno di liceo, presi l'abitudine di saltare alcune lezioni e andare al parco per osservare i germani reali. Un giorno, mi ero fermata dopo la lezione di arte a parlare con la mia amica Louise e con il nostro professore, il pittore William Rushton, che aveva fatto miracoli con il budget da scuola pubblica disponibile per l'arte (dipingevamo con la vernice edilizia al lattice). A giudicare dalla nostra discussione, l'osservazione dei germani reali non mi aveva molto illuminato.

"Non capisco", dissi. "Uno lavora sodo al liceo per poter andare in un buon college, poi lavora sodo al college per poter avere un buon lavoro, e poi lavora sodo per poter andare in pensione, e poi muore. A che scopo tutto ciò?".

Bill mi guardò con un misto di preoccupazione e commiserazione. "Jenny, non funziona affatto così", disse.

Qui devi fare attenzione a non perderti. Questo palazzo labirintico ha tre piani con decine di stanze, e la logica della loro disposizione non è affatto intuitiva. Dopo aver girato a sinistra in un atrio gigantesco, le stanze si allargano e l'esposizione si fa meno formale. Ci sono fotografie incorniciate e molto altro: occhiali da vista (a volte gli stessi della foto che gli sta accanto); crocifissi; macchinine; profumi; canne da pesca; il ricamo della data di nascita di qualcuno; una bottiglia blu notte di liquore cinese; un dispenser di gomme da masticare a forma di Wonder Woman; una rana di vetro su un piatto di ceramica; un orologio fermo alle 7:10; un piccolo set di cesoie da giardino con un innaffiatoio e una zappetta uguali; e due boccette di conserva di lamponi e more con una coccarda da primo premio di Santa Rosa, in California, che sembra risalire agli anni Ottanta.

Questo posto mi sembra più popolato rispetto all'ultima volta che ci sono stata, e ogni volta che vedo il numero "2020" non posso fare a meno di chiedermi se quella persona sia morta di COVID-19, in modo diretto o come conseguenza per la pena e l'isolamento. A volte, sul pavimento sotto le urne ci sono delle piccole collezioni di oggetti: girasoli, rose, piatti di agrumi, grani d'incenso, bottiglie d'acqua, zenzero vietnamita candito. Vedere qui questi oggetti è un po' come assistere a un'onda di viventi bramosi che si va a infrangere contro il muro della morte, che appare non tanto come la fine di una persona quanto come una rottura di legami.

Quando ripenso a quella discussione al liceo, so che Bill stava cercando di aiutarmi a capire che esiste una versione diversa dello "scopo" che io non riuscivo a vedere. Ma immaginare uno "scopo" diverso implica qualcosa in più che non giocare allo stesso vecchio gioco in un altro modo, forzando le regole. Vuol dire capire e partecipare a un gioco completamente diverso, in cui la "vittoria" significa qualcosa che prima non sarebbe stato neanche possibile articolare.

Nel suo libro *What Can a Body Do? How We Meet the Built World*, la scrittrice e ricercatrice di design Sara Hendren mostra quanto possa essere utile una prospettiva non egemonica per poter immaginare qualcosa che esuli dal gioco capitalista. Hendren fornisce una lettura del concetto di "tempo da invalidi", termine reso popolare da Irving Zola e Carol J. Gill e usato per descrivere il conflitto tra i tempi di una persona disabile e gli orari industrializzati della società di oggi, tutti basati sull'orologio. Alison Kafer ha descritto il tempo da invalidi come una "consapevolezza che le persone disabili potrebbero aver bisogno di più tempo per fare qualcosa o arriva da qualche parte", un concetto che "richiede di reimmaginare le nostre nozioni di cosa possa o debba avvenire nel tempo".

Il tempo da invalidi può essere applicato nel breve o nel lungo periodo. Hendren aggiunge che può significare "alti e bassi sistemici più ampi: il tempo irto di difficoltà, imprevedibile, che serve per avanzare in un rigido percorso educativo K-12, costruito su tutta una serie di cronologie normative". Per Hendren, quest'ultima consapevolezza è personale. Lei non solo tiene corsi a metà tra design e studi sulla disabilità, ma è anche la madre di Graham, a cui alla nascita è stata diagnosticata la sindrome di Down. L'educazione di Graham ha posto la sua famiglia su un passo diverso rispetto alla cultura che la circonda e al suo senso industrializzato del tempo, un concetto dato così profondamente per scontato che, per la sua famiglia, tutto ciò che riguardava il tempo – rispetto a Graham e alla diagnosi dei suoi ritardi, ma ancor di più rispetto alle incognite del suo futuro – si è dimostrato la cosa in assoluto più alienante dell'intera esperienza.

Ma Hendren afferma anche che "l'invito di Graham a vivere un tempo da invalidi" è stato per lei un dono, perché le ha dato la possibilità di vedere dal di fuori le norme temporali. A proposito del concetto del "vivere bene", ha notato – con altri genitori, i propri studenti o la sua stessa famiglia – una tematica: "Il tempo economico dell'orologio definisce tutte le nostre conversazioni", mentre le scuole e i posti di lavoro presuppongono "una forma di produttività fatta per corpi abili, un ideale di velocità ed efficienza". Avendo abbandonato questa linea temporale, Hendren non vede un orologio bensì uno strumento economico che si adatta a un mondo in cui "la produttività economica – una vita trascorsa secondo un tempo normativo, regolato – è tuttora la misura indiscussa e largamente dominante del valore umano". Intanto,

Graham mostra un orientamento diverso rispetto al tempo e anche un diverso modo di essere, evidenziando così quanto i due fattori siano intrecciati. Notando che "la costante misurazione dei parametri infantili, dominata dai tempi d'orologio, deriva dagli altri e non da lui", Hendren riesce a vedere in suo figlio e attraverso di lui qualcosa di completamente diverso:

> Per lui, la precisione dei diagrammi statistici per misurare le tappe evolutive dei bambini in fase di sviluppo tipico – la loro velocità o lentezza, anche contando un po' di confusione in casi estremi – non è mai stata generalizzabile o predittiva, mai. A lui non si poteva applicare la maggior parte delle tabelle di marcia. Soprattutto, la relativa velocità o lentezza rispetto ai suoi pari o ai suoi fratelli più piccoli non gli sono mai interessate molto in termini di autostima. La sua partecipazione alle attività scolastiche e a quelle extracurriculari, come la danza o gli sport, è consistita in primo luogo in curiosità e amicizia – non una cosa facile, si badi bene, semplicemente gioiosa, libera da percentuali e interpretazioni comparative.

Per Hendren, questo dono è per certi versi analogo al dono degli studi sulla disabilità in generale, che mettono in discussione il concetto del vivere bene non solo per le persone disabili, ma per chiunque abbia un corpo che non è una macchina e un'anima che va oltre il lavoro. Una discussione sulla disabilità ci porta naturalmente a rimettere in dubbio a cosa e a chi vogliamo sentirci conformi. "Quanto tempo deve impiegare, o dovrebbe impiegare, un corpo a muoversi nel mondo, passando attraverso la settimana di oltre quaranta ore lavorative, le richieste di assistenza dei genitori anziani, gli spostamenti quotidiani del corpo con i suoi bisogni in continuo cambiamento durante l'arco di una vita – un corpo gravido, uno che invecchia, un corpo che si rimette da una brutta ferita?", si chiede Hendren. "Davvero l'orologio del tempo industriale è costruito per i corpi?". Proponendo un tipo diverso di orologio, il tempo da invalidi mette in crisi (come direbbe Sharma) *il significato del tempo.* Eterogeneo, non standardizzato, e attento al corpo, appare più vicino alla meridiana che all'orologio.

Un'altra articolazione significativa della topografia del tempo da invalidi – e in realtà di tutto il tempo, se lo consideriamo al di fuori dell'orologio, degli schemi, o della scala della carriera – la troviamo alla fine del documentario *FIXED: The Science/Fiction of Human Enhancement* (lo stesso in cui Jamais Cascio si interroga se prendere o meno il modafinil). Il film mette insieme diversi dibattiti sul vivere bene tra transumanisti, futuristi, studiosi e attivisti della disabilità. Facendo eco alle osservazioni di Ehrenreich a proposito della macchina che funziona senza intoppi, l'attivista in sedia a rotelle Patty Berne nota che l'idea di miglioramento umano porta con sé la promessa di stare sempre "più che bene", un ideale di cui riconosce il fascino. Chiunque si ritrovi stanco alla fine di una giornata di lavoro, afferma, potrebbe ragionevolmente pensare: "Voglio stare più che bene. Sono stanca... Voglio stare al massimo tutto il tempo". Ma per Berne, in un certo senso, quest'idea è priva di vita. Le sue conclusioni sfumano sulle immagini di lei e un'amica in sedia a rotelle che girano nel suo quartiere, e per divertimento iniziano ad andare veloci. "In realtà è giusto affrontare una gamma di diverse situazioni realistiche. Vuol dire che a volte sarà più divertente, altre più noioso, ci saranno le volte in cui sarò stanca, e altre in cui avrò un sacco di energie. Fa parte dell'essere vivi. *È* essere vivi".

Vale la pena soffermarsi qui a notare quanto il concetto di "essere vivi", secondo Berne, sia diverso dal punto di vista culturale diagnosticato da Hendren, in cui l'essere riconoscibilmente "vivi" significa produrre, e il produrre significa dimostrare di avere un certo controllo sul tempo. L'"essere vivi" di Berne si avvicina di più alla storia del filo, in cui il ragazzino dovrebbe imparare che l'esperienza stessa della vita *include* una serie di momenti buoni e momenti cattivi. Cercare di ridurre la ricca topografia dell'esperienza a mero mezzo per raggiungere il massimo risultato fa parte della stessa filosofia che volgerebbe le spalle all'oceano o al panorama interiore di una persona, mentre c'è sempre qualcosa di nuovo in arrivo con la marea.

Il tempo da invalidi abbandona la retorica del controllo non solo rispetto agli orari quotidiani e ai percorsi di carriere, ma rispetto al futuro in generale. In un pezzo per *The Atlantic* dell'aprile 2020, Ed Yong ha osservato come con la pandemia da COVID-19 molte persone abili si fossero ritrovate catapultate in un rapporto tormentato con il tempo e con una vicinanza alla mortalità che per la comunità dei disabili sono condizioni assolutamente familiari. L'accademica Ashley Shew fornisce a Yong un esempio di tempo da invalidi che non riguarda solo dissonanze o inconvenienti, ma un diverso centro di gravità temporale, in cui bisogna restare più vicini al presente: "Tutto ciò che inserisco nel mio calendario porta un asterisco nella mia mente... Magari succederà, magari no, a seconda dei prossimi esami sul mio cancro, o di quello che sta succedendo al mio corpo. Io vivo già in questo mondo nel momento in cui ragiono a breve termine, in cui il mio futuro viene sempre programmato in modo diverso".

Questo mette in luce la disumanità degli orari standard e delle aspettative nei confronti delle persone con disabilità. Ma anche una verità che riguarda la condizione umana più in generale. Una volta Steven Miller, un fotografo di Seattle, mi ha raccontato di come aveva preso l'abitudine di andare a nuotare in un lago nelle vicinanze, dopo aver ricevuto la diagnosi di un tumore raro. Il lago era profondo decine di metri. Stando lì, si ritrovava a contemplare l'abisso, e sapeva che le sue bracciate e il galleggiamento del suo corpo erano le uniche cose a tenerlo a galla. Non avere idea di quanto tempo ci resti può sembrare una situazione inusuale, mi ha detto, ma in realtà vale per tutti. Tutti siamo sospesi su qualche abisso.

Steven aveva sviluppato un amore viscerale per il lago e le sue profondità, una mancanza di controllo che era anche una tonificante esperienza di vitalità. Ne *La società della stanchezza*, Byung-Chul Han trova qualcosa di simile in uno scritto di Peter Handke intitolato "Saggio sulla stanchezza". Handke paragona la "stanchezza divisiva", cioè la spossatezza del burnout, che ci isola, a una più rassegnata "stanchezza che ci spinge nel mondo" (o si arrende a un lago). La persona stanca e rassegnata, troppo esausta per protendersi ad afferrare, costretta a restare seduta, si rende conto di essere inondata da qualcos'altro: il mondo, in tutti i suoi particolari, i suoi agenti in costante attività e sparsi ovunque, e i suoi cambiamenti di minuto in minuto. Scrive Handke: "La stanchezza mi ha chiarito il groviglio delle pure percezioni... e con l'aiuto dei ritmi ha donato loro una forma – una forma che arriva fin dove si può spingere lo sguardo". Come l'ozio di Josef Pieper, questa "stanchezza" è un'esperienza per sua natura destabilizzante, una perdita di potere individuale che ci aiuta a trovare rifugio in qualcosa di più grande. Alle osservazioni di Handke, Han aggiunge che "la stanchezza profonda allenta le catene dell'identità. Le cose guizzano, luccicano e vibrano".

Ho la fortuna di non aver vissuto finora una malattia che mi facesse rischiare la vita. Ma la "stanchezza rassegnata" e le aperture che ne derivano descrivono un momento di svolta nella mia vita, che ho vissuto a ventisette anni. All'epoca avevo un lavoro fisso che non aveva niente a che fare con l'arte che stavo cercando di realizzare. Avevo appena fatto tutta una tirata notturna (cosa che non riesco più a fare) per cercare di terminare un progetto ossessivamente dettagliato per una mostra. Il pomeriggio seguente, esausta e stanca al punto da non riuscire nemmeno a fare un pisolino, mi sdraiai immobile su un divano dell'appartamento che dividevo con altre due coinquiline, e dove sarei rimasta sola per un po'. Ero a bocca aperta, in stato di totale passività, quando mi ritrovai con gli occhi puntati fuori dalla finestra, verso la cima di una sequoia nel giardino del vicino. All'inizio ebbi la sensazione di avere le allucinazioni: sulla cima dell'albero stavano crescendo delle piccole pere, tutte ammucchiate. No: erano uccelli, almeno una trentina, tutti rivolti al tramonto, di un'irreale sfumatura giallo limone.

All'epoca non sapevo quasi nulla di uccelli ma non riuscivo a scacciare quell'immagine dalla testa, e nei mesi successivi avrei goffamente googlato cose come "uccelli gialli di San Francisco", senza fortuna. Fu solo cinque anni dopo, quando mi ero già messa d'impegno a conoscere gli uccelli del posto, che finalmente capii cos'erano: beccofrusoni dei cedri. Quando li avevo visti, probabilmente stavano svernando nella Bay Area. A un certo punto sarebbero migrati a nord. Ma in un quadro più generale, i beccofrusoni dei cedri sono nomadi, una volubile espressione del tempo. Seguono la maturazione delle bacche in stormi chiassosi, e a volte si ubriacano con quelle più mature. Mentre alcune specie di uccelli stanno diminuendo, i beccofrusoni dei cedri sono in aumento perché possono mangiare le bacche di piante molto diffuse nelle zone suburbane. A partire dagli anni Sessanta, alcuni hanno cominciato a mostrare sulle code delle strisce di un arancione acceso invece di quelle gialle: avevano mangiato le bacche di una pianta esotica di caprifoglio che si trovava nei giardini suburbani, e sulle piume era spuntato il pigmento rossastro.

Ricordo questa visione dal divano con tanta chiarezza non solo perché è stato l'inizio di un interesse tuttora esistente per gli uccelli e i loro habitat. In un senso più generale, la ricordo come una sorta di apertura verso l'infinito. E attraverso di essa, ho visto qualcos'altro, qualc*un* altro, che mi aspettava al di là di una versione differente del tempo e dello spazio, in cui i giardini suburbani, i vasti luoghi di svernamento, l'estate e l'inverno, erano tutti interconnessi. In un luogo al di fuori di *me*. Handke descrive in modo simile un certo tipo di stanchezza che rende possibile "meno di me, più al di fuori di me", la realtà che si espande quando recede l'ego. Citando Handke, Han scrive: "La stanchezza fiduciosa 'apre' l'io e 'fa spazio' al mondo... Riusciamo a vedere, e siamo visti. Riusciamo a toccare, e veniamo toccati... Meno me vuol dire più mondo: 'Adesso la stanchezza mi era amica. Ero tornato nel mondo'". Qui forse trovo una possibile risposta ai miei lamenti da adolescente. Forse "lo scopo" non è vivere di più, ma piuttosto essere *più vivi* in ogni preciso momento, un movimento verso l'esterno e verso l'altro, piuttosto che uno slancio in avanti lungo un percorso stretto e solitario.

Una donna esce da un ascensore alle nostre spalle e si dirige verso una piccola stanza laterale per riempire d'acqua un vaso. Ha un'aria di dolce determinazione, come se venisse qui spesso. Mentre avanziamo tra le teche di vetro, iniziamo a notare che spesso i soggetti delle foto incorniciate non sono da soli. Tengono fra le braccia bambini, innamorati, animali domestici. C'è una persona che fa sub vicino a una tartaruga di mare. Un'altra che sorride a qualcosa al di fuori dell'inquadratura, con i capelli e il cappotto spolverati di neve. Uno sta seduto in una foresta di antiche sequoie, e appare piccolo al loro confronto, con lo sguardo rivolto in alto verso un albero con un'espressione di totale serenità e ammirazione. Non si tratta solo di persone morte. Sono persone morte sulla terra.

Oltre a offrire una serie di valori diversi, il tempo da invalidi propone anche un modo intuitivo di considerare il tempo come struttura sociale, in parte perché va contro i principali concetti liberali di indipendenza, libertà e dignità. La disabilità mette in luce una cosa che è vera per tutti noi: a prescindere da quanto possiamo sentirci indipendenti e in buona forma fisica, noi non siamo semplicemente *vivi*, piuttosto veniamo *tenuti in vita* – nonostante le avversità che alcuni sono comunque abbastanza privilegiati da poter ignorare. Nel suo libro, Hendren cita il lavoro della filosofa Eva Feder Kittay, anche lei madre di un bambino disabile, la quale nota come il rapporto di dipendenza che lei ha con sua figlia è al tempo stesso unico e comune: "Le persone non spuntano dal terreno come funghi", scrive. "Le persone hanno bisogno che altri si prendano cura di loro e le nutrano nel corso della loro vita" (analogamente, Mia Birdsong in *How We Show Up* cita la descrizione che Desmond Tutu fa dell'idea sudafricana di *Ubuntu*: "Diciamo che una persona è una persona attraverso altre persone. Non è 'penso dunque sono'. Piuttosto è: sono umano perché sono parte di qualcosa, partecipo, e condivido").

Se essere vivi significa toccare ed essere toccati – essere *nel* mondo, essere tenuti in vita – allora la distanza tra vivi e morti è ineluttabilmente sociale. Nel dicembre 2020, commentando un anno che "ci aveva resi consapevoli del fatto che moriremo", B. J. Miller, un medico di cure palliative, scrisse un editoriale sul *New York Times* in cui chiedeva: "Cos'è la morte?". L'articolo metteva insieme diversi concetti, lasciando che la risposta fosse diversa per ognuno. Sottolineava che alcuni potessero sentirsi "morti" se non erano più in grado di fare sesso, leggere un libro o mangiare una pizza. La definizione personale di Miller dell'essere vivi suona straordinariamente simile a quella del fotografo e del suo rapporto con il lago, e a quel che la "stanchezza" di Handke rende possibile: "Penso che la morte arrivi quando non posso più interagire con il mondo intorno a me. Quando non posso più assorbire nulla e, quindi, non posso più connettermi". A volte, scrive, il distanziamento sociale durante la pandemia gli aveva dato quella sensazione, "ma era solo perché mi mancava poter toccare le persone amate... Posso sempre toccare il pianeta tutto il giorno".

La connessione è una strada a doppio senso. Se è vero che possiamo tenerci in vita gli uni con gli altri, è anche vero che possiamo farci morire a vicenda. Ne faccio cenno nel capitolo 4, sia nel caso del pregiudizio sulle "menti inferiori" sia nella categorizzazione storica dei popoli "fuori dal tempo". Nel caso della disabilità, capita che si parli di una persona come di una causa persa, o come la personificazione statica di una condizione. Per esempio, Hendren scrive del modo in cui la diagnosi di suo figlio abbia creato una dolorosa dissonanza tra come lei e le persone a lei vicine lo vedevano e come lo vedevano tutti gli altri. Per gli altri, Graham "era diventato la diagnosi – per sempre descritto e capito e interpretato principalmente in base al suo status genetico". Nel video sul linguaggio di Mel Baggs, c'è una simile dissonanza: "Paradossalmente, il modo in cui mi muovo in reazione a ciò che mi circonda è descritto come 'trovarmi in un mondo tutto mio'". Baggs e il suo ambiente sono vivi reciprocamente, ma nessuno dei due appare del tutto vivo alle persone al di fuori.

Usciamo dal colombario e ci colpisce una sferzata di luce e di vento, giriamo a sinistra, oltrepassiamo un cancello di ferro ed entriamo in un cimitero sulla collina. Circondato da cedri e querce, questo spazio brullo è punteggiato di tombe più o meno grandi e dominato da un enorme monumento in cima alla collina. In realtà è un vero edificio, con una sua scalinata e uno spiazzo erboso su quella che viene chiamata la "fila dei milionari". Si tratta della tomba di Charles Crocker, uno dei Big Four delle ferrovie intercontinentali, insieme a Leland Stanford. Fu Crocker a pensare di assumere lavoratori cinesi, ma la laboriosità era l'unica qualità che era disposto a riconoscergli. Quando i lavoratori scioperarono per avere orari più corti, Crocker si convinse che non potevano aver iniziato la protesta da soli. La colpa doveva essere dei trafficanti di oppio o di una compagnia rivale.

Invece di visitare la tomba di Crocker, giriamo a destra, oltrepassiamo una fila di segnali di pietra rettangolari grandi poco più di un mattone, alcuni completamente nascosti da erbacce, tarassaco, foglie cadute dal liquidambar. La sezione successiva non sembra affatto un cimitero: qui non c'è quasi nulla tranne erba secca e qualche sequoia e acacia. Non c'è nulla che indichi che siamo nella "sezione degli stranieri", un luogo in cui, alla fine del diciannovesimo secolo, la città seppelliva gli indigenti che non avevano nessuno in grado di sostenerli. Alcuni di quelli sepolti qui sono lavoratori cinesi morti nel 1880 nell'enorme esplosione di una fabbrica di dinamite a Berkeley - una fabbrica il cui prodotto, chiamato "l'amico del minatore", veniva messo in vendita anche per i lavori di costruzione delle ferrovie. Quell'incidente fu responsabile di ventidue di queste tombe. Ma quando nel 2011 un docente si mise a fare ricerche in questa sezione del cimitero, trovò centinaia di nomi cinesi.

Il termine *morte sociale* fu coniato per la prima volta da Orlando Patterson nel suo saggio del 1982 sulla schiavitù nella storia. Da allora è stato adottato dagli studiosi per descrivere una miriade di condizioni in cui un individuo o un gruppo vengono privati del proprio status di esseri umani, e costretti a vivere all'estremo limite tra il riconoscimento e l'annichilimento. Nel suo libro *Raising the Dead: Readings of Death and (Black) Subjectivity*, Sharon P. Holland ipotizza che la morte possa essere considerata non come un evento ma come "il silenziamento figurato o un processo di cancellazione". Scrive che, con la fine formale della schiavitù negli Stati Uniti, continuò a esserci un certo status da morti-viventi perché "nell'immaginario bianco, la trasmutazione tra soggetto schiavo e soggetto libero non si compì mai del tutto". Holland cita bell hooks: "Ridotti a ingranaggi del lavoro fisico corporale, i neri impararono a comparire davanti ai bianchi come fossero zombie, sviluppando l'abitudine a tenere gli occhi bassi per non apparire mai di buon umore. Guardare negli occhi era una dichiarazione di soggettività, di eguaglianza. Pretendere di essere invisibili garantiva sicurezza".

La morte sociale è collegata a quella fisica nella misura in cui la prima ci mette a maggior rischio di subire la seconda, ma la morte sociale riguarda anche un fenomeno di "morte" più vasto. Il confine tra vivi e morti, per esempio, diventa più sfocato nel momento in cui "alcuni soggetti non raggiungo *mai*, agli occhi degli altri, lo status di 'viventi'". Il socialmente morto assume un'aura di tabù che coincide con l'incapacità americana di pensare o di parlare della morte, in generale, o di fare i conti con la sua storia passata.

Uno degli esempi più evidenti di morte sociale negli Stati Uniti è l'incarcerazione di massa, specialmente in questa fase, in cui ogni giorno un afroamericano su dodici intorno ai trent'anni è in prigione o in stato d'arresto. Mentre nelle prime fasi della storia delle prigioni la reclusione aveva un aspetto riabilitativo – come si evince dalla stessa parola *penitenziario* – ben poco era rimasto di queste aspirazioni quando nel 2003 Angela Y. Davis scrisse *Aboliamo le prigioni?*. Davis sottolinea il declino dei programmi educativi nelle prigioni, inclusa la legge del 1994 che toglieva agli studenti detenuti il diritto a godere dei Pell Grants (sussidi federali per pagare il college di giovani con scarse risorse economiche, *ndt*), rimuovendo così un programma decennale per il quale i detenuti si erano battuti (il bando è stato poi eliminato nel dicembre 2020). Davis descrive una scena del documentario *The Last Graduation* in cui vengono rimossi tutti i libri dalla Green Haven Correctional Facility di Stormville, New York, a seguito della chiusura del suo programma con il Marist College: "Mentre i libri venivano spostati, il detenuto che per molti anni aveva ricoperto l'incarico di segretario per il college rifletteva tristemente che in prigione non c'era più nulla da fare, tranne forse il bodybuilding. 'Ma', chiedeva, 'a che serve esercitare il corpo se non puoi esercitare la mente?'. Paradossalmente, poco dopo lo smantellamento dei programmi educativi, vennero rimosse dalle prigioni americane anche le attrezzature da bodybuilding".

Se la prigione non serve a riabilitare, allora a cosa serve? Per Davis e per gli altri che hanno studiato il complesso carcerario-industriale, si tratta di un più ampio tessuto politico-economico che comprende non solo i detenuti ma gli interessi delle grandi società, dei media, del sindacato degli agenti penitenziari, e dei giudici. Ma nell'immaginario pubblico, e soprattutto nel contesto del tempo, la prigione diventa una scatola nera: un luogo lontano dagli sguardi, inimmaginabile per la cultura più vasta tanto quanto la morte. In *Governing Through Crime*, Jonathan Simon definisce questo modello come la "prigione-discarica di rifiuti tossici": "La nuova forma e funzione distintiva delle prigioni di oggi è quella di uno spazio di pura detenzione, un deposito umano o persino una sorta di struttura di smaltimento dei rifiuti sociali, in cui adulti e alcuni minori che la società individua per la loro pericolosità vengono riuniti allo scopo di proteggere il resto della comunità" (nelle prigioni esistono ancora programmi riabilitativi e, in alcuni casi, sono aumentati. Nello stato della California, otto anni dopo la pubblicazione di *Aboliamo le prigioni?*, la Corte Suprema degli Stati Uniti decise che le prigioni della California erano talmente sovraffollate da costituire una punizione crudele e non convenzionale. Lo stato rispose aumentando i finanziamenti per i programmi riabilitativi. Quando uno studio del 2019 scoprì che i risultati di quei programmi (misurati in tassi di recidiva) erano risultati insoddisfacenti, Lenore Anderson, direttrice esecutiva dell'associazione Californians for Safety and Justice, disse al *Los Angeles Times* che non c'era da stupirsi, visto "il sistema carcerario elefantiaco che per molti decenni aveva perso di vista l'obiettivo della riabilitazione". Questo rapporto scoprì anche che i programmi erano più efficaci quando si accompagnavano a dei servizi sociali per i detenuti appena rilasciati. Grazie al fatto che riguardasse sia l'interno che l'esterno del carcere, questo abbinamento poteva essere interpretato come un modo di rompere la separazione che Jonathan Simon descrive in *Governing Through Crime*).

Questo concetto è alla base del capitolo intitolato "Project Exile", nome che Simon trae dal programma di giustizia penale degli anni Novanta avviato a Richmond, in Virginia, e che aveva ottenuto una vasta popolarità. Prendendo a prestito il nome per descrivere le strategie di rimozione totale, Simon sottolinea un importante fattore temporale: una "immutata propensione" al crimine di un individuo o di un gruppo, un concetto che si è rivelato politicamente utile. L'immutata propensione è solo un altro modo per considerare una persona come al di fuori del tempo. Come la popolazione disabile che viene considerata una "causa persa", o come quei gruppi destinati alla distruzione in base all'eugenetica, coloro che vengono accusati di un crimine entrano in un sistema che li definisce come indelebilmente marchiati, essenzialmente un rischio reale o potenziale per la società.

Negli ultimi trent'anni, le condanne al carcere a vita negli Stati Uniti sono aumentate a un ritmo che supera l'aumento medio della popolazione carceraria. Secondo i dati di Sentencing Project, nel 2020 un detenuto su sette stava scontando un ergastolo con la condizionale, senza condizionale, o una condanna a vita (condanna a cinquanta o più anni). Nel 2021, due terzi di coloro che stavano scontando l'ergastolo erano persone di colore. La condanna a vita è uno dei modi più estremi di rendere qualcuno socialmente morto, perché si crea una persona priva di futuro. Nella sua serie di ritratti di persone condannate all'ergastolo, Ashley Nellis racconta di come a uno dei suoi intervistati fossero stati rifiutati i programmi educativi, e commenta senza mezzi termini che "alcune direzioni carcerarie pensano che offrire i programmi a chi non verrà mai rilasciato sia uno spreco di denaro".

Senza addentrarci nell'imprevedibilità delle leggi di condanna o dei regolamenti per la concessione della condizionale, possiamo osservare che "scontare la pena" è più complicato che dare semplicemente allo stato un certo numero di anni, se non un'intera vita. Il tempo continua a esistere per un detenuto, anche dopo la sua scomparsa dalla società in una "discarica di rifiuti tossici", con le stesse modalità socialmente mediate e flessibili che valgono per tutti gli esseri umani. Da una parte, il tempo rallenta, mentre il mondo sociale al di fuori, con le sue abitudini e tecnologie in costante cambiamento, continua a spingersi in avanti (troviamo una descrizione calzante di questo fenomeno in *Facing Life*, la serie di videointerviste che Pendarvis Harshaw e Brandon Tauszik hanno realizzato con i detenuti che in passato avevano ricevuto condanne all'ergastolo. Quando le chiedono cosa potesse fare lo stato per aiutare le persone come lei, Lynn Acosta risponde che coloro che non hanno amici o familiari in grado di dare spiegazioni, sono privi di informazioni riguardo a cose come la riapertura di una linea di credito, e che l'evoluzione della tecnologia presenta uno scoglio ulteriore. "Ho scoperto che se sei stato dentro per dieci anni o più, per la macchina sei come un fantasma", dice. "Quindi di fatto ricominci tutto da zero"). Ma, da un'altra parte, il tempo accelera: gli studi hanno documentato un "invecchiamento precoce" nella popolazione carceraria, con cinquantenni che presentavano problemi di salute tipici dei settantenni.

Questa flessibilità si estende a chiunque abbia un legame con una persona detenuta. Nel suo libro *Carceral Capitalism*, Jackie Wang ha inserito un interludio malinconico intitolato "Ripples in Time: An Update", in cui riflette sulla condanna all'ergastolo senza condizionale per suo fratello minorenne e su come questo abbia influenzato la sua vita e quella della sua famiglia. Chiedendosi "cos'è la prigione?", risponde: "Immobilità, certo, ma anche manipolazione del tempo come forma di tortura psichica. L'irregimentazione del tempo. La fenomenologia dell'attesa. L'agonia del limbo giudiziario. L'effetto a catena del carcere, per cui ogni vita viene presa dallo stato, e il modo in cui esso deforma la temporalità di chiunque si trovi nell'orbita della persona scomparsa".

Insieme ai ricordi personali di Wang, anche il documentario del 2020 di Garrett Bradley intitolato *Time* offre un senso evocativo e visuale di questa "fenomenologia dell'attesa". Il film segue Sibil Fox Richardson, una ex detenuta madre di sei figli, mentre si batte per il rilascio di suo marito Robert, che sta scontando una condanna a sessant'anni per rapina. Sparsi nel racconto ci sono spezzoni di un videodiario di Richardson risalente a decenni prima, alcuni dei quali sono direttamente rivolti a Robert. In questi spezzoni, lei e i bambini parlano a qualcuno che c'è e non c'è. Il film, girato interamente in bianco e nero, è pieno di immagini di attesa e di tempo: Richardson che enuncia la data del video, la data che lampeggia dall'orologio dell'auto, nuvole che ondeggiano lente sopra di lei, una ripresa di due minuti in cui si vede Richardson che è stata messa in attesa al telefono con il tribunale, e una trivella gigantesca che comincia a martellare fuori dalla finestra mentre lei è ancora seduta con il telefono in mano, e risponde con calma rabbiosa quando le dicono che deve provare a richiamare più tardi.

Time rende la percezione della differenza tra tempo astratto e tempo vissuto, in cui il secondo è una cavalcata inarrestabile che non potrà mai essere recuperata. Bradley monta insieme i video dei bambini che scherzano girati da Sibil Richardson e quelli girati dalla stessa Bradley con i figli che fanno la propria vita da adulti, e i video di Sibil quando era una giovane madre ribelle e la Sibil attivista, invecchiata da vent'anni di lotte. Più avanti, Richardson dà una descrizione che è quanto di più lontano dal concetto di tempo fungibile ci si possa aspettare: "Il tempo è quando guardi le fotografie dei tuoi bambini da piccoli e poi alzi lo sguardo e li vedi che hanno barba e baffi, e la tua speranza più grande era stata la loro possibilità di stare con il loro padre prima di diventare uomini".

Nel frattempo, l'esaurimento emotivo e finanziario ha condizionato i tempi della famiglia. Uno dei figli di Richardson dice semplicemente che "questa situazione è durata a lungo. Davvero a lungo". Come nota Ismail Muhammad nella recensione del film, l'interno del carcere non viene mai mostrato, né si vede mai Richardson in divisa da detenuta. Invece, "le uniche immagini della prigione che vediamo sono girate dall'alto, ci danno una visione aerea, il che rende più evidente quanto il carcere sia occluso rispetto al resto della società". Questa occlusione rende il carcere una sorta di buco nero, che "deforma" (come direbbe Wang) il tempo al di fuori di sé.

Una volta che è stata dichiarata l'"immutata propensione" al crimine, la deformazione del tempo si estende oltre il rilascio formale dal carcere. Nel libro di Joshua M. Price *Prison and Social Death*, un uomo uscito di prigione dice a Price: "Non pensare o credere mai di aver pagato il debito con la società. Non esiste. Non fai più parte della società. Non pensare mai di essere parte della società. Sei un reietto". Descrivendo la detenzione trascorsa come una "condizione permanente", Price scrive che per coloro che l'hanno vissuta, "il tempo si è stranamente esaurito. La condanna originaria è ancora ciò che definisce la persona, anni e persino decenni più tardi". Un uomo condannato per un crimine passibile di pena di morte gli ha confessato: "Ho commesso il reato trent'anni fa, ma potrebbe essere benissimo successo ieri". Come prova della morte sociale, Price offre un elenco completo dei diritti negati agli ex detenuti: alcuni uguali ovunque, altri più localizzati, altri apparentemente inventati a piacimento dagli agenti di sorveglianza. Esempi che si sovrappongono alla sorveglianza nello spazio, e riguardano spesso il controllo del tempo di una persona: coprifuoco alle sette di sera, revoca della condizionale in caso di ritardo a un incontro, o l'ordine di seguire ogni giorno le sessioni di gestione dell'aggressività o di terapia psichiatrica.

Notando quanto facilmente il persistere dello stigma di una condanna possa fornire "un'utile copertura o un alibi" per la discriminazione razziale e creare dei cittadini di seconda classe – i quali, nel caso di condanne per droga, hanno anche un accesso limitato all'assistenza pubblica, oltre alla discriminazione quotidiana che una condanna penale comporta (nell'aprile 2022, il Dipartimento per l'edilizia abitativa e lo sviluppo urbano ha iniziato a cercare un modo per limitare le barriere all'ingresso alle case popolari per le persone pregiudicate. Il Consolidated Appropriations Act del 2021, la stessa legge che ha rimosso il divieto di fornire i Pell Grant ai detenuti, ha anche esteso l'accesso agli aiuti federali per gli studenti ai richiedenti con condanne per droga. Ma in alcuni stati, chi è stato condannato per un reato penale legato alla droga incontra ancora difficoltà per accedere al programma d'assistenza per l'alimentazione integrativa, e in Carolina del Sud ne è escluso a vita) – Price prende in prestito da Patricia Williams la locuzione *assassinio dello spirito*, che lei definisce come "il disprezzo verso coloro la cui qualità della vita dipende dal nostro rispetto". Price, i cui libri riflettono non solo ricerche e analisi, ma anche una familiarità sociale con soggetti detenuti ed ex detenuti, afferma che il prezzo della morte sociale per le persone che conosce viene sostenuto non solo da loro stesse, ma anche da tutti gli altri. "Il prezzo nascosto dell'assassinio dello spirito potrebbe risiedere nel non accorgerci delle ricche realtà che ci circondano", scrive, "sostituendo la curiosità che potremmo nutrire verso la vita interiore di contemporanei e compatrioti con dei fantasmi che ispirano ostilità e disprezzo". In altre parole, chi traffica con la morte sociale immagina un mondo di zombie.

I racconti dal campo di Price, invece, illuminano dei soggetti che sono in tutta evidenza vivi, con speranze e desideri, e proiettati verso il futuro:

> Dicembre 2008. Sono in carcere a discutere di come proseguire gli studi con un gruppo in regime di custodia cautelare. Stiamo cercando di mettere insieme un progetto pilota dal momento che siamo distanti pochi minuti dall'università dello stato. Molti di loro mi dicono che vorrebbero tornare a scuola una volta usciti di prigione. Due uomini seduti al di fuori del cerchio principale affermano che vorrebbero saperne di più di opera lirica. Un giovane dice un po' timidamente che gli piacerebbe imparare il greco antico, e qualcuno sghignazza. Un altro dice che gli piace disegnare e vorrebbe imparare a creare un racconto illustrato. Dopo la fine della sessione, mi porta un po' di disegni e me li mostra.

Forse chi ha avuto un'esperienza in carcere riesce a percepire meglio di altri la possibilità di una nuova occasione o la sensazione di essere vivo. Un articolo del 2019 sulla chiusura di Rikers Island e del suo giardino – progettato e manutenuto da detenuti e gestito dalla Horticultural Society di New York, in cui alcuni detenuti avevano contratti pagati da stagisti – descriveva una faraona che andava becchettando tra i piedi di un detenuto. Nell'allevamento, donato da una prigione di Long Island, c'è un uccello che spicca: Limpy (zoppo, *ndt*), rimasto ferito dopo aver tentato di volare oltre un reticolato di filo spinato. La direttrice del giardino, Hilda Krus, racconta che i detenuti sono particolarmente affezionati a Limpy e ne parlano così: "Questo uccello è come me. Anch'io sono ferito, magari vogliono liberarsi di me ma non ci riusciranno". Krus dice anche che hanno lo stesso atteggiamento verso le piante danneggiate o meno belle. "Gli studenti mi dicono: 'Non vogliamo liberarci delle cose imperfette'. Fanno di tutto per salvarle".

Questa storia, tra le altre raccontate nel libro di Price, mostra i tanti modi in cui il socialmente morto crea una vita sociale, spesso attraverso la connessione con altri che la detenzione ha tentato di distruggere (un esempio fornito da Price è All of Us or None, un gruppo di attivisti formato da ex detenuti). Descrivendo il processo di crescita del rispetto reciproco e verso se stessi all'interno di un brutale spazio dominato dal disprezzo, Price parla di *grazia*. Nota che la grazia perdura nonostante la detenzione, anziché a causa di essa, perché "la violenza non è né necessaria né auspicabile allo scopo di raggiungere la grazia". Per me, la grazia è legata al desiderio di autotrascendenza, così come lo descrive Viktor Frankl, autore di *Alla ricerca di un significato della vita*. In "Autotrascendenza come fenomeno umano", Frankl descrive qualcosa che suona come l'opposto della "propensione immutata": "caratteristica costitutiva dell'essere umano è che egli si orienta, ed è indirizzato, verso qualcosa che sia altro da sé. È dunque un'interpretazione erronea, grave e preoccupante, quella che porta a considerare l'uomo come se fosse un sistema chiuso. In realtà, essere umani vuol dire nel profondo essere aperti al mondo, un mondo che quindi è colmo di altri esseri da incontrare e di obiettivi da realizzare".

La detenzione è la logica risposta a chi pensa che alcune persone siano fatte per essere rinchiuse. E contemporaneamente, in quanto forma estrema di una violenza sociale istituzionalmente codificata – qualcosa che, come dice Price, trasforma la morte sociale in un "inequivocabile fatto sociale" – si colloca in una realtà che presenta sfumature più sottili altrettanto significative. Tra i commenti di un articolo pubblicato sul *Washington Post* del 2021 riguardo a un rapporto del Sentencing Project, un utente esplicita perfettamente il rapporto tra razzismo casuale e morte sociale quando si chiede: "Il rapporto non dice nulla sulla predilezione potenzialmente rilevante dei non bianchi a commettere crimini passibili di condanne a vita?". Echeggiando il linguaggio dell'eugenetica, questa persona ipotizza che i non bianchi in qualche modo *contengono* una tale predilezione anziché trovarsi a vivere come individui in realtà complesse e intergenerazionali fatte di rischio, pericolo e trauma. Per chi si mostra così pronto a immaginare "persone fatte per essere rinchiuse", il concetto di giustizia riparatrice non è né possibile né auspicabile.

Nel capitolo 2, ho citato la frase di Ta-Neishi Coates a proposito della "ineluttabile rapina del tempo". Scrivendo a suo figlio, Coates non si riferisce a qualcosa di chiaro e definito come possono essere degli anni buttati nella discarica sociale di una prigione. Al contrario, sta descrivendo qualcosa di granulare e più prossimo, una sorta di assassinio dello spirito che si verifica a livello identitario e nelle interazioni quotidiane in un mondo dominato dai bianchi. Come l'"abbigliamento a prova di poliziotto" e i movimenti cauti in strada di Cadogan, questa rapina rappresenta un logoramento: "uno smisurato dispendio di energie, il lento travaso dell'essenza" che "contribuisce al crollo rapido dei nostri corpi". È il prezzo in termini di tempo e di esperienza dell'essersi sentiti ripetere che bisogna essere "doppiamente bravi" e accettare "la metà":

> Mi colpisce l'idea che forse la caratteristica principale dell'essere stati ascritti alla razza nera risiede nell'ineluttabile rapina del tempo, perché i momenti che passiamo a preparare la maschera, o a preparare noi stessi ad accettare la metà, non potranno mai essere recuperati. La rapina del tempo non si misura in cicli vitali ma in momenti. È l'ultima bottiglia di vino che hai appena stappato ma non hai il tempo di bere. È il bacio che non riesci a darle prima che esca dalla tua vita. È la gran quantità di nuove occasioni per loro, e di giorni da ventitré ore per noi.

Che siano o meno codificate, le forme di disprezzo possono essere avvertite in qualsiasi gerarchia sociale: etnia, genere, abilità, classe. E gli spostamenti tra l'uno e l'altro possono avvenire in un battito di ciglia (ricordiamo lo shock di Cadogan a New Orleans, seguito dalla sensazione di tranquillità quando torna a visitare la Giamaica). Marc Galanter, uno psichiatra che per oltre un decennio ha condotto studi su diversi culti e gruppi carismatici, ha raccontato di un momento surreale in cui si è ritrovato a passare molto rapidamente da "dentro il gruppo" a "fuori dal gruppo", e di nuovo dentro. Insieme a un collega, Galanter stava visitando un festival nazionale tenuto dalla Missione della Luce Divina alla periferia di Orlando, in Florida. Avevano ricevuto un'accoglienza calorosa perché un rispettato membro del gruppo aveva garantito per loro. Ma quando un membro sospettoso gli chiese se il loro progetto fosse stato approvato da qualcuno più alto in grado, lui non era stato in grado di dare una risposta certa. Quando poi la richiesta di conferma venne inviata alle gerarchie più alte, e lì rifiutata, Galanter ricorda: "Mi sono sentito subito una non persona, trattato civilmente ma con freddezza, perché ero diventato un outsider alla stessa velocità che avevo impiegato a essere un insider. Le stesse persone che prima ci giravano intorno per aiutarci con il nostro progetto adesso mostravano imbarazzo a parlare con noi. Sembrava che ci guardassero attraverso invece che in faccia". Poi, quando le alte sfere cambiarono la decisione, il loro status mutò di nuovo: "Come se fosse stata innescata automaticamente, una nuova aria di confidenza tornò a pervadere i nostri scambi". Galanter e il suo collega erano di nuovo persone reali, tridimensionali, morti socialmente e poi risorti.

Ho cominciato questo capitolo parlando dell'impulso ad aumentare la propria vita allungandone la durata numerica. Quando diventa una cosa patologica come la descrive Ehrenreich – con la vita considerata come una riserva immaginaria di tempo fungibile a somma zero – mi torna in mente la giustificazione di Donald Trump per l'assenza di esercizio fisico. Considerando il corpo umano come una batteria che ha energia limitata, Trump pensa che fare esercizio significhi sottrarre costantemente qualcosa dalla propria banca di energia. In opposizione alla sua mentalità di accaparramento, vorrei suggerire un altro modo per "aumentare" la vita, un modo che ha a che fare con il rispetto che si perde nella morte sociale. Sarebbe un'estensione della vita che si protende verso l'esterno anziché in avanti, un aumento di vitalità *per tutti* che comincia con il rispetto reciproco, un mondo popolato da esseri viventi, non zombie.

Non voglio con questo suggerire che i privilegiati di una qualsiasi gerarchia sociale possano riportare indietro i morti accordandogli all'improvviso la propria attenzione in modo che la gerarchia resti intatta. Di nuovo, la connessione è una strada a doppio senso. Come Price intende dire quando scrive del "prezzo nascosto dell'assassinio dello spirito", le persone che si muovono dentro un mondo morto sono a loro volta meno vivi di quanto potrebbero essere. Le persone e le cose sono vive quando *diventiamo vivi gli uni per gli altri.* Rispettare qualcuno significa equilibrare il potere, un accordo non solo per spostare il centro di gravità di una persona, ma per ammettere che esistono due centri. Hendren ipotizza una destabilizzazione simile quando immagina un mondo in cui a Graham venga riconosciuta una piena misura di umanità. Quel mondo dovrebbe fare qualcosa di più che traslarlo gentilmente nelle attuali nozioni economiche di individualità, e avrebbe conseguenze per tutti: "Mio figlio non ha bisogno di una forma gentile e pacifica di 'inclusione'. L'inclusione è necessaria, ma non sarà mai sufficiente. Ha bisogno di un mondo che abbia una forte consapevolezza dei contrappesi delle individualità e di ciò che comporta contribuire e fare comunità in questo quadro, valori umani che sono vivi e operativi al di fuori delle logiche di mercato e del loro insistente orologio. Ne ha bisogno lui, e anche tutti noi".

Non c'è niente di astratto nel rispetto che abbiamo gli uni per gli altri. Ogni giorno crea e distrugge vite. Se la detenzione cristallizza la morte sociale come "fatto sociale", codificandola dentro specifiche regolamentazioni e così facendo ipotizzando l'esistenza di non persone atemporali, c'è molto da guadagnare nel cercare di muoversi in direzione opposta. Verso la fine della sua autobiografia, Albert Woodfox, un attivista carcerario ed ex Pantera nera che aveva trascorso quarantatré anni in isolamento prima di essere rilasciato dal carcere nel 2016, nel suo sessantanovesimo compleanno scrive: "Ho speranza per l'umanità. Spero che un nuovo essere umano evolva in modo tale che le inutili pene e il dolore, la povertà, lo sfruttamento, il razzismo e l'ingiustizia saranno cose del passato". Woodfox prega il lettore di non voltare le spalle ai detenuti, elencando una serie di organizzazioni e campagne che si battono per abolire l'isolamento carcerario e smantellare il complesso carcerario-industriale (Woodfox cita il movimento di Black Lives Matter, la Safe Alternatives to Segregation Initiative, Stop Solitary, Solitary Watch, *Prison Legal News*, Critical Resistance, e il Malcolm X Grassroots Movement). Quando cita Frantz Fanon – "Superiorità? Inferiorità? Perché non cerchiamo solo di toccare l'altro, sentirlo, scoprirlo?" – è per ricordarci quanto tutto ciò sia possibile. Battersi per mettere fine alla logica carceraria apre la strada a una bellissima scoperta: un mondo più vivo per sé, pieno di vita dello spirito invece che di assassinio dello spirito. Se è vero che il tempo è semplicemente vitalità, allora questo è il modo migliore di trovare il tempo.

La vita continua a svelarsi mentre oltrepassiamo un paio di stagni, dove le acque del torrente si fermano prima di raggiungere la baia. Tra i rami fitti lungo le rive degli stagni, alcune nitticore a forma di palla si nascondono, immobili, osservando l'acqua alla ricerca di pesci. Un terzetto di persone sull'altra sponda sta ridendo di qualcosa. Anche le anatre chiacchierano passeggiando sull'erba. Il vento produce uno scricchiolìo tra le querce, e attaccato lateralmente al tronco di un cedro c'è un rampichino bruno, appena visibile.

Siamo arrivati all'estremità del cimitero. Girandoci vediamo la baia, le sue acque accecanti sullo sfondo delle colline e del cielo. È tutto lì: le gru del porto di Oakland, che trascinano i container; l'autostrada, soffocata dal flusso lento delle auto; le Montagne di Santa Cruz, che trattengono uno strato di nebbia; South Market, dove si cela la nostra biblioteca; il tetto del colombario, che lascia filtrare la luce. Tutta la nostra giornata si dispiega davanti a noi, nello spazio. Gran parte della mia vita si è svolta all'interno di questa veduta, e la mia infanzia è appena fuori dalla visuale, verso sud. Potrei indicare diversi elementi di questa tappezzeria ondeggiante e dire tutto ciò che ricordo. Forse se stessimo seduti qui abbastanza a lungo, e io avessi un lavoro abbastanza buono, potresti arrivare a conoscermi davvero: chi sono stata, chi sono e chi vorrei diventare.

Verso la fine del loro rapporto sulle menti inferiori che cito nel capitolo 4, gli autori menzionano un'informazione sorprendente: il pregiudizio disumanizzante può verificarsi anche a livello "intrapersonale". Vale a dire, riusciamo a considerare menti inferiori e meno vivi non solo gli altri, ma anche noi stessi nel futuro o nel passato. Non solo, ma pare che lo facciamo per lo stesso motivo: una mancanza di "accesso diretto" agli stati mentali di questi altri sé ci rende meno propensi a considerarli capaci di avere delle vite interiori in evoluzione.

Ho tenuto dei diari fin da quand'ero piccola. Tendo a rileggerli ogni volta che sento come particolarmente punitivo il mio rapporto col tempo, quando mi flagello per quel che non sono ancora riuscita a essere o per quel che non ho ottenuto. In quei diari, anziché delle istantanee di una persona da rinchiudere, trovo un essere vivo che si interroga in continuazione, che cerca sempre di "darsi una regolata", che scrive sempre del futuro e reimmagina il passato.

L'anno scorso, mentre scrivevo il capitolo 4, sono andata a casa dei miei e ho frugato in garage alla ricerca dei diari dei tempi del liceo in cui avevo parlato del "questo". Ne ho portato via uno, e l'ho poggiato distrattamente sulla scrivania di casa vicino al mio diario attuale. Vederli così, uno vicino all'altro, è stato surreale, quasi tre decenni a separarli, eppure scritti dalla stessa mano. Quand'ero più giovane pensavo che l'impulso a scrivere un diario fosse una sorta di scommessa d'immortalità, un tentativo di spremere e di accaparrarmi un po' di tempo, come se i momenti fossero esemplari di farfalle. Ma adesso apprezzo questo processo perché sfata il mito di un sé compiuto. Guardando i due diari ho pensato: *ho trentacinque anni, e sto ancora cercando "questo".* Per un attimo ho fatto traboccare il mio contenitore personale di tempo: ho vissuto un momento che non era tanto lineare quanto piuttosto armonico.

In quel periodo avevo appena finito di guardare la serie di documentari britannica *Up*. Cominciata nel 1964, la serie intendeva dare "un'immagine del Regno Unito nell'anno 2000", scegliendo un gruppo di ragazzini britannici di sette anni di diversa estrazione e intervistandoli sulle loro opinioni e i loro sogni. Il film parte dal presupposto che alcuni aspetti fondamentali della personalità di ognuno sono già presenti a sette anni. Dopo il 1964, il progetto passò sotto la regia di Michael Apted, e tutti i soggetti vennero intervistati ogni sette anni, man mano che passavano attraverso scuole, lavori, matrimoni, divorzi, figli e nipoti, fino ad arrivare a *63 Up* nel 2019.

Il modo più logico di guardare questa serie sarebbe stato quello di partire dall'episodio più recente, perché ogni episodio contiene delle clip dei segmenti precedenti, in modo da aggiornare lo spettatore sulle vite dei soggetti fino a quel momento. Invece, io e Joe abbiamo cominciato a guardare tutti gli episodi a partire da quello del 1964, e quando siamo arrivati all'ultimo, avevamo visto talmente tante volte alcuni frammenti delle vite dei soggetti da bambini che ne avevamo quasi memorizzato le risposte (come nel caso di Nicholas Hitchon, poi diventato un fisico, che rispondendo a una domanda su cosa volesse fare da grande, diceva: "Vorrei imparare tutto sulla luna e quelle cose là").

Nessun documentario – o rappresentazione – è in grado di descrivere completamente una persona o un luogo, e la serie *Up* non fa eccezione. Tant'è che molti dei partecipanti, a un certo punto, si lamentarono di essere stati descritti in modo non accurato, specialmente per il fatto che all'inizio ci si concentrava quasi esclusivamente sui possibili effetti dell'estrazione sociale. Eppure, il fatto di aver già visto gli episodi passati dà a quelli successivi un'innegabile profondità, come se ogni ogni episodio fosse la nuova piantina che ogni primavera ricresce più chiara. Il processo di montaggio per fasi sembra aver influenzato anche il regista. Negli episodi finali, Apted comincia ad apparire più come un interlocutore che un intervistatore, e sollecita i soggetti a parlare di come l'impostazione delle sue domande li abbia influenzati. Nella sua voce si avvertono familiarità e preoccupazione: non si tratta più solo di un "osservatore" oggettivo. Si ha l'impressione che li veda sempre più come delle persone, non più soggetti da esperimento. A loro volta, alcuni dei soggetti che lo avevano più criticato, sembrano ammorbidirsi nei suoi confronti, ora che si ritrovano a compiere insieme il percorso verso la fine della vita. In *63 Up* un soggetto muore e al fisico viene diagnosticato un tumore. Lo stesso Apted morirà nel 2021.

Sarà forse questo il motivo per cui, dopo aver finito *63 Up*, Joe notò che la serie funzionava benissimo come "macchina da empatia", il termine usato da Roger Ebert per descrivere cosa sono capaci di fare i film. Nonostante la tesi del documentario fosse che il succo del carattere di una persona si forma a sette anni, la serie ha evitato ogni possibile tendenza a considerare l'individuo come legato a un determinato punto nello spazio o nel tempo. Da un lato, ci sono sicuramente dei tratti della personalità che appaiono fin da subito nei soggetti.

Dall'altro, nessuno degli avvenimenti delle loro vite, o delle loro reazioni a questi avvenimenti, si dimostra prevedibile. Il fatto che entrambe le cose siano vere indica che tutto ciò che vive in questo mondo esiste come espressione del tempo.

Ho pensato a quanto le identità di queste persone apparissero diverse da quelle che si vedono in contesti come i social media – in cui ci si atteggia a giocatori completamente formati, sui generis, e immediatamente identificabili. Sui social media, le nostre icone interagiscono come se si trovassero nell'universo newtoniano a palla di biliardo: esseri senza età, che si scontrano gli uni con gli altri in uno spazio astratto, e restano immutati dopo l'impatto. Al contrario, la quieta grandiosità di *63 Up* è come quella di *Time* di Garrett Bradley, perché deriva da una dimensionalità che coinvolge non solo le persone, ma il tempo nel senso di sviluppo, decadimento ed esperienza. Come per il muschio antico che Robin Wall Kimmerer sa non poter essere acquistato con il denaro, servono non meno di cinquantasei anni per fare una serie di film che raccontino cinquantasei anni di cambiamenti. Così come non potrebbe esistere un sessantatreenne senza il sessantaduenne, il sessantunenne, il sessantenne, e così via, all'indietro nel passato fino a prima della sua nascita e persino nella storia dei suoi avi.

Forse non sorprenderà che sia stato Peter Handke, lo stesso scrittore che ha descritto una "stanchezza" che ammorbidisce l'ego, a firmare una poesia che descrive perfettamente un essere che è più un'armonia che una nota singola. Tradotta come "Canzone dell'infanzia", la poesia contiene delle strofe che iniziano sempre con "Quando il bambino era bambino" (Handke scrisse "Canzone dell'infanzia" per il film del 1987 di Wim Wenders *Il cielo sopra Berlino*. La poesia viene letta in punti diversi del film. La traduzione e la divisione in versi sono basate qui sull'adattamento italiano dei dialoghi del film). All'inizio della poesia c'è una lista di dolorose contrapposizioni: quando il bambino era bambino, "molte persone gli sembravan belle, e adesso questo gli succede solo in qualche raro caso di fortuna". Laddove il bambino "si immaginava chiaramente il Paradiso", adesso "riesce appena a sospettarlo". E dove un tempo il bambino "giocava con entusiasmo", adesso "è tutto immerso nella cosa come allora / soltanto quando questa cosa è il suo lavoro". Finora, sembra una traiettoria lineare. Ma la parte finale della poesia implica qualcosa che resta aperto:

> Quando il bambino era bambino,
> le bacche gli cadevano in mano come solo le bacche sanno cadere,
> ed è ancora così,
> le noci fresche gli raspavano la lingua,
> ed è ancora così,
> a ogni monte,
> sentiva nostalgia per una montagna ancora più alta,
> e in ogni città,
> sentiva nostalgia d'una città ancora più grande,
> e questo è ancora così,
> sulla cima di un albero prendeva le ciliegie tutto euforico,
> com'è ancora oggi,
> aveva timore davanti a ogni estraneo,
> e continua ad averlo,
> aspettava la prima neve,
> e continua ad aspettarla.
> Quando il bambino era bambino,
> lanciava contro l'albero un bastone come fosse una lancia,
> che ancora continua a vibrare.

Questa poesia rappresenta bene il concetto espresso da Frankl, secondo cui essere umani significa proiettarsi verso qualcosa di diverso da se stessi, e l'osservazione di Patty Berne secondo cui le contraddizioni incluse nel tempo *sono* la vita.

La poesia spiega anche perché avverto uno strano effetto collaterale quando mi trovo a vivere questi momenti di incontro reale, che mettono in discussione i confini tra me e qualcosa o qualcun altro, quando il tempo sembra fermarsi e poi espandersi di nuovo. Ricordi a lungo sepolti riemergono in superficie come una risalita dalle acque profonde: immagini e stati d'animo che ricordo dall'infanzia, dai tempi del college, dagli inizi della mia vita adulta. Sono spesso ricordi di momenti di incontro simili tra loro, come se sotto la griglia degli anni del calendario, o delle tappe della carriera, ci fosse un'altra dimensione, in cui tutti questi incontri si riversano gli uni negli altri. Bergson potrebbe definirla come la dimensione del "sé profondo", sostenendo che è da lì che scaturiscono le azioni più vere, più deliberate. Quando diciamo che qualcosa ci "smuove", penso che a essere smosso sia questo sé profondo, non semplicemente il sé di adesso.

Questa indeterminatezza mi porta al motivo ultimo per cui considero l'estensione della vita come un movimento verso l'esterno piuttosto che in avanti, specialmente quando si parla della morte. Come ipotizzo nel capitolo 2, negare la logica dell'incremento significa accogliere l'idea del limite, compreso il limite della propria vita. A prescindere da quanto io sia ottimizzata, sana e produttiva, non è possibile che io ottenga di più o che stia meglio per sempre, il che significa che ci sono cose che non farò e non sarò mai. Proprio come questo libro, che sarebbe potuto diventare qualsiasi cosa quando l'ho iniziato, la mia vita prenderà delle strade e non altre, e poi finirà: il filo sarà tutto estratto dalla palla, e non ci sarà una strega che accontenterà il mio desiderio di recuperarlo. In un certo senso, capire che non posso essere tutto mi dà un incredibile senso di libertà: significa che non ho la responsabilità di essere tutto. Ma per chiunque goda dell'essere vivo e di vivere nel mondo, il fatto che la vita finisca è anche profondamente doloroso.

Nel corso della storia, le religioni e le culture hanno creato tradizioni radicate per far fronte a questa realtà, dissolvendo i limiti dell'individuo e considerando la morte come un reinserimento sacro all'interno del mondo. I deceduti vengono messi nella terra. Vengono bruciati e le loro ceneri sparse nelle acque e sulle colline. Vengono ricoperti di corteccia e rinchiusi nelle cavità degli alberi. Vengono lasciati in cima alle vette perché gli uccelli se ne nutrano. Vengono gettati in mare. In "What Is Death", anche Miller riconosce una forma di illimitatezza, quando osserva che da un punto di vista fisico gli atomi del nostro corpo e l'energia che li anima non spariscono del tutto, né compaiono dal nulla. In quanto creature terrestri, abbiamo un posto cui tornare, un substrato in cui queste energie si trasformano in qualcos'altro.

Penso che questa descrizione fisica si possa trasporre anche nel sociale. Come disse l'attivista per i diritti civili Yuri Kochiyama, la vita non appartiene solo a noi ma è anche "il contributo di tutti coloro che hanno toccato le nostre vite e di tutte le esperienze che ne hanno fatto parte". Questo è vero sia adesso, sia dopo che ce ne saremo andati. Penso alla mia nonna acquisita, che mi è stata d'esempio per tutta la vita e che ho perduto durante la pandemia. L'ho vista l'ultima volta poche settimane prima del lockdown, quando sono andata a pranzo con lei, il mio fidanzato e i miei genitori. A tavola mi aveva stretto affettuosamente la mano e si era congratulata per il mio primo libro. Avrò per sempre l'immagine di lei nel parcheggio che si allontana, tutta vivace e sorridente mentre si volta a salutarci. Ora che se n'è andata, ci sono delle piccole cose di me che all'improvviso mi fanno pensare a lei: una certa risata, una certa postura, o persino il modo in cui metto una forcina tra i capelli. Anche se questo struggimento non sostituisce la sua presenza, e sento ancora forte la sua mancanza, per me è comunque una sensazione piacevole. La sua vita si è estesa nella mia.

Quando in *Natural Causes* Ehrenreich sottolinea l'arbitrio dei non umani, ciò che prende in esame comprende anche questa porosità dell'identità. Che sia a livello cellulare o sociale, il sé delimitato è un'illusione, la confederazione dei "me" è potenzialmente anarchica. Per trentasei anni del calendario gregoriano, nella mia persona si è chiaramente delineato uno schema riconoscibile di oggetti e influenze: animate da qualcosa che non so. Dopo di "me", continueranno a fare, ed essere, qualcos'altro. Da questo punto di vista, la prospettiva della morte appare un po' meno solitaria. Ehrenreich, che aveva settant'anni quando scrisse *Natural Causes*, ironizzando sul fatto che fosse "abbastanza vecchia per morire", alla fine faceva questa riflessione:

> Una cosa è morire in un mondo morto e, parlando per metafore, lasciare le nostre ossa a sbianchire in un deserto illuminato solo da una stella morente. Un'altra cosa è morire nel mondo reale,

che ferve di vita, dove altri esseri oltre a noi agiscono e hanno, come minimo, infinite possibilità. Per quelli di noi, e forse siamo la maggioranza, che con o senza droghe o religioni, hanno colto un barlume di cosa sia un universo animato, la morte non è un terrificante salto nell'abisso, ma piuttosto l'accogliere la vita che va avanti.

Anche quest'accoglienza può avvenire nel corso del tempo. Quando ripensiamo alle persone amate che non sono più con noi, di certo rimpiangiamo di non averle abbracciate di più, letteralmente e figurativamente. Le persone anziane che ripensano alla propria vita a volte dicono che, se avessero la possibilità di riviverla, se la godrebbero più pienamente. La mia definizione dell'esser vivi, come quella di Miller del "toccare il pianeta", o la descrizione di Handke del toccare ed essere toccati, o la "risonanza" di Hartmut Rosa nell'epigrafe di questo capitolo, è semplicemente questa: l'accettazione. Mi sento viva se non sono sola nell'aria, se l'aria mi accoglie. Mi sento viva quando gli occhi di qualcuno si illuminano, e anche i miei lo fanno. Mi sento viva se posso guardare un cervo *e* vedere che anche lui mi sta guardando. Se le chiacchiere delle anatre suonano come una lingua. Se, quando cammino sulla terra, sento che la terra si spinge verso di me. Sono viva nella misura in cui qualcosa mi smuove.

Perché ciò accada, perché ci sia "più al di fuori di me", deve morire – almeno per un momento – l'ego tutto proteso in avanti per accaparrarsi il tempo. Possiamo avvertire questa morte come una perdita di fiducia nel tempo e nella mortalità stessa. Il filosofo Jiddu Krishnamurti scrive che, in uno stato di attenzione completa, "finisce il pensatore, il centro, il 'me'". Questo vuoto apparente lascia spazio a molto altro, perché "è solo una mente che guarda un albero o le stelle o le acque luccicanti di un fiume, con un abbandono totale, che sa cosa sia la bellezza, e quando riusciamo a vedere davvero, ci troviamo in uno stato d'amore". Questo stato, dice Krishnamurti, "non ha ieri e non ha domani". Più facile a dirsi che a farsi, ovviamente, e finora mi sembra di aver trascorso tutta la vita a dimenticare e poi a ricordare questo insegnamento. Ma ogni volta che me ne ricordo, mi perdono per averlo dimenticato. Ho cominciato a considerare questa essenza reale di vita, di dissoluzione dell'ego, come qualcosa di più simile a una pioggia, piuttosto che a un obiettivo da raggiungere. Va e viene, e quando viene ne approfitti e gliene sei grata.

Strano a dirsi, "piove" anche quando dormo. Circa una volta al mese, nel corso dei miei soliti sogni assurdi, ne spunta uno lucido: sto correndo in un aeroporto, sono in ritardo per prendere l'autobus o per una lezione, o non sono preparata per tenere un discorso. All'inizio tutto resta uguale, tranne per il fatto che mi fermo e mi viene il dubbio che in realtà sto dormendo. L'ambientazione e le scenografie sono le stesse, ma sembrano neutralizzate, sganciate dal copione ansiogeno che le ha prodotte; mi si parano invece davanti come oggetti di fascinazione, non bloccate nel tempo. Anch'io mi sblocco: mi accorgo di riuscire a muovermi secondo la mia volontà, come se avessi acquistato il controllo di braccia e gambe per la prima volta.

I sogni lucidi sono davvero uno stato liminale tra il sonno e la veglia. Nel sogno so che giorno è, cosa indosso, e cosa ho fatto in altri sogni lucidi. Sono anche consapevole che probabilmente il sogno finirà nel giro di pochi minuti, quindi il problema diventa come impiegare questo tempo. Ma si tratta di un "punto" molto diverso rispetto a quello da cui mi sarei mossa solo pochi istanti prima, visto che in un sogno lucido la mia intenzione è riassumibile più che altro in un "guardarmi intorno". So che presto mi sveglierò e voglio prolungare quel sogno. Ma non ho paura di svegliarmi. Sono solo grata per questo effimero colpo di fortuna, e uso al meglio questo momento per assorbire e assaporare l'ambiente che mi circonda. Quando allungo la mano, spesso ho la sensazione che qualcosa mi afferri. Ma non è come sentirsi afferrati dalla paura. Al contrario, è come un tocco fugace, un "toccare il pianeta" prima che inevitabilmente io venga trascinata via.

Dalla collina dove ci troviamo, ci avvolgono i suoni: auto, uccellini, persone, automezzi di manutenzione, e aria. Il vento nelle orecchie, il fruscio delle piccole foglie dei cespugli a pochi metri da noi e degli alberi sopra di noi, tra le tombe. Vicino c'è un masso di granito, una roccia metamorfica che anticamente doveva aver ribollito in un antico mare. Ora ci crescono sopra i licheni, una piccola civilizzazione che si può toccare con un dito. Un bombo – uno di quegli insetti innocui che davvero borbottano – si avvicina e si riallontana. Api in attività.

Il sole sta per tramontare all'orizzonte. Ma intanto, guardando in alto, c'è un panorama diverso che voglio mostrare. Quando ero al liceo, il mio insegnante di arte mi diede un altro consiglio: se vuoi rendere fedelmente il cielo californiano, il trucco sta nell'aggiungere un pizzico quasi impercettibile di cremisi d'alizarina. Laggiù, tra noi e lo spazio cosmico, c'è un azzurro pieno di cremisi e di tutto il resto – il falco che volteggia, l'avvoltoio collorosso che sta andando verso ovest, l'instancabile stormo di rondoni che ci sfrecciano in modo imprevedibile sulla testa, come molecole d'aria. Anche se non riusciamo ancora a vederla, la terra sta lentamente ruotando il nostro punto di vista, cambiando l'azzurro, allungando le nostre ombre. Ci sta tenendo saldamente, rivolti verso il domani.

CONCLUSIONE

Dimezzare il tempo

"Gli scienziati dicono che il futuro sarà molto più futuristico
di quanto avessero previsto."
Southland Tales (2006)

"Nessuno è dunque responsabile di un'emergenza, nessuno può farsene gloria;
essa si produce sempre nell'interstizio."
MICHEL FOUCAULT, "Nietzsche, la genealogia e la storia"

Nell'inverno 2010, una partnership tra agenzie statali californiane e organizzazioni non profit lanciò un'iniziativa scientifica pubblica intitolata California King Tides Project, con lo slogan: "Snap the Shore, See the Future!" (Fotografa la costa, guarda il futuro!). I cittadini avrebbero dovuto recarsi in specifiche aree lungo la costa per scattare delle fotografie durante l'annuale *king tide*, la marea reale, un evento che si verifica a intervalli regolari quando il sole e la luna si allineano in un certo modo e fanno salire la marea di diversi centimetri. La California Coastal Commission voleva sfruttare il fatto che quest'aumento temporaneo e naturale corrispondesse a un aumento antropogenico dei livelli del mare, prevedibile nel corso dei prossimi decenni. Ipotizzavano che, osservando la marea reale, il cittadino avrebbe potuto "immaginare di vedere queste maree (e il corrispondente allagamento di strade, spiagge e zone umide) quasi ogni giorno". Questo esercizio d'immaginazione avrebbe permesso di toccare con mano i futuri aumenti del livello del mare e, idealmente, "motivarci a smettere di consumare combustibili fossili". Come un personaggio sbucato dalla macchina del tempo che avverte i popoli del passato, la marea reale appare come un'esplosione di futuro in un presente che non potrebbe altrimenti avervi accesso.

A undici anni di distanza, il California King Tides Project va ancora avanti. Mi sono messa a navigare sul loro sito tra le foto della marea reale del 2020, diligentemente caricate, e ho cliccato sui pallini azzurri di una mappa satellitare della California. Luoghi familiari mi apparivano sconosciuti. Una scalinata vicino al mio studio, in Jack London Square, dove vedo spesso passare la gente, era completamente sommersa, i corrimano scomparivano nell'acqua. I cartelli di divieto di balneazione o guado nel Middle Harbor Shoreline Park erano coperti fino all'orlo dall'acqua della baia. La Baker Beach di San Francisco si era notevolmente ridotta. In realtà, cliccando su ogni spiaggia della zona mi assaliva una strana dissonanza temporale, come se la sabbia della foto fosse solo un frammento di ciò che appariva sulla mappa satellitare.

La foto che mi ha colpito di più era quella di Alan Grinberg, che vive sulla scogliera di Pacifica. Intitolata "La fotografia più costosa che abbia mai scattato", mostra sullo sfondo completamente bianco un'onda che si abbatte su una statua di un Buddha nel suo giardino. Ho scorso le successive cinque fotografie sull'account Flickr di Grinberg, e ho capito il perché di quel titolo: l'onda si avvicina, ha il sopravvento sul Buddha, ha il sopravvento sul giardino e poi ha il sopravvento sulla sua macchina fotografica. La prima foto era impressionante, non solo per la storia che c'era dietro, ma per i suoi contrasti: la statua con gli occhi chiusi e le mani quietamente raccolte, mentre il futuro piomba con tutta la sua violenza.

Il Buddha, seduto in quel modo nel bel mezzo di un momento caotico, mi ha ricordato un aneddoto di Ajahn Chah, un maestro di meditazione tailandese: "Vedi questo calice? Mi piace questo bicchiere. Contiene l'acqua egregiamente. Quando ci batte il sole, riflette la luce magnificamente. Quando ci picchietto sopra, restituisce un suono delizioso. Ma per me questo bicchiere è già rotto. Quando il vento lo rovescia, il mio gomito gli dà una botta sullo scaffale, cade a terra e si frantuma, e io dico: 'Naturalmente'. Ma nel momento in cui capisco che questo bicchiere è già rotto, ogni minuto che passo con lui è prezioso".

Anch'io ho pensato *naturalmente*, aprendo e chiudendo le fotografie sulla mappa della Coastal Conservancy, ma non sono riuscita a mantenere quell'animo sereno. Invece mi ritrovo a osservare l'oceano in una bella giornata e mi sento come se implodessi per la pressione tra l'adesso e il non-adesso. Nel 2020, le maree reali sono diminuite, come accade sempre. Ma nelle foto hanno lasciato qualcosa di permanente: la memoria del futuro che incombe sul presente come un drappo funebre, come l'onda sospesa sull'otturatore della macchina fotografica.

Il frattempo implica attesa, uno spazio di minore importanza che si trova tra due tempi specifici. Quando si tratta di paura, o di qualsiasi enfasi eccessiva si ponga su un certo momento del futuro, il frattempo ci appare anche vuoto: se tra te e la tua destinazione c'è solo distanza, non fa differenza che l'evento sia accaduto o meno. È come se avessi un binocolo talmente potente da riuscire a vedere una cosa da molto lontano, in modo così dettagliato, da non avere nemmeno bisogno di arrivarci. *Tanto vale farla finita*, afferma la persona dal cuore infranto, non riuscendo a godersi il bicchiere già rotto.

Ammesso che una parte di cambiamento sia già stata messa da parte, riesco comunque a sentire le obiezioni di Bergson riguardo a questo atteggiamento nei confronti del frattempo. Direbbe che stiamo trasformando il tempo in spazio. Che immaginiamo dei blocchi vuoti di tempo che ci si parano davanti e attraversiamo mentalmente quella distanza verso ciò che pensiamo sia già accaduto, invece di accogliere l'aspetto creativo del tempo che si evolve e modifica costantemente, in cui ogni secondo solleva il mondo – e noi con esso – attraverso la crosta del presente e verso il futuro (nel *Saggio sui dati immediati della coscienza*, Bergson scrive: "Non basterà più abbreviare la durata del futuro per poterne intravedere le parti in anticipo. Dobbiamo vivere questa durata mentre avviene"). Eppure, ricorda che questa "distanza" potrebbe corrispondere allo spazio nella griglia astratta di un cartografo, al contrario della "pienezza temporale" di Bjornerud. Anche se riconosciamo i limiti dello spazio astratto come metafora del tempo, penso che esista un diverso tipo di consapevolezza dello spazio (o, quantomeno, di ciò che appare inizialmente come spazio) che può aiutare il soggetto occidentale ad afferrare qualcosa di concreto nel frattempo.

Nel mio primo libro, ho delineato il concetto di bioregionalismo, un senso di familiarità e responsabilità nei confronti di un luogo particolare, che contribuisce all'identità dell'individuo. Anche se il termine cominciò a diffondersi solo negli anni Settanta, i concetti che ne costituiscono le basi non erano nuovi. Nella sua espressione più pura, il bioregionalismo riflette il modo in cui le popolazioni indigene si relazionano alla terra, mostrando cura e conoscenza di una rete di forme di vita, di corsi d'acqua, e di altri agenti specifici di ciascun luogo. Le bioregioni sono diverse, ma i loro confini sono porosi, ed essendo delle reti, esse si connettono sia su larga scala (un sistema climatico o una corrente oceanica), sia su piccola scala (microclimi e complessi simbiotici di specie). In precedenza, ho usato il bioregionalismo come modello di identità, perché permette di studiare i flussi, l'interdipendenza e una forma di differenza all'interno dei confini che, in quanto persona bietnica, avevo trovato particolarmente utile.

Tuttavia, come si è visto, il bioregionalismo può anche essere un buon modo di pensare al tempo. Ne faccio cenno nel capitolo 6 con l'idea della cronodiversità, della "coltivazione" del tempo, e con l'osservazione di Barbara Adam secondo cui, nell'esperienza psicologica del tempo, "la complessità regna sovrana". Il poeta John Shoptaw, mio amico e mentore, ha scritto una poesia intitolata "Timepiece", in cui usa un linguaggio topografico a cui penso spesso, con frasi come "a steep night, a tangled week, an August that shelves / down toward a swift dream" (una serata ripida, una settimana tortuosa, un agosto che si ripiega / giù verso un sogno improvviso). Al contrario di un'osservazione in piena sicurezza di uno spazio piatto attraverso il binocolo, potremmo avere la prospettiva che si ottiene quando costeggiamo un sentiero di montagna: anche se sappiamo dove ci troviamo, le cose ci appaiono diverse a ogni curva?

Il bioregionalismo qui ci torna utile sia come metafora che come dimostrazione concreta, in quanto le sue tempistiche si sovrappongono alla prospettiva umana e a volte si estendono al di fuori di essa. Espresso semplicemente come cambiamento, il tempo ecologico e geologico è ricco di differenze: le cose avvengono sia velocemente che lentamente, su scala sia minuscola che inconcepibilmente epica. Rocce come l'arenaria si formano gradualmente, mentre le rocce vulcaniche come l'ossidiana si formano in un contatto violento. Le varie catene montuose crescono a ritmi diversi, e si dice che alcune di esse siano state spinte in alto (relativamente parlando) "come un ghiacciolo". Ho scritto questa conclusione mentre guardavo il Monte Rainier (Tacoma), il cui massiccio smottamento di circa 5.700 anni fa ha ridotto la sommità di circa 800 metri e la cui storia potrebbe essere stata preservata nella tradizione orale dei nativi americani Nisqually (troviamo una storia su un tempo in cui il Monte Rainier era un mostro che divorava qualsiasi cosa sul proprio cammino, finché non comparve il Mutatore sotto le sembianze di una volpe e fece esplodere un vaso sanguigno della montagna. Vine Deloria Jr. osserva che questa storia viene ripetuta con piccole variazioni da quattro diverse tribù della regione. Alcuni hanno ipotizzato che l'esplosione del vaso sanguigno si riferisca a uno smottamento massiccio). I geologi prevedono che nelle prossime centinaia di milioni di anni il continente su cui mi trovo si schianterà contro l'Asia. Nel frattempo, abbiamo dei terremoti le cui fratture possono verificarsi a una velocità dieci volte superiore a quella del suono in aria secca.

Nell'anno in cui ho scritto questo libro, Brood X, un gruppo di cicale che compare ogni diciassette anni, è sciamato lungo la costa est e il Midwest, e a un certo punto ha intasato il motore ausiliario dell'aeroplano che Joe Biden doveva usare per il suo primo viaggio internazionale da presidente. Un arboricoltore di Royal Oak, in Michigan, ha ricevuto come al solito le telefonate di persone preoccupate per i propri alberi che all'improvviso stavano perdendo un numero enorme di frutti, e si è ritrovato a spiegare cosa sono le annate di pasciona, un fenomeno periodico in cui gli alberi si coordinano per far cadere i proprio frutti tutti insieme (descrivendo le annate di pasciona negli alberi di pecan, Robin Wall Kimmerer cita alcuni studi che ipotizzano che gli alberi usino delle reti micorriziche sotterranee – in altre parole, che comunichino gli uni con gli altri – allo scopo di mettere in atto questa "unità d'intenti"). A ovest della Sierra Nevada, un pino dai coni setolosi, che ha cominciato a crescere cinquemila anni fa, continuava il processo di fotosintesi in un terreno sbianchito da un antico calcare. Nella contea di Tillamook, in Oregon, la gente continua a visitare la Neskowin Ghost Forest, un cimitero di tronchi di abeti rossi Sitka che vennero abbattuti quando, nel 1700, un terremoto li inondò improvvisamente di fango, e scopre che è ancora possibile vederli con la bassa marea.

Sto mischiando di proposito quelli che appaiono come esempi biologici e geologici, in parte per mettere in risalto la caratteristica sovrapposizione dei diversi cicli ma anche perché, in realtà, è più difficile separare le rocce da ciò che (oggi) generalmente consideriamo vivo. Il calcare carbonifero è composto dai gusci e dalle parti dure degli organismi marini. Sulle Montagne di Santa Cruz è ben riconoscibile una comunità di piante che tende a spuntare quando il suolo contiene del serpentino, un tipo di regolite ricca di ferro e magnesio che si è modificata man mano che la placca del Pacifico slittava sotto la placca nordamericana. Nella docuserie *Rise of the Continents*, Iain Stewart segnala un'altra eco simile: dato che si tende a costruire i grattacieli dove la roccia dura è vicina alla superficie, la forma della *skyline* di Manhattan può essere letta come la traduzione della presenza di scisto nella Manhattan sotterranea. Come il serpentino, lo scisto ha una composizione che non si può disgiungere dalla sua storia: il motivo per cui è così duro è che, oltre trecento milioni di anni fa, fu compresso sotto una catena montuosa che raggiungeva altezze simili a quelle dell'Himalaya di oggi. La catena si formò quando due masse di terre emerse entrarono in collisione creando la Pangea.

La *skyline* di Manhattan, così come lo scisto che ancora oggi si vede spuntare a Central Park, sono entrambi esempi di labili confini tra passato e presente. Altri labili confini li ritroviamo quando pensiamo a cosa sia un individuo e cosa sia un ciclo di vita o un avvenimento – tutte questioni che finiscono con l'essere profondamente interconnesse. Un'enorme rete di funghi che occupa migliaia di acri di terreno sulle Blue Mountain dell'Oregon, e che potrebbe risalire a un'epoca tra i 2400 e gli 8650 anni fa, ha "riacceso il dibattito su cosa costituisca un organismo", scrive il *Scientific American.* Uno scienziato ipotizza che un organismo sia "una serie di cellule geneticamente identiche che sono in comunicazione reciproca e hanno una sorta di obiettivo comune, o almeno possono coordinarsi per fare qualcosa". Nel caso del Pando, una colonia clonale di pioppi tremuli in Utah – sempre nominato al singolare e così chiamato dal termine latino che sta per "mi estendo" – la durata della vita dei singoli alberi è poco più di un centinaio di anni, ma il sistema interconnesso delle radici risale a migliaia di anni fa. Un'immagine del Pando mostra una demarcazione delineata sopra un'immagine satellitare di quella che potrebbe altrimenti sembrare semplicemente una pendice coperta di alberi.

Gli alberi del Pando e i funghi visibili di una rete micotica sono entrambi esempi di corpi al contempo totalmente inglobati in un altro tipo di corpo. Anche gli avvenimenti possono assumere un'ambiguità simile. Quando John McPhee descrive i detriti dei monti San Gabriel che riempiono la casa nel giro di sei minuti, si fatica a considerare questo evento isolato dalle sue precondizioni: per esempio, un terremoto che ha frantumato le rocce o un incendio sulla montagna qualche estate prima. E infatti McPhee descrive un incendio dell'estate 1977 che aveva indotto le autorità di Hidden Springs ad allertare i residenti su possibili colate di detriti per l'inverno successivo (senza successo, anche se poi si dimostrò che avevano avuto ragione). I detriti hanno cominciato a spostarsi quando le rocce si sono mosse? Oppure quando gli arbusti del *chaparral* avevano preso fuoco?

Ritroviamo questa incertezza in un altro articolo del *Scientific American*, il cui titolo ("Il terremoto più lungo che conosciamo è durato 32 anni") sembra contraddire il suo sottotitolo ("Il lento scivolamento precedette un devastante sisma del 1861 a Sumatra che raggiunse una magnitudo pari ad almeno 8.5"). Il paragrafo iniziale rivela un avvenimento all'interno dell'avvenimento, come un frutto di lenta maturazione che cade improvvisamente dall'albero: "Per molto tempo si ritenne che il devastante sisma che aveva scosso l'isola indonesiana di Sumatra nel 1861 fosse dovuto all'improvvisa rottura di una faglia fino ad allora dormiente. Ma nuove ricerche indicano che le placche tettoniche sotto l'isola hanno quietamente e lentamente vibrato le une contro le altre per almeno i 32 anni precedenti al cataclisma" (nel suo *Saggio sui dati immediati della coscienza*, Bergson evoca una dinamica simile quando descrive il processo di deliberazione personale e il modo in cui si arriva a una scelta. Mentre di solito pensiamo alla deliberazione come a "un'oscillazione nello spazio", tra due o più esiti, per Bergson il processo deliberativo è invece "una progressione dinamica in cui il sé e i suoi motivi, come reali esseri viventi, sono in costante stato di divenire". È in questa progressione che "vengono rilasciate le libere azioni... come un frutto ben maturo").

Forse separare le cose dal proprio contesto non è un gran problema in una prospettiva non occidentale, che poco si preoccupa di un certo tipo di limitazioni o modelli di subalternità. E non lo era neanche per Bergson. Ne *L'evoluzione creatrice*, in cui la durata è considerata un processo del divenire e gli stati confliggono costantemente con altri stati, Bergson ha dovuto considerare l'individualità non come una categoria assoluta ma come esistente all'interno di uno spettro. "Perché l'individualità sia perfetta – scrive – bisognerebbe che nessuna parte staccata dell'organismo possa vivere separatamente. Ma allora la riproduzione diventerebbe impossibile. Cos'è questa, infatti, se non la ricostituzione di un organismo nuovo con un frammento staccato del vecchio?". Tutte le cose viventi contengono i mezzi per superare i propri limiti. In questo senso, nota Bergson, l'individualità in realtà "ospita in sé il suo nemico".

Nel tentativo di tracciare una linea intorno al mio sé, mi costringo a chiedermi, *sono Jenny, o sono la figlia di mia madre, o la nipote di mia nonna?*, e così via. Se sono un avvenimento, quando sono cominciata? Trentacinque anni fa? Centinaia di anni fa? Migliaia? Non sono forse "io" uguale al fungo visibile che cresce da un sostrato al di fuori del quale sarei incomprensibile, persino impossibile? Anche se la mia memoria arriva solo fino a un certo punto, la mia esistenza è spiegata da cose più antiche: l'immigrazione di mia madre, una guerra nella cui emergenza i miei genitori si ritrovarono insieme, e il pesce che nuota al largo della costa di Estancia, sull'estremità orientale di Iloilo. La gente che andò a pesca lì ha qualcosa a che fare con me, così come io continuo ad avere a che fare con loro.

In *Sand Talk*, Tyson Yunkaporta lamenta il fatto che "è difficile scrivere in inglese quando ti ritrovi a parlare al telefono con la tua bisnonna, che è però anche tua nipote, e nella sua lingua non ci sono parole diverse per dire tempo e spazio". Yunkaporta spiega che nel sistema di parentela usato dalla sua bisnonna/nipote, ogni tre generazioni si riparte da capo e i genitori dei nonni diventano i figli, perché "la mamma della nonna torna al centro e diventa la figlia". Inoltre, una domanda che in inglese suonerebbe come "In che posto?" significa in realtà "A che ora?". Seguendo il paradigma usato dalla sua bisnonna/nipote, questi due elementi sono naturalmente interconnessi: "La parentela procede per cicli, la terra procede per cicli stagionali, il cielo procede per cicli stellari, e il tempo è così legato a queste cose da non essere più un concetto separato dallo spazio. Viviamo il tempo in un modo molto diverso da coloro che sono immersi negli orari da appartamento e vivono su superfici meno ricche di storia. Nelle nostre sfere esistenziali, il tempo non procede su una linea retta ed è tangibile quanto il terreno su cui ci troviamo".

Notiamo quanto "il terreno su cui ci troviamo" sia diverso dallo spazio astratto. Il "terreno" di Yunkaporta non è una metafora. Si riferisce al terreno vero, concreto in ogni sua minima parte, tanto quanto l'immaginario schema dello spazio di Newton era vuoto, astratto e "piatto".

Il nostro modo di considerare il tempo, la conformazione che gli attribuiamo, influenza il modo in cui riusciamo a muoverci in esso. Un tempo piatto offre possibilità limitate. Pensando al rapporto tra vista e movimento, mi è tornata in mente una scena di *Labyrinth*, il film di Jim Henson del 1986, che ancora ricordo trent'anni dopo che una babysitter di nome Liz ne portò una cassetta VHS a casa mia. Sarah (interpretata da una giovane Jennifer Connelly) è appena entrata in un terribile labirinto al centro del quale c'è un castello in cui è in attesa il re dei Goblin (un David Bowie con una capigliatura meravigliosa). Quando si ritrova in una sezione ininterrotta, che si estende solo avanti e indietro, Sarah protesta: "Che intendono per 'labirinto'? Qui non ci sono svolte o angoli o nient'altro. Si va solo avanti all'infinito". Presa all'improvviso dal sospetto che potrebbe trattarsi in realtà di qualcos'altro, comincia a correre ma si stanca presto, e inizia a dare pugni sui mattoni per poi accasciarsi al suolo.

Anche se lei non se ne accorge, alcune piantine simili al muschio, con gli occhietti sulle punte, si girano a guardarla. Poi, da uno dei mattoni sporgenti un piccolo verme con una chioma blu e una sciarpa rossa le grida: "Ello!". Una volta ripresasi dallo spavento, Sarah chiede al verme se conosce la via d'uscita dal labirinto. Lui le risponde di no e la invita invece a "venire dentro per conoscere la mia signora". Lei insiste sul fatto che deve risolvere il labirinto e ricomincia a lamentarsi che non ci sono angoli o aperture. "Be', non stai guardando bene", le dice il verme. "È pieno di aperture. Solo che tu non riesci a vederle". Poi indica quello che sembra un muro di mattoni. Sarah ci si dirige, voltandosi a guardare scettica il verme. Non lo vede. "In questo posto le cose non sono sempre come appaiono", dice ancora il verme. "Non puoi dare niente per scontato".

La parte che mi ha sempre colpito tanto da bambina è quando Sarah, molto esitante, mette le mani avanti e miracolosamente attraversa il muro che è in realtà un'illusione ottica. Grazie agli effetti speciali degli anni Ottanta, comincia a sparire sulla sinistra. "Non andare da quella parte!", dice il verme. "Non andare mai da quella parte". Dopo che lei ha cambiato direzione e sparisce sulla destra, il verme pronuncia la famosa frase: "Se avesse continuato da quella parte, sarebbe andata a finire dritta al castello". Il colpo di scena finale mi ricorda quello che Yunkaporta scrive subito dopo aver contestato il fatto che la parola *nonlineare* definisce la linearità come valore predefinito. Cita un uomo che "migliaia e migliaia di anni fa, cercava di andare dritto e veniva chiamato *wamba* (pazzo) e poi per punizione veniva lanciato in cielo", aggiungendo che "questa è una vecchia storia, una delle molte che ci fanno capire come dobbiamo muoverci e pensare liberamente, mettendoci in guardia dal procedere sempre in avanti come pazzi".

Anche la sparizione di Sarah attraverso il muro appare come la rappresentazione della differenza tra *chronos* e *kairos*. Come ho notato all'inizio di questo libro, *chronos* è omogeneo, mentre *kairos* è più eterogeneo e lascia intuire un momento decisivo per l'azione. In "Out of

Time: Listening to the Climate Clock" di Astra Taylor, un saggio che ha avuto un'influenza decisiva su tutte le questioni che pongo in questo libro, l'autrice nota che in greco moderno oggi *kairos* significa "tempo meteorologico" e prosegue descrivendone l'utilità in termini ecologici: "Forse il momento più opportuno per agire è effimero come un temporale passeggero o il culmine della primavera, e se agiamo troppo tardi rischiamo un disallineamento". Leggendolo mi rendo conto che la frase non è "cogli l'attimo", ma "cogli *quell'attimo*".

Kairos, paragonato a *chronos*, ci appare come il mondo di quei viandanti che sapevano che il tempo è inseparabile dallo spazio, e che ogni momento legato a un luogo richiede molta attenzione, così da non perdere una buona occasione. Non vuol dire che non si possano fare programmi, ma che il tempo di questi programmi non appare piatto, morto, inerte. Al contrario, nel "frattempo", ti metti in ascolto con l'orecchio sul terreno per individuare l'andamento di vibrazioni che non si ripeteranno mai uguali. Davanti al piattume, cerchi un'apertura. Quando la trovi, la imbocchi e non ti volti più indietro.

Ho scritto questa conclusione durante un soggiorno sulla Maury Island, che è collegata alla Vashon Island, nella regione di Puget Sound, ed è raggiungibile solo tramite traghetto. La casa dove alloggiavo si trovava su una grande strada tranquilla che passava lungo il Quartermaster Harbor, una grande baia. Avevo preso l'abitudine di passeggiare su quella strada dopo aver finito la giornata di lavoro, spesso al crepuscolo. Una sera vidi davanti a me una figura dalla forma strana, si muoveva lentamente, si fermava e poi si muoveva di nuovo. Nell'oscurità incipiente, ci fu un momento in cui non riuscivo davvero a capire se fosse un animale o una persona. Avvertii il cervello vacillare, non sapendo cosa pensare di quella forma e dovendo quindi attendere, restando a osservarla in modo più attento di quanto avrei fatto normalmente. Alla fine la figura si rivelò essere una persona che indossava un ampio mantello e ora stava scomparendo dietro un cespuglio.

In quella breve pausa, avevo vissuto il dubbio e il dubbio aveva acuito i miei sensi nei confronti di tutto. L'etimologia della parola *doubt* (dubbio) contiene la radice proto-indoeuropea *dwo*, (*two*, "due") mentre il successivo *dubius* latino sta per "oscillante tra due cose". Nonostante la figura momentaneamente inconoscibile mi avesse fatto fermare, impedendomi un movimento in avanti, il dubbio non è immobilità. In quell'interruzione c'è qualcosa che cresce, anche se poi la si minimizza un istante dopo.

Nel *Saggio sui dati immediati della coscienza*, Bergson è disposto ad ammettere che gran parte del nostro pensiero e delle nostre attività sia limitata dalle abitudini che semplicemente lasciamo scorrere, come processi locali automatizzati. Col passare del tempo, scrive, queste abitudini finiscono col creare una "crosta spessa", rendendo irriconoscibile ai nostri stessi occhi il modo in cui stiamo davvero agendo. Ma la crosta non sempre regge. Bergson fa l'esempio di un problema che cerchiamo di risolvere, chiedendo consiglio agli amici che ci danno tutti delle raccomandazioni ragionevoli. E da questa serie di consigli potremmo trovarci a trarre una conclusione logica, quando qualcosa di completamente diverso prende il sopravvento:

> Poi, proprio nel momento in cui l'atto sta per essere compiuto, *qualcosa* può ribellarsi a esso. È il profondo sé, che irrompe in superficie. È la crosta esterna che si rompe improvvisamente cedendo a una spinta irresistibile. Così, nelle profondità del sé, al di sotto di quella riflessione più ragionevole sui consigli più ragionevoli, qualcos'altro stava accadendo: un progressivo riscaldamento e un improvviso traboccare di sentimenti e idee, non-inavvertiti, ma piuttosto inosservati.

Più avanti, questa "rottura" può somigliare a lava colata o a storia fossilizzata, facendoci così dimenticare la circostanza in cui si era verificata. Possiamo anche fare lo stesso errore in senso inverso, dimenticandoci che il futuro conterrà molti di questi momenti di dubbio, o persino non realizzando di trovarci a vivere uno di questi momenti.

La mia amica artista Sofía Córdova mi ha raccontato che, quando era rimasta incinta, aveva deciso di adottare la tradizione latinoamericana della *cuarentena*, un periodo successivo alla nascita in cui la madre rimane in casa con il bambino per quaranta giorni (pratiche simili sono rintracciabili in altri paesi, tra cui Cina, Corea, India, Iran e Israele. In *Atmos*, la scrittrice sinoamericana Fei Lu ha anche anche scritto di come lo *zuo yuezi*, "riposarsi/sedersi per un mese/per la durata della luna", che generalmente definisce una pratica post-partum, sia stato adattato al processo di recupero dopo l'intervento chirurgico di affermazione di genere). Attraverso il suo lavoro artistico, Sofía ha riflettuto a lungo sul "tempo al di fuori della storia", o sul "tempo di donne, queer, neri, indigeni... Il tempo che non viene registrato nei 'grandi archivi' delle nostre specie dagli uomini bianchi che li redigono, che scrivono di progresso". Ma la *cuarentena* la indusse a passare dalla riflessione su questo tempo all'esperienza diretta. Naturalmente, la nascita era "solo uno dei possibili portali o botole di fuga dal flusso del nostro concetto condiviso di tempo". Non c'è bisogno di partorire per farne esperienza. Così lei ha descritto ciò che si trova al di là del portale:

> Dal momento che ciò che il bambino e io avevamo appena vissuto era per sua natura così interno al corpo e legato a esso, l'ampiezza della mia riflessione e della mia esperienza era ridotta (non in senso peggiorativo) allo spazio del corpo e, al massimo, alle mura di casa nostra... Lì si trovava l'intero universo, e all'interno delle mura del mio corpo quell'universo continuava. In altre parole, il mio interno e il mio limitato esterno apparivano un'unica cosa e, soprattutto, erano l'unico modo di calcolare il tempo. L'esperienza fisica di ricomporre il corpo, con un crollo verticale degli ormoni (che avevano avuto un ruolo dominante e che per me erano equivalsi a una moderata dose di allucinogeno), la condivisione del corpo con un neonato, un nuovo modo di essere vigili, anche durante un sonno profondo, lo stesso sonno che cambia forma, tutto ciò ti tiene saldamente ancorata all'esperienza del tempo e al compito di rimettersi in forze, nutrire, dormire a tutte le ore. È qualcosa di molto cellulare.

La natura ciclica di questa esperienza, che avviene mentre tu e questo nuovo essere raggiungete rapidamente una nuova consapevolezza di sé e del mondo, accoppiata alla natura specifica, disorientante e misteriosa di questo breve momento, provocano un brusco contrasto quando si tratta di definire questo tempo rispetto a tutto ciò che è accaduto prima o dopo. Naturalmente ci possono essere altri modi di intuire questo tipo di tempo, ma per me sono stati più brevi, più effimeri (come vedere un barlume di sole sulla superficie del mare, entrare nell'acqua, cantare o suonare della musica insieme a persone che ami).

Ho parlato con Sofía della sua esperienza di *cuarentena* la prima volta che ci siamo viste di persona dall'inizio della pandemia. Era settembre 2021 e a quel punto il mondo intero, in una miriade di modi e con diverse sfumature, aveva vissuto uno sconvolgimento delle sue normali temporalità. Come Tricia Hersey (del Nap Ministry), Sofía era una delle molte persone che non voleva veder tornare le cose "alla normalità". Non c'era forse una lezione da imparare nell'esperienza della quarantena, dell'interruzione? Non era forse cresciuto qualcosa in quel momento di dubbio, seppur qualcosa di instabile?

Se la tua priorità sono la velocità e il bisogno di essere sempre sulla cresta dell'onda, allora il dubbio ti può apparire come un costo, come quei "ritardi" e quelle "interruzioni" di ciò che è inevitabile e scontato che Daniel Hartley identifica in "Anthropocene, Capitalocene and the Problem of Culture". Ma per chiunque avverta il progresso come la strada verso una morte certa, il dubbio è un'àncora di salvezza, un piccolo spazio di libero arbitrio che erompe attraverso la "crosta" di Bergson, un *kairos* che stranamente non svanisce. Semplice come un'apertura, può contenere i semi del "non tempo" che Hannah Arendt ha identificato in *Tra passato e futuro*:

> Potrebbe benissimo essere quella regione dello spirito, o meglio, il sentiero aperto dal pensiero, la sottile pista atemporale battuta dal pensiero nel limitato spazio-tempo dell'uomo, nella quale il pensiero, la memoria e la preveggenza salvano qualunque cosa tocchino dalla rovina del tempo storico e biografico. Questo ristretto spazio atemporale ricavato nel cuore stesso del tempo, a differenza del mondo e della civiltà nei quali si nasce, può solo

essere indicato, non ereditato o tramandato: perciò ogni nuova generazione, anzi ogni nuovo essere umano, inserendosi tra un passato e un futuro infiniti, deve scoprirlo e mantenerselo con assidua fatica.

Troviamo questo passaggio nella premessa del libro, in cui Arendt descrive i momenti successivi all'inaspettata caduta della Francia nelle mani dei nazisti nel 1940. Gli scrittori e gli intellettuali europei – "mai coinvolti prima d'allora nella vita pubblica della Terza Repubblica" – vennero improvvisamente "risucchiati nella politica con la forza di un vuoto pneumatico", in un mondo in cui parola e azione erano inseparabili. Arendt sostiene che questo creò una sfera intellettuale pubblica che sarebbe sparita solo pochi anni dopo, quando queste persone tornarono tutte alle proprie carriere private. Ma coloro che vi presero parte ricordarono un "tesoro", in cui "chi 'si univa alla Resistenza *si trovava*'". Il tesoro non era altro che una spinta ad agire, in grado di interrompere una vita di banale carrierismo, un momento in cui le azioni di ognuno avevano un senso diverso. Semplicemente avevano un senso. Arendt scrive che, in quel periodo, quegli scrittori e intellettuali "per la prima volta nelle loro vite erano stati visitati da una visione di libertà... per essersi fatti 'sfidanti', per aver preso l'iniziativa e quindi, senza saperlo e neppure rendersene conto, aver cominciato a creare tra loro quello spazio pubblico nel quale la libertà era potuta apparire".

Arendt distingueva le "attività del pensiero" che possono scaturire in questo non-tempo dai modi di pensare più programmatici e di tipo più abitudinario, e dal ragionamento deduttivo e induttivo in cui "le regole... possono essere apprese una volta per tutte e poi devono solo essere applicate". Ciò che invece aveva in mente Arendt era simile alla creatività di Oli Mould, secondo cui è il dialogo tra soggetti liberi a produrre qualcosa di *nuovo*. Era anche simile a come Selma James e Mariarosa Dalla Costa avevano descritto quel che era accaduto quando alcune donne che erano state in precedenza delle casalinghe prive di contatti con l'esterno avevano cominciato a parlare, studiare e organizzarsi. "Nella socialità della lotta", scrivono, "le donne scoprono ed esercitano un potere che di fatto dà loro una nuova identità". Che si tratti o meno di persone che si identificano come attivisti, molti sanno cosa significa “uscire dal copione” in molti modi diversi, quando senti di riuscire a creare qualcosa di nuovo insieme ad altri. Anche se si tratta di ambiti apparentemente piccoli o per un breve periodo di tempo, possiamo percepire che stiamo facendo emergere un nuovo territorio di idee, di linguaggio o di azioni che mai sarebbe stato possibile prevedere, neanche per noi. Per quanto questi momenti possano essere entusiasmanti, portano anche con loro tutto il disagio del dover abbandonare quel che ci è familiare. Pieni di dubbi.

In questo contesto, il dubbio è in realtà la cosa che vale di più, ciò che vogliamo cogliere. Ma, scrive Arendt, per poter trovare in questo modo la novità e l’arbitrio bisogna restare saldi “tra le ondate contrastanti del passato e del futuro”. Altrimenti, ci ritroveremo schiacciati dalle certezze: il passato ci travolgerà con le tradizioni, e il futuro con il determinismo. Di qui l’importanza e la fragilità del *gap*, la “lacuna” (un altro termine per definire il “non-tempo”) nel titolo della premessa di Arendt: “La lacuna tra passato e futuro”.

La condizione umana consiste nel vivere proprio nella lacuna tra passato e futuro, anche se i punti di vista culturalmente dominanti e politicamente convenienti riguardo al tempo, alla storia e al futuro, ci impediscono di rendercene conto. Guardiamo mestamente al futuro, in cui non può accadere niente di nuovo, e per questo non riusciamo a percepire che ci troviamo nella lacuna, l’unico luogo in cui può verificarsi qualcosa di nuovo. Questo porta a chiedermi se uno dei significati dell’“avere tempo” non sia piuttosto *dimezzare il tempo* (gioco di parole tra “have time” e “halve time”, *ndt*), dare un taglio al *chronos* e mantenere separati il passato e il futuro quanto più la speranza ci concederà di farlo (allo stesso modo, Vine Deloria, Jr. ha messo a confronto i cambiamenti di cultura e civilizzazione con un mosaico in cui non è possibile distinguere né il vecchio né il nuovo schema che si sta formando. Anche secondo lui si tratta di uno stato di fragilità. Se non siamo capaci di muoverci in una “spaventosa terra di mezzo... in cui continuiamo a sostituire senza sosta gli stessi pezzi insensati”, rischiamo di “precipitare in una nuova e più sofisticata barbarie”).

Ogni singolo pezzo scritto è una capsula del tempo. Mette insieme i frammenti del proprio mondo e li invia verso un lettore che si trova in un mondo diverso, non solo nello spazio ma anche nel tempo. Anche la scrittura privata di un diario implica un sé futuro che lo leggerà, e anche il concetto stesso di futuro. Nel caso di questo libro, non posso sapere cosa sarà successo tra il momento in cui sto scrivendo e quello in cui tu ti ci imbatterai. Ma posso dirti che sto vivendo in un momento di dubbio. E forse anche tu.

La sera in cui vidi quella figura indistinguibile, ero diretta verso il punto in cui finisce la strada, una zona designata come "area naturale", chiamata Raab's Lagoon. In quel punto, dove il cemento diventa erba, si passa sotto ontani e abeti e si arriva a una panchina dedicata a un uomo morto nel 2016. Più avanti, il sentiero si protende nell'acqua, parte di una barriera artificiale tra i bacini del Quartermaster Harbor e della laguna minore. La barriera continua fino a trovare l'altro lato della laguna attraverso una piccola breccia da cui passa l'acqua del porto. La prima volta che ci sono stata non mi pareva che l'acqua nella breccia si muovesse in una direzione precisa. C'era l'alta marea, anche se allora non lo sapevo. E dato che ero appena arrivata, pensavo che quella zona avesse sempre lo stesso aspetto.

Nel giro di poche settimane, divenni inevitabilmente più pratica delle maree perché il Quartermaster Harbor era praticamente fuori dalla porta della mia stanza. Con l'alta marea, si potevano ascoltare lo sciabordio dell'acqua e i pontili in plastica per le canoe che sbattevano contro i pali di legno, un rumore che cominciai a chiamare "il canto della darsena". Quando la marea era più bassa, comparivano gli orchi marini del Pacifico, una specie di anatre tuffatrici migratorie contraddistinte da un surreale ghirigoro di piume bianche sotto gli occhi, che andavano alla rinfusa a pescare i molluschi sul fondo. Quando la marea si ritirava del tutto, i gusci dei molluschi arrivavano in superficie e sulla spiaggia di rocce esposte potevano camminare sia le persone che i gabbiani glauchi del Pacifico.

Mi resi conto che in realtà non sapevo nulla di maree. Intere giornate di ricerca su Google si riducevano alla fine a una lezione di scienze delle elementari, in cui imparavo che ci sono maree "alte" e maree "basse", e che le maree più alte – quelle reali che ho descritto all'inizio di questa conclusione – si verificano durante un novilunio o un plenilunio, cioè quando la luna è in perigeo (più vicina alla Terra) o la Terra è in perielio (più vicina al sole). Ho imparato che esistono le "maree terrestri", in cui le stesse forze smuovono leggermente la terra solida. Scoprii che, mentre la luna attrae le nostre acque, l'acqua tira a sua volta, accelerando così l'orbita della luna, che per questo si allontana da noi. Studiai le tabelle delle maree locali, le cui curve avevano una periodicità e una logica tutte loro, non sincronizzate con le caselle del calendario e la griglia oraria in cui venivano segnate. C'erano notti in cui la luna usciva piena, brillante e limpida, un monito.

Un giorno mi capitò di andare alla Raab's Lagoon mentre montava una marea medio-bassa. Avevo già capito il motivo per cui c'era la barriera: faceva parte di una strada di cui avevo inconsapevolmente seguito il percorso e che formava l'intero perimetro del piccolo parco. Originariamente, la strada conduceva a una vicina segheria e passava sopra la laguna su una strada rialzata con un ponte al centro. Al tempo, il legname veniva conservato in quella stessa laguna in cui adesso vedevo solo anatre e, ogni tanto, un airone. Poi, negli anni Cinquanta, il ponte era stato bruciato per permettere l'ingresso in porto delle barche, almeno con l'alta marea. Fu allora che la vecchia strada venne interrotta. In quel momento mi trovavo sulla riva erbosa a guardare una non-strada.

Tranne durante l'alta marea, le strettoie rimaste accentuavano il moto dell'acqua, diventando un indicatore che fungeva da freccia. Quando la marea era bassa, l'acqua fluiva verso sud, fuori dalla laguna in direzione del porto. Rimaneva così finché la marea non tornava su a quasi due metri quando – in un preciso momento che ho spesso cercato di cogliere senza successo – la direzione dell'acqua si invertiva ed essa cominciava a fluire dal porto dentro la laguna. Scorreva veloce, cosa che i locali definivano come "le rapide di Vashon". Poi questo flusso rallentava e il livello dell'acqua si stabilizzava. Tutto il processo si sarebbe ripetuto quando la marea si fosse abbassata di nuovo. Essendo originaria della Bay Area, quando sento l'acqua che scorre penso all'acqua piovana, che scende da una montagna in torrenti e sorgenti.

Ma qui nel porto l'acqua che scorreva avanti e indietro era un segno della gravità, un messaggio riguardo la posizione degli oggetti nello spazio cosmico.

Quel giorno, sulla breccia, il flusso crescente dell'acqua stava scorrendo verso la laguna in una serie di pozze proprio al centro. Vedendo un piccolo getto d'acqua che spruzzava fuori da un pezzo di terra scoperta, mi arrampicai giù verso dei rottami di cemento e legno per capire di cosa si trattasse. Mi accoccolai giusto in tempo perché uno dei "ciottoli", simile a una di quelle piante occhiute di *Labyrinth*, si spalancasse e spruzzasse acqua sulla mia faccia ignara. Si trattava della porzione a sifone di una barnea candida, sepolta nel fango. Tra questi piccoli spruzzi, tutto il terreno ribolliva e sibilava mentre quello che sarebbe presto diventato il fondo della laguna rilasciava bolle d'aria.

Sommerso dall'acqua che fluiva verso nord e parzialmente nascosto sotto una roccia, c'era un incredibilmente grande grumo violaceo di qualcosa picchiettato di bianco, come se fosse stato cosparso di zucchero a velo. Era una stella di mare ocra, una delle molte specie di stelle marine minacciate dalla sindrome da deperimento delle stelle di mare. A partire dal 2013, questa terribile malattia ha causato la decomposizione delle stelle marine lungo le coste del Pacifico occidentale e persino nelle vasche degli acquari. In pratica, è come se si sfaldassero e si sciogliessero. Le stelle di mare ocra sono state una delle specie più colpite da questa che è stata definita una delle più gravi epidemie mai osservate nella fauna marina. In passato, la malattia è stata documentata anche in questa laguna. Eppure la stella marina che vedo adesso appare in buona salute. Tutta indaffarata a farsi attraversare dall'acqua del mare e a mangiare i molluschi, mentre il livello dell'acqua cresce molto lentamente intorno a lei.

La sindrome da deperimento non è stata ancora del tutto compresa, nonostante il virus che la causa sia presente ormai da molto tempo nelle stelle marine. Sembra che la sua letalità abbia a che fare con l'aumento della temperatura dell'acqua, che potrebbe logorare le stelle marine e renderle più vulnerabili. Naturalmente non c'è alcun mistero su quali siano le cause di questo riscaldamento. Il direttore del centro naturalistico dell'isola ipotizza, a proposito delle stelle marine in buona salute della Raab's Lagoon, che per ora le acque più fresche e mobili della laguna le stiano aiutando. O forse la stella marina che stavo guardando ha ereditato la resistenza alla sindrome che gli scienziati hanno documentato in uno studio del 2018. Per quanto questa resistenza potesse suscitare entusiasmo, uno degli autori della ricerca avvertì che si trattava di "una piccola luce lontana che brillava in un mare piuttosto tempestoso". E altri focolai erano stati osservati a Puget Sound un mese prima che arrivassi io.

Alla luce di tutti questi elementi, la presenza tridimensionale e corporea della stella di mare ocra appariva come un piccolo miracolo, anche più di quanto non lo sia già una stella marina. Non riuscivo a osservarla senza pensare alla sua potenziale sparizione. Scrivendo in questa lacuna tra il passato e il futuro, devo considerare la possibilità che questo animale – come molte altre cose – sia raro o del tutto sparito nel tuo mondo. Ma al tempo stesso non posso dare per scontato questo esito perché, se lo facessi, ci sarebbero minori probabilità che tu possa mai vederne uno.

Ecco il paradosso del determinismo: comporta una sorta di scelta. In un altro dei racconti di Ted Chiang, un narratore che viene dal futuro decide di mettere in allerta il passato riguardo a una tecnologia che arriverà, chiamata il Predittore. Si tratta di uno strumento che usa un "ritardo di tempo negativo" per mostrare un lampo nel momento esatto in cui ti muovi per premere il bottone che causa il lampo. Non si può ingannare il Predittore. A dimostrazione che il libero arbitrio non esiste, finisce che sia esso stesso causa della propria sindrome da deperimento, in cui le persone perdono ogni motivazione e vivono in uno stato di "coma deambulante". Quando i medici cercano di farli ragionare, evidenziando il fatto che "nessuna azione compiuta il mese scorso è stata frutto di una libera scelta più di quanto lo siano le azioni che intraprendete oggi", i pazienti rispondono: "'Ma adesso lo so'. E alcuni di loro non dicono mai più nulla".

Durante il racconto, il narratore – che, si scopre poi, sta usando il ritardo di tempo negativo per mandare il messaggio – afferma di sapere che il libero arbitrio non esiste. Ma si contraddice proprio nel messaggio che sta cercando di inviarci: "Fate finta di possedere il libero arbitrio", esorta gli abitanti del passato. "È fondamentale che vi comportiate come se le vostre decisioni fossero importanti, anche se sapete che non lo sono. Non conta la realtà, quel che conta è ciò che credete, e credere a una bugia è l'unico modo per evitare il coma. La civilizzazione ormai dipende dall'autoinganno. Forse è sempre stato così". Ammette anche che, per certi versi, il suo messaggio non ha molto senso: "Nessuno può farci niente. Non potete scegliere quale effetto il Preditore avrà su di voi. Alcuni di voi soccomberanno, altri no, e questo mio avvertimento non modificherà queste proporzioni. Allora perché l'ho fatto?". La sua risposta è un paradosso: "Perché non avevo scelta".

Il racconto di Chiang mostra l'inestricabilità tra tempo, volontà, vitalità e desiderio. La "non scelta" del narratore alla fine è ambigua, ma la si può interpretare come il "profondo sé" di Bergson che "irrompe in superficie", qualcosa che avviene contro ogni logica e probabilità. Il solo fatto di desiderare qualcosa, di amarla al punto da temerne la scomparsa, significa indugiare tra il passato e il futuro, lasciando spazio a quell'"improvviso traboccare di sentimenti e idee". Quel giorno, sulla breccia della vecchia strada, ho visto una stella di mare ocra che non stava morendo. Mi ha indotto a bramare un futuro in cui esistano stelle di mare ocra.

Con questo intendo molto più che un singolo animale. Quando, nel 1969, lo zoologo Robert T. Paine introdusse il concetto di "specie chiave", si basava sull'osservazione degli effetti delle stelle di mare ocra in un ambiente intertidale. Il loro ruolo nell'alimentarsi di molluschi, nel pulire una certa quantità di spazio a una certa altezza lungo le rocce, era così importante che senza di esse la biodiversità dell'intero sistema intertidale avrebbe subito un tracollo. Gli anni successivi all'epidemia della sindrome da deperimento costituirono una involontaria estensione dell'esperimento originario di Paine, consistito nella rimozione delle stelle di mare ocra per vedere cosa sarebbe successo. Mettendo in luce l'interdipendenza, il concetto delle specie chiave rappresenta il valore di vita-o-morte (collettiva) che riveste il modo in cui consideriamo i legami di una persona, di un luogo o di un tempo.

Come me, come una roccia, le stelle marine portano le tracce di cose accadute nel tempo, sia vicino che lontano. Gli scienziati sono stati a lungo incerti sulle modalità con cui si sono evolute le braccia delle stelle marine, perché dai ritrovamenti fossili sembrava che fossero nate "già pienamente formate". Fu solo nel 2003 che un team di ricerca marocchino trovò il possibile anello mancante nella Formazione di Fezouata, una "Pompei della paleontologia" in cui si era conservato persino il corpo molle di una stella marina. Questa antenata venne chiamata *Cantabrigiaster fezouataensis*, ed era il più antico animale a forma di stella di cui esistesse un reperto fossile. Poi, nel 2022, i ricercatori di Harvard e di Cambridge notarono che la *Cantabrigiaster* aveva caratteristiche in comune con i gigli di mare, dei filtratori a forma di fiore i cui "gambi" sono attaccati al fondo marino e i cui "petali" catturano dall'acqua le particelle di plancton.

Può darsi che a un certo punto, nel corso del Grande Evento di Biodiversificazione dell'Ordoviciano – una fase in cui le condizioni di alcuni luoghi provocarono un'esplosione di diversità –, la *Cantabrigiaster* abbia fatto una cosa inaspettata: abbia invertito la direzione. "Le cinque braccia della stella marina sono un retaggio lasciato da quegli antenati (i gigli di mare)", ha scritto uno dei ricercatori. "Nel caso della *Cantabrigiaster*, e delle stelle di mare sue discendenti, si evolvette girandosi verso il basso in modo che le braccia fossero rivolte verso i sedimenti e potessero così nutrirsi". La stella di mare che era davanti a me in quel momento stava abbracciata alla sua roccia, con il lato destro o all'insù o all'ingiù, a seconda di quale fotogramma temporale consideriamo. Non che alla stella di mare importasse granché. Lei stava nel suo tempo-spazio da stella di mare, e forse con i suoi occhi complessi alla fine delle braccia percepiva una massa scura (me).

Quando sollevai lo sguardo, la marea era avanzata ancora di più, l'acqua era sempre più vicina al terreno su cui mi trovavo. Presto mi sarei di nuovo arrampicata sulla vecchia strada, da cui avrei potuto osservare il resto del porto, circondato da un ardente fogliame giallo. Sul giornale locale c'era scritto che la tribù dei Coast Salish S'Homamish aveva chiamato quella zona Tutcila'wi, dal nome degli altri suoi abitanti: quegli alberi che oggi chiamiamo aceri dalle grandi foglie, molto più comuni lì che non dalle mie parti. Da quando ero arrivata, gli alberi avevano cambiato colore a un ritmo tale che si riusciva a cogliere la differenza da un giorno all'altro, un ritmo che sembrava diventare sempre più rapido.

L'acqua aveva cominciato a scorrere sulle rocce giù in basso. Anche se ero ferma, mi sentii scorrere anch'io, alcune parti di me stavano morendo e altre venivano alla luce. Sui gusci delle conchiglie c'erano gli anelli della crescita annuale. Ricordavano le rughe che mi erano comparse sulla fronte durante la pandemia. A quanto pare, in quel periodo molta gente è invecchiata in fretta, una compressione collettiva dei nostri orologi biologici.

Mentre l'acqua si alzava, sapevo che non sarei potuta rimanere a guardare la stella marina per sempre, ma ci rimasi più a lungo possibile. Ciò che provai in quel frattempo non era esattamente gioia, ma nemmeno disperazione. Era come una marea, un'oscillazione avanti e indietro, impossibile da definire con precisione eppure percepibile da chi mi stava intorno: dalle anatre, che sarebbero di nuovo migrate; dagli alberi, che sarebbero tornati verdi; dai molluschi, che sarebbero stati di nuovo sommersi; dall'acqua, che sarebbe tornata a ritrarsi. E neanche il mio corpo si sbagliava. C'era un muscolo che batteva nel mio centro, una serie di eventi creativi che si stavano verificando in quel momento, e che io non avevo avviato e non avrei fermato. Sotto lo scorrere dell'acqua, sentii i battiti del cuore come fossero parole. Dicevano la stessa cosa di sempre: *ancora*, *ancora*, *ancora*.

Ringraziamenti

Questo libro è stato scritto sul territorio non ceduto dei Lisjan (Ohlone). Consiglio ai lettori di informarsi sul Sogorea Te' Land Trust (sogoreate-landtrust.org) e di cercare nella propria zona iniziative simili organizzate dal movimento di riappropriazione delle terre.

Fin dall'inizio, questo progetto ha ricevuto il sostegno di altre persone. Sapevo che sarebbe stato al sicuro nelle mani della mia agente, Caroline Eisenmann, sin da quando era solo uno schema fragile. La Vashon Artist Residency e la Little Joshua Tree mi hanno accordato il tempo e lo spazio necessari a riflettere sul tempo e sullo spazio. La mia editor, Hilary Redmon, ha condiviso con decisione il mio entusiasmo per i grandi interrogativi, ed è stata disposta a seguirli ovunque andassero. Apprezzo la sua pazienza, precisione e capacità di rendere la mia lingua più accessibile. Grazie a tutta la Random House per il tempo dedicato, a Jia Tolentino per i consigli, e a Dan Green per l'erculea operazione di fact-checking.

Ho un grosso debito di riconoscenza con Rick e Megan Prelinger della Biblioteca Prelinger (che abbiamo visitato nel capitolo 6), non solo per l'assistenza ma anche per l'incoraggiamento più caloroso che si potesse desiderare. Il bibliotecario di Prelinger, Devin Smith, ha tenuto a mente il mio progetto ed è andato a scovare tesori come *Increasing Personal Efficiency* di Laird. Se è vero quel che penso – cioè che il passato sta cercando di parlare al presente sotto forma di domande senza risposta e di desideri insoddisfatti – allora progetti archivistici come la Biblioteca Prelinger costituiscono alcuni dei rari canali attraverso cui ciò può avvenire. La biblioteca è davvero un dono che continua a venire offerto, un posto pieno di semi (fagioli?) che aspettano di poter cambiare il futuro.

Ho presentato alcune delle riflessioni preliminari di questo libro nel 2019 allo Stanford Digital Aesthetics Workshop. Ringrazio Shane Denson per avermi invitata e i partecipanti al workshop per aver generosamente messo a fuoco alcuni nuovi percorsi di ricerca. Mentre scrivevo questo libro, ho avuto anche la fortuna di parlare dei loro nuovi libri con Rebecca Solnit, Jess Nordell, Helen Macdonald e Angela Garbes. E negli spazi in mezzo, mi hanno tenuto a galla dei memorabili scambi di email con R.O. Kwon, Indira Allegra, Bahar Behbahani, Ingrid Rojas Contreras, Rachel Khong, Raven Leilani, Antoinette Nwandu e Camille Rankine.

Ringrazio gli artisti e gli scrittori che mi hanno concesso di citare qui i loro lavori, e le persone che hanno condiviso le loro esperienze e conoscenze con me, intrusa interdisciplinare. Ma alcuni dei contributi maggiori non si possono riassumere in una nota. Quando guardo questo libro, vedo la lente d'ingrandimento da gioielliere che il mio amico Joshua Batson mi ha regalato per osservare le foglie, e il sentiero sulla East Bay che siamo andati a esplorare, lente alla mano. Vedo la macchia di sequoie dove mi sono fermata con il mio amico ed eterno maestro, John Shoptaw, che sa come usare la poesia per dissolvere l'orologio. E vedo gli uccelli migratori sul lago Merritt che il mio collega "osservatore di uccelli" Joe Winer stava a sua volta osservando dall'altra parte della baia. Il libro è anche il frutto di molti altri scambi con amici e persone di cui condivido il pensiero: Helen Shewolfe Tseng, Laura Hyunjhee Kim, Raenelle Tauro, Cara Rose DeFabio, Neeraj Bhatia, Christina Corfield, Cat Ferguson, Gary Mao e Ansh Shukla.

Soprattutto, vedo le centinaia di conversazioni che ho avuto con il mio partner, Joe Veix, durante le nostre quotidiane passeggiate pandemiche, quando il tempo appariva strano e non si poteva dar nulla per scontato. Joe ha condiviso e riflettuto insieme a me su tutti questi interrogativi, rivoltandoli finché non veniva fuori qualcosa di nuovo. E se anche avessi avuto la sensazione che scrivere di alcuni argomenti difficili fosse come "bere veleno", la sua capacità di farmi ridere in qualsiasi circostanza ha fatto spesso da antidoto.

Ai miei genitori: grazie per il dono della fiducia, del tempo privo di scrutinio, e di un rifugio sicuro in cui far maturare la curiosità. Mia madre, che fornisce assistenza temporanea per le famiglie affidatarie, continua a mostrarmi la relazione che c'è tra amore e ascolto. Ringrazio anche mio padre per aver incoraggiato le domande filosofiche che si sono riversate in questo libro (anche se a quattordici anni ero troppo giovane per prendere in mano *La Repubblica* di Platone).

Infine, molto di ciò che ho cercato di sintetizzare qui veniva direttamente da insegnanti, umani e non, del mio quartiere e delle Montagne di Santa Cruz. Grazie a Devora per l'insalata, a Tom per lo "sguardo esperto", agli allori per aver codificato i miei ricordi, alle rocce per aver reso reale il tempo, agli uccelli per aver dato forma alla speranza quando io non riuscivo a vederla. Sono grata per la vita che mi è stata infusa.

Bibliografia

Ackerman, Jennifer. *The Bird Way: A New Look at How Birds Talk, Work, Play, Parent, and Think.* New York: Penguin, 2021.

Adair, John. *Effective Time Management.* London: Pan, 1988.

Adam, Barbara. *Timewatch: The Social Analysis of Time.* Cambridge, UK: Polity, 1995.

Alexander, Roy, and Michael S. Dobson. *Real-World Time Management.* New York: American Management Association, 2009.

Allen, Paula Gunn. "IYANI: It Goes This Way" in *The Remembered Earth: An Anthology of Contemporary Native American Literature.* Edited by Geary Hobson. Albuquerque: University of New Mexico Press, 1989.

Arendt, Hannah. *Tra passato e futuro.* Traduzione di Tania Gargiulo. Garzanti, 2017.

——. *Vita activa. La condizione umana.* Traduzione di Sergio Finzi. Bompiani, 2017.

Aronoff, Kate. *Overheated: How Capitalism Broke the Planet–and How We Fight Back.* New York: Bold Type, 2021.

Basso, Keith H. *Wisdom Sits in Places: Landscape and Language Among the Western Apache.* Albuquerque: University of New Mexico Press, 1996.

Beecher, Catharine. *Treatise on Domestic Economy.* Boston, Mass.: Thomas H. Webb, 1843.

Bennett, Arnold. *How to Live on Twenty-four Hours a Day.* Garden City, N.Y.: Doubleday, Doran and Company, 1933.

Bergson, Henri. *L'evoluzione creatrice.* Traduzione di Marinella Acerra. BUR, 2012.

——. *Materia e memoria.* Traduzione di Adriano Pessina. Laterza, 2009.

——. *Time and Free Will: An Essay on the Immediate Data of Consciousness.* Translated by F. L. Pogson. Mineola, N.Y.: Dover Publications, 2001.

Birdsong, Mia. *How We Show Up: Reclaiming Family, Friendship, and Community.* New York: Hachette, 2020.

Birth, Kevin K. *Time Blind: Problems in Perceiving Other Temporalities.* Cham, Switzerland: Palgrave Macmillan, 2017.

Bluedorn, Allen C. *The Human Organization of Time: Temporal Realities and Experience.* Stanford, Calif.: Stanford University Press, 2002.

Braverman, Harry. *Labor and Monopoly Capital: The Degradation of Work in the Twentieth Century.* New York: Monthly Review, 1998.
Brown, John. *A Memoir of Robert Blincoe, an Orphan Boy, Sent from the Workhouse of St. Pancras, London, at Seven Years of Age, to Endure the Horrors of a Cotton Mill, Through His Infancy and Youth, with a Minute Detail of His Sufferings, Being the First Memoir of the Kind Published.* Manchester, UK: J. Doherty, 1832.
Burkeman, Oliver. *4,000 Weeks: Time Management for Mortals.* New York: Farrar, Straus and Giroux, 2021.
Cameron, Barbara. "Gee, You Don't Seem Like an Indian from the Reservation" in *This Bridge Called My Back.* 3rd ed. Edited by Gloria Anzaldúa and Cherríe Moraga. Berkeley, Calif.: Third Woman Press, 2002.
Carlsson, Chris, and Mark Leger, eds. *Bad Attitude: The Processed World Anthology.* New York: Verso, 1990.
Chen, Chen. *When I Grow Up I Want to Be a List of Further Possibilities.* Rochester, N.Y.: BOA Editions, 2017.
Chiang, Ted. *Exhalation.* New York: Knopf Doubleday, 2019.
Cixous, Hélène. *Three Steps on the Ladder of Writing.* New York: Columbia University Press, 1990.
Coates, Ta-Nehisi. *Between the World and Me.* New York: Spiegel and Grau, 2015.
Craven, Ida. "'Leisure,' According to the Encyclopedia of the Social Sciences" in *Mass Leisure.* Edited by Eric Larrabee and Rolf Meyersohn. Glencoe, Ill.: Free Press, 1958.
Dalla Costa, Mariarosa, and Selma James. *The Power of Women and Subversion of the Community.* London: Falling Wall Press, 1972.
Davis, Angela Y. *Are Prisons Obsolete?* New York: Seven Stories Press, 2011.
——. *Women, Race, and Class.* New York: Vintage, 1983.
Deloria, Vine, Jr. *The Metaphysics of Modern Existence.* Golden, Colo.: Fulcrum, 2012.
——. *Red Earth, White Lies.* Golden, Colo.: Fulcrum, 1997.
Diaz, Natalie. "The First Water Is the Body" in *New Poets of Native Nations.* Edited by Heid E. Erdrich. Minneapolis, Minn.: Graywolf Press, 2018.
Downing, Michael. *Spring Forward: The Annual Madness of Daylight Saving.* Berkeley, Calif.: Counterpoint, 2005.
Dray, Philip. *There Is Power in a Union: The Epic Story of Labor in America.* New York: Anchor, 2011.
Du Bois, W.E.B. *The Souls of Black Folk.* New York: Cosimo Classics, 2007.
Dumas, John Lee. *The Freedom Journal.* Self-published, 2016.
Ehrenreich, Barbara. *Natural Causes: An Epidemic of Wellness, the Certainty of Dying, and Killing Ourselves to Live Longer.* New York: Twelve, 2018.
Eisenberger, Robert. *Blue Monday: The Loss of the Work Ethic in America.* New York: Paragon House, 1989.

Epstein, Mark. *Thoughts Without a Thinker: Psychotherapy from a Buddhist Perspective.* New York: Basic Books, 2013.
Ernst, Robert. *Weakness Is a Crime: The Life of Bernarr Macfadden.* Syracuse, N.Y.: Syracuse University Press, 1991.
Evans, Claire L. *Broad Band: The Untold Story of the Women Who Made the Internet.* New York: Portfolio/Penguin, 2018.
Fanon, Frantz. *Black Skin, White Masks.* New York: Grove Atlantic, 2007.
Fleming, Sandford. "Time-Reckoning for the Twentieth Century" in *The Smithsonian Report for 1886.* Washington, D.C.: Smithsonian Institution Press, 1889.
Fortenbaugh, William. *Aristotle's Practical Side: On His Psychology, Ethics, Politics, and Rhetoric.* Leiden, Netherlands: Brill, 2006.
Galanter, Marc. *Cults: Faith, Healing, and Coercion.* Oxford, UK: Oxford University Press, 1999.
Galton, Francis. *Hereditary Genius: An Inquiry into Its Laws and Consequences.* New York: D. Appleton and Company, 1870.
——. *Memories of My Life.* New York: E. P. Dutton and Company, 1909.
Glass, Fred. *From Mission to Microchip: A History of the California Labor Movement.* Berkeley: University of California Press, 2016.
Glickman, Lawrence B. *A Living Wage: American Workers and the Making of Consumer Society.* Ithaca, N.Y.: Cornell University Press, 2015.
Glime, J. M. *Bryophyte Ecology.* Houghton: Michigan Technological University, 2022. digitalcommons.mtu.edu/oabooks/4/.
Greenhouse, Carol J. *A Moment's Notice: Time Politics Across Cultures.* Ithaca, N.Y.: Cornell University Press, 2018.
Guendelsberger, Emily. *On the Clock: What Low-Wage Work Did to Me and How It Drives America Insane.* New York: Little, Brown, 2019.
Haber, Samuel. *Efficiency and Uplift: Scientific Management in the Progressive Era, 1890- 1920.* Chicago: University of Chicago Press, 1964.
Han, Byung-Chul. *The Burnout Society.* Stanford, Calif.: Stanford University Press, 2015.
Hanson, Chad T. *Smokescreen: Debunking Wildfire Myths to Save Our Forests and Our Climate.* Lexington: University Press of Kentucky, 2021.
Hartley, Daniel. "Anthropocene, Capitalocene, and the Problem of Culture" in *Anthropocene or Capitalocene? Nature, History, and the Crisis of Capitalism.* Edited by Jason W. Moore. Oakland, Calif.: PM Press, 2016.
Hendren, Sara. *What Can a Body Do? How We Meet the Built Environment.* New York: Riverhead, 2020.
Hockney, David. *That's the Way I See It.* San Francisco: Chronicle Books, 1993.
Holden, William N., and Shawn J. Marshall. "Climate Change and Typhoons in the Philippines: Extreme Weather Events in the Anthropocene" in *Integrating Disaster Science and Management: Global Case Studies in Mitigation and Recovery.* Edited

by Pijush Samui, Dookie Kim, and Chandan Ghosh. Amsterdam, Netherlands: Elsevier, 2018.

Holland, Sharon P. *Raising the Dead: Readings of Death and (Black) Subjectivity.* Dur- ham, N.C.: Duke University Press, 2000.

Honoré, Carl. *In Praise of Slowness: Challenging the Cult of Speed.* New York: HarperOne, 2009. Ebook.

Hough, Franklin. *Report upon Forestry.* Washington, D.C.: Government Printing Office, 1878.

Illich, Ivan. *The Right to Useful Unemployment and Its Professional Enemies.* London: Marion Boyars, 1978.

James, Selma. *Women, the Unions and Work, or What Is Not to Be Done, and the Perspective of Winning.* London: Falling Wall Press, 1976.

June 1868 Travelers Official Railway Guide of the United States and Canada. New York: National Railway Publication Company, 1968.

Kafer, Alison. *Feminist, Queer, Crip.* Bloomington: Indiana University Press, 2013.

Kent, Noel J. *Hawaii: Islands Under the Influence.* Honolulu: University of Hawaii Press, 1983.

Keynes, John Maynard. "Economic Possibilities for Our Grandchildren" in *Essays in Persuasion.* New York: W. W. Norton, 2011.

Kimmerer, Robin Wall. *Braiding Sweetgrass: Indigenous Wisdom, Scientific Knowledge, and the Teachings of Plants.* Minneapolis, Minn.: Milkweed Editions, 2013.

——. *Gathering Moss: A Natural and Cultural History of Mosses.* Corvallis: Oregon State University Press, 2003.

Klein, Naomi. *This Changes Everything: Capitalism vs. the Climate.* New York: Simon and Schuster, 2014.

Knight, George R. *A Brief History of Seventh-day Adventists.* Hagerstown, Md.: Review and Herald Association, 1999.

Kochiyama, Yuri. *Passing It On: A Memoir.* Los Angeles: UCLA Asian American Studies Center, 2004.

Kranish, Michael, and Marc Fisher. *Trump Revealed: The Definitive Biography of the 45th President.* New York: Scribner, 2017.

Krishnamurti, Jiddu. *Freedom from the Known.* New York: HarperOne, 2009.

Kruse, Kevin. *15 Secrets Successful People Know About Time Management: The Productivity Habits of 7 Billionaires, 13 Olympic Athletes, 29 Straight-A Students, and 239 Entrepreneurs.* Philadelphia: Kruse Group, 2015.

Laird, Donald. *Increasing Personal Efficiency.* New York: Harper and Brothers, 1925.

Landes, David. *Revolution in Time: Clocks and the Making of the Modern World.* Cambridge, Mass.: Belknap Press/Harvard University Press, 2000.

Lundberg, George A., Mirra Komarovsky, and Mary Alice McInerny. *Leisure: A Suburban Study.* New York: Columbia University Press, 1934.

Macdonald, Helen. *Vesper Flights.* New York: Grove, 2020.

Macrì, Mario, Stefano Bellucci, Stefano Bianco, and Andrea Sansoni, eds. *Clocking and Scientific Research: The Opinion of the Scientific Community.* Istituto Nazionale di Fisica Nucleare (INFN), November 13, 1998. openaccessrepository.it/record/21217?ln=en.

Mancini, Marc. *Time Management (The Business Skills Express Series).* New York: Business One Irwin/Mirror, 1994.

Mangez, Eric, and Mathieu Hilgers, eds. *Bourdieu's Theory of Social Fields: Concepts and Applications.* New York: Routledge, 2015.

Marx, Karl. *Capital, Volume 1.* New York: Penguin, 1990.

Mays, Wolfe. "Whitehead and the Philosophy of Time" in *The Study of Time: Proceedings of the First Conference of the International Society for the Study of Time Oberwolfach (Black Forest)–West Germany.* Edited by J. T. Fraser, F. C. Haber, and G. H. Müller. Berlin: Springer, 1972.

McPhee, John. *The Control of Nature.* New York: Farrar, Strauss and Giroux, 1989.

Meisel, Ari. *The Art of Less Doing: One Entrepreneur's Formula for a Beautiful Life.* Austin,Tex.: Lioncrest, 2016.

Melossi, Dario, and Massimo Pavarini. *The Prison and the Factory: Origins of the Penitentiary System.* Translated by Glynis Cousin. Totowa, N.J.: Barnes and Noble Books, 1981.

Miller, Doug, Jennifer Bair, and Marsha Dickson, eds. *Rights and Labor Compliance in Global Supply Chains.* New York: Routledge, 2014.

Moten, Fred, and Stefano Harney. *The Undercommons: Fugitive Planning and Black Study.* New York: Minor Compositions, 2013.

Mould, Oli. *Against Creativity.* London: Verso, 2018.

Mueller, Gavin. *Breaking Things at Work: The Luddites Were Right About Why You Hate Your Job.* London: Verso, 2021.

Mumford, Lewis. *Technics and Civilization.* London: G. Routledge, 1934.

Nanni, Giordano. *The Colonisation of Time: Ritual, Routine, and Resistance in the British Empire.* Manchester, UK: Manchester University Press, 2012.

National Recreation Association. *The Leisure Hours of 5,000 People: A Report of a Study of Leisure Time Activities and Desires.* New York: National Recreation Association, 1934.

Nunn, Patrick. *The Edge of Memory: Ancient Stories, Oral Tradition, and the Post-Glacial World.* New York: Bloomsbury, 2018.

Odell, Jenny. *How to Do Nothing: Resisting the Attention Economy.* Brooklyn, N.Y.: Melville House, 2019.

O'Malley, Michael. *Keeping Watch: A History of American Time.* New York: Viking, 1990. Perec, Georges. *An Attempt at Exhausting a Place in Paris.* Translated by Marc Lowenthal. Cambridge, Mass.: Wakefield Press, 2010.

——. *La Disparition.* Paris: Éditions Denoël, 1969.

——. *Species of Spaces and Other Pieces.* Translated by John Sturrock. New York: Penguin Classics, 2008.

Peters, John Durham. *The Marvelous Clouds: Toward a Philosophy of Elemental Media.* Chicago: University of Chicago Press, 2015.
Peters, Peter Frank. *Time, Innovation and Mobilities: Travel in Technological Cultures.* London: Routledge, 2005.
Pieper, Josef. *Leisure, the Basis of Culture.* San Francisco: Ignatius, 2015.
Price, Joshua M. *Prison and Social Death.* New Brunswick, N.J.: Rutgers University Press, 2015.
Pyne, Stephen. *Fire in America: A Cultural History of Wildland and Rural Fire.* Seattle: University of Washington Press, 1997.
Relax. The Jam Handy Organization and the Chevrolet Motor Division, 1937.
Roberts, Justin. *Slavery and the Enlightenment in the British Atlantic, 1750–1807.* Cambridge, UK: Cambridge University Press, 2013.
Robinson, Jackie. *I Never Had It Made: An Autobiography.* New York: HarperCollins, 2013.
Roediger, David R., and Philip S. Foner. *Our Own Time: A History of American Labor and the Working Day.* London: Verso, 1989.
Rojek, Chris. *The Labour of Leisure: The Culture of Free Time.* London: SAGE, 2010.
Rosa, Hartmut. "De-Synchronization, Dynamic Stabilization, Dispositional Squeeze" in *The Sociology of Speed: Digital, Organizational, and Social Temporalities.* Edited by Judy Wajcman and Nigel Dodd. Oxford, UK: Oxford University Press, 2016.
——. *Resonance: A Sociology of Our Relationship to the World.* Translated by James C. Wagner. Cambridge, UK: Polity, 2019.
Rosenthal, Caitlin. *Accounting for Slavery: Masters and Management.* Cambridge, Mass.: Harvard University Press, 2018. Ebook.
Ross, Frederick A. *Slavery Ordained of God.* Philadelphia: J. B. Lippincott, 1857.
Rushkoff, Douglas. *Survival of the Richest: Escape Fantasies of the Tech Billionaires.* New York: W. W. Norton, 2022.
Samuels, Ellen. "Six Ways of Looking at Crip Time" in *Disability Visibility: First-Person Stories from the Twenty-first Century.* Edited by Alice Wong. New York: Vintage, 2020.
Schroeder, Juliana, Adam Waytz, and Nicholas Epley. "The Lesser Minds Problem" in *Humanness and Dehumanization.* Edited by Paul G. Bain, Jeroen Vaes, and Jacques-Philippe Leyens. New York: Psychology Press, 2013.
Scott, James C. *Seeing Like a State.* New Haven, Conn.: Yale University Press, 2020.
Semple, Janet. *Bentham's Prison: A Study of the Panopticon Penitentiary.* Oxford, UK: Clarendon, 1993.
Sennett, Richard. *The Corrosion of Character: The Personal Consequences of Work in the New Capitalism.* New York: W. W. Norton, 1998.
Seymour, Richard. *The Twittering Machine.* London: Verso, 2020.

Simon, Jonathan. *Governing Through Crime: How the War on Crime Transformed American Democracy and Created a Culture of Fear.* Oxford, UK: Oxford University Press, 2007.
Sloan, Doris. *Geology of the San Francisco Bay Region.* Berkeley: University of California Press, 2006.
Smith, Mark M. *Mastered by the Clock: Time, Slavery, and Freedom in the American South.*
Chapel Hill: University of North Carolina Press, 2000. Ebook.
Sontag, Susan. *On Photography.* New York: Farrar, Straus and Giroux, 2011.
Spence, Mark David. *Dispossessing the Wilderness: Indian Removal and the Making of the National Parks.* Oxford, UK: Oxford University Press, 2000.
Steffensen, Victor. *Fire Country.* Richmond, Victoria: Hardie Grant Explore, 2020.
Takaki, Ronald T. *Pau Hana: Plantation Life and Labor in Hawaii, 1835–1920.* Honolulu: University of Hawaii Press, 1984.
Taylor, Charles. *Sources of the Self: The Making of the Modern Identity.* Cambridge, Mass.: Harvard University Press, 1989.
Taylor, Frederick Winslow. *Principles of Scientific Management.* Norwood, Mass.: Plimpton, 1911.
Troutman, John W. *Indian Blues: American Indians and the Politics of Music, 1879–1934.* Norman: University of Oklahoma Press, 2009.
Vitale, Alex. *The End of Policing.* London: Verso, 2017.
Wang, Jackie. *Carceral Capitalism.* South Pasadena, Calif.: Semiotext(e), 2018.
Weeks, Kathi. *The Problem with Work: Feminism, Marxism, Antiwork Politics, and Post- work Imaginaries.* Durham, N.C.: Duke University Press, 2011.
Williams, Patricia. *The Alchemy of Race and Rights: Diary of a Law Professor.* Cambridge, Mass.: Harvard University Press, 1991.
Wolcott, Victoria W. *Race, Riots, and Roller Coasters: The Struggle over Segregated Recre- ation in America.* Philadelphia: University of Pennsylvania Press, 2012.
Woodfox, Albert. *Solitary.* New York: Grove Atlantic, 2019.
Wrenn, Gilbert, and D. L. Harvey. *Time on Their Hands: A Report on Leisure, Recreation, and Young People.* Washington, D.C.: American Council on Education, 1941.
XPO Global Union Family. *XPO: Delivering Injustice.* February 2021. xpoexposed.org/the-report.
Yunkaporta, Tyson. *Sand Talk: How Indigenous Thinking Can Save the World.* New York: HarperCollins, 2020. Ebook.
Yusoff, Kathryn. *A Billion Black Anthropocenes or None.* Minneapolis, Minn.: University of Minnesota Press, 2019.
Zieger, Robert H. *For Jobs and Freedom: Race and Labor in America Since 1865.* Lexington, Ky.: University Press of Kentucky, 2014

Made in United States
Cleveland, OH
05 November 2026

47667170R00210